中国石化"十四五"重点图书出版规划项目
航空油料智能建造与建筑工业化建设指南丛书

中国航空油料数字化驱动产业智慧发展

张知诚◎主编

中国石化出版社
·北京·

内 容 提 要

　　本书以中国航油信息与数字化建设为独特视角，深入剖析了"智慧航油"建设过程中的点点滴滴，从信息技术创新应用、数字基础设施建设、数据应用深化拓展、安全体系坚强保障、管理措施有力支持等方面向读者呈现了智慧航油体系的全景图，将企业数字化建设的过程进行了宏观又细致入微的展示，是研究智慧航油建设与发展必备的工具书。

　　本书适合从事民航、企业信息与数字化、交通运输、社会科研等行业人员参考阅读。

图书在版编目（CIP）数据

　　中国航空油料数字化驱动产业智慧发展／张知诚主编 . —北京：中国石化出版社，2023.11
　　ISBN 978-7-5114-7263-2

　　Ⅰ . ①中… Ⅱ . ①张… Ⅲ . ①航空油料-数字化-项目管理-研究-中国 Ⅳ . ①V351.19

　　中国国家版本馆 CIP 数据核字（2023）第 236788 号

中国石化出版社出版发行
地址:北京市东城区安定门外大街 58 号
邮编:100011　电话:(010)57512500
发行部电话:(010)57512575
http://www.sinopec-press.com
E-mail:press@sinopec.com
北京富泰印刷有限责任公司印刷
全国各地新华书店经销
＊
787 毫米×1092 毫米 16 开本 16 印张 485 千字
2024 年 3 月第 1 版　2024 年 3 月第 1 次印刷
定价:120.00 元

前言
PREFACE

万里航程，从油开始。中国航油作为中国民航业的重要组成部分和基础保障单位，多年来忠实履行"竭诚服务全球民航客户，保障国家航油供应安全"的企业使命，认真兑现"飞机飞到哪里，就把油加到哪里"的庄严承诺，深耕航空油料保障综合能力建设与发展，为保障航空运输安全、服务交通强国、民航强国战略实施提供了有力支撑，以实际行动彰显"航油国家队"的责任与担当。

征途漫漫，笃行不怠。中国航油始终立足两个大局、心怀"国之大者"，坚决贯彻党中央、国务院决策部署，全面落实国资委、民航局工作要求，牢固树立安全发展理念，统筹发展和安全，确保了全国机场航空油料稳定供应，高标准完成各项重大保障任务，以实际行动坚决践行"两个维护"。经过多年探索与发展，中国航油"一体化"资源保供模式逐渐成熟，民航、通航"两个市场"稳步拓展，经营管理水平逐年提升，创新绿色发展取得实质性突破，企业核心竞争力逐步增强。中国航油正向着建设具有国际竞争力的世界一流企业加速迈进。

继往开来，砥砺前行。2023年是全面贯彻落实党的二十大精神的开局之年，也是中国航油全力推动高质量发展的关键一年。中国航油把握新发展阶段，贯彻新发展理念，组织编写了《航空油料智能建造与建筑工业化建设指南丛书》，系统梳理了企业成立30多年来积累的宝贵经验。**回首过去**，"金色三十年"见证了一代又一代中国航油人的艰苦奋斗，中国航油由小到大、由弱到强，油品销量从1990年不足100万吨增长到2019年的6000多万吨，自2011年起连续入围世界500强，成为世界航空油料供应服务标准制定的参与者、国内航空油料供应服务标准的制定者，谱写了中国航油改革发展30多年的壮丽篇章。**立足当下**，中国航油以"五有"航油铁军标立新时代攻坚克难、勇攀高峰精神新高度，直面新冠肺炎疫情为公司经营发展带来的前所未有的挑战和困难，3年来谋划开展4次专项行动，夺取了疫情防控和生产经营"双胜利"，在国家和民族最需要的时候，书写了"航油国家队"的责任担当和保供主力军的绚丽诗篇。**展望未来**，中国航油完整、准确、全面地贯彻新发展理念，确立科技创新、绿色低碳等理念在企业长远发展中的突出地位，以国资央企担当作为、矢志争先的"二次创业"奋斗激情，在智慧航油生态圈建设、可持续航空燃料产业链研究和布局的道路上全速前进，擘画了中国航油新"金色三十年"的高质量发展蓝图。丛书全面展现了中国航油"金色三十年"的辉煌成就，以"科技创新引领智慧航油发展""新建筑工业化推动航油工程"双引擎，创新打造中国特色航空油料供应体系，为实现民航行业的高质量发展贡献出宝贵的航油力量。

奋楫者先，勇进者胜。相信中国航油在新的发展阶段，定将一如既往、初心如磐，迎接新挑战、抓住新机遇，融入新阶段、发展新航油，坚持绿色发展，坚持科技创新引领，坚持不懈打造更加科学先进的中国特色航空油料供应体系，以科技赋能中国航油高质量发展，在中国式现代化建设的宏伟征程上贡献中国航油力量！

目录
CONTENTS

第3章　技术层：智慧航油的骨骼 ························· 85

第7章 智慧航油的数字化发展 215

第 1 章

从智慧社会到
智慧航油

PART 1

网络强国、数字中国、智慧社会是党和国家对加快建设创新型国家，正确把握经济社会发展趋势做出的战略部署。在智慧社会的建设中，新一代智能化技术推动数字经济与实体经济的高度融合，为民航产业带来了全新的机遇和挑战。航油产业作为民航产业保障服务的重要组成部分，在智慧社会、数字经济的历史大背景下，运用智能化技术赋能航油产业升级，将是我国航油产业未来发展的新方向。本章将讨论智慧社会、智慧民航和智慧航油，探讨航油产业的数字化转型升级道路。

1.1　中国迈向智慧社会

1.1.1　智慧社会：顶层设计

　　在习近平总书记代表第十八届中央委员会向党的十九大作报告时，着重提出要"加快建设创新型国家"，要"为建设科技强国、质量强国、航天强国、网络强国、交通强国、数字中国、智慧社会提供有力支撑"。对于如何定义"智慧社会"这一概念，社会各界还没有很统一的共论，但经过我国在广泛领域内进行充分讨论和实践后，社会各界对于"智慧社会"的大致轮廓，也初步达成了共识。社会普遍认为：第一，"智慧社会"是以数字化、网络化、智能化等新一代科学技术为动力，是以格式化信息数据为支撑，不断发展和快速迭代升级的现代化社会，智慧社会建设将会推动社会形态变革，它将会是继农业社会、工业社会、信息社会之后的一种更为高级的社会形态；第二，科技创新将会是我国在"新时代"实现基础科学弯道超车的重要引擎，在科技创新的引领下，社会各界将会涌现出越来越多的新经济形式，科技创新将会是"智慧社会"建设的重要动力来源。

1. 智慧社会的历史演进

（1）国外智慧社会的发展战略

　　国外智慧社会的发展历史，最早可以追溯到 2008 年 11 月，在"智慧地球"的概念中，美国的 IBM 公司对"智慧地球"进行了如下描述：首先在生产工艺中充分嵌入智能传感器，利用微处理器对实时采集到的生产数据进行对比、处理和反馈；其次通过低延时的网络技术对生产数据进行互联、共享，精准、动态地管理生产活动；当社会各行各业，如道路交通、医院、电网等领域的智能化设备装备到一定程度后，人们的生活方式、社会治理的水平，将会提升到智慧化的水平，智慧地球建设目标也将达成。IBM 公司提出的"智慧地球"概念，是一个很有远见的理念，它首要提出在生产活动中运用"互联网+物联网"的管理思路，被认为是"智能化技术"运用到社会生产活动的开端，现已被世界各国认同。

　　纵观国外智慧社会的发展历史，运用数字化、智能化、网络化技术进行社会生产活动，已经成为较为普遍的发展战略。新加坡在 2006 年提出了"智慧国家"发展战略，主要建设思路是运用大数据、人工智能、物联网和虚拟现实 AI 技术，对企业数字化转型、政府服务管理、城市实时高效管理等方面，进行智慧化升级，逐步形成以智慧化基础设施建设为基础的社会各方面智慧化运行的建设框架，最终实现"智慧国家"的目标；2009 年，英国同样提出了"数字英国"的发展建设理念，并在 2017 年发布了英国数字战略，提出重点发展数字化技术，将智能化技术作为提升国家经济实力、应对国际经济形势不确定性的重要手段，并在经济发展、技术发展、网络空间、数字政府等方面，提出了数字化发展的战略目标；日本同样在 2016 年提出了智能化技术的发展战略目标，在"第五期科学技术基本计划"中，日本政府对人工智能技术的推广应用与社会现实治理进行了广泛联系，提出了"社会 5.0"的概念，指出重点发展信息通信技术，推动社会新的产业创新和增长。

通过对世界主要国家的数字化发展战略进行比较，可以发现科技创新、智能化技术使用已经成为世界各国重点发展的对象，制定科技创新发展战略，推广新一代智能化技术的使用，已经成为一种发展共识，这对于我国运用智能化技术建设智慧社会有所启发。

（2）对智慧社会的重要判断

党的十九大报告对我国智慧社会的建设和发展擘画了宏伟的蓝图，规划了科学的建设与发展方案，并结合我国社会主义新时代的发展形势，做出了重要的战略部署，为我国开启全面建设社会主义现代化国家新征程、迈向智慧社会提供了重要的理论依据和行动指南。

1）科技是关键，信息是灵魂。20 世纪 80 年代初期，改革开放的春风吹向祖国大地，我国工业经济刚刚起步，信息科学发展贫瘠，人民群众的认知能力普遍落后于国外信息社会的发展步伐，观念落后严重。在这种状况下我国提出了"科技是关键，信息是灵魂"的论断，指出了科技与信息的重要作用，不仅是对世界经济发展的规律做出了准确判断，也是我国在新时代做出的"数字中国"等科技发展战略和智慧社会建设战略部署的重要理论源泉。

2）从"数字福建"到"数字中国"。数字中国战略是由习近平总书记首先发起，随后推广到全国广泛参与的重大战略方针。其本质是我国推动的全国性的、全方位的，以科技创新为基础的数字化体系建设，数字中国战略将引导我国各行业从传统发展模式转变成数字化发展模式，与智慧社会建设的目标是一致的。"数字中国"战略在经历了起步探索、试点部署后，上升为国家战略，已是我国智慧社会建设的基础。

1999 年，来自 20 多个国家的地理专家发起了《数字地球北京宣言》，旨在呼吁解决因经济发展导致的环境恶化等问题；2000 年，习近平总书记时任福建省省长，在省政府专题会议中提出建设"数字福建"，攻占信息化的战略制高点，可以统揽福建省信息化全局，发挥后发优势，实现社会生产力的跨越式发展，并在随后的福建省发展规划纲要等重要文件中，着重提出了"数字化、网络化、可视化、智慧化"的建设目标，这一观点直接跳出了当时《数字地球北京宣言》仅在地理信息空间使用的限制，创造性地提出将数字技术推广应用到社会生产的方方面面，为数字化产业的发展做出了重要铺垫。时至今日，数字经济已经成为引领我国经济发展的重要引擎，习近平总书记的观点，被实践证明是十分具有前瞻性的；2012年，"数字福建"初具成果，成为我国的标杆工程；到了2015年，在第二届世界互联网大会开幕式中，习近平总书记正式公开提出了数字中国建设，开启了我国全行业数字化转型升级的新征程。

回首往昔，数字中国战略本质上是习近平总书记对于新一代智能化技术飞速发展和应用作出的一个时代回应。对于智慧社会建设而言，数字中国战略与其相辅相成，智慧社会建设是推动社会观念层面的发展，而数字中国则是为这场发展提供了具体落地的实施路径，数字中国战略是时代之维。

（3）我国智慧社会建设的创新实践发展历程

我国智慧社会的建设与发展是一步步实践而来的，并且与我国网络和信息化技术的创新和发展实践一脉相承。20世纪50年代，依靠引进和仿制苏联的通信网络和计算机技术，我国正式开启了网络和信息化技术的自主创新之路，这被认为是中国网络和信息化技术创新发展的起源。到了90年代，互联网技术在我国掀起汹涌发展的浪潮，网络和信息化技术逐渐成熟，并开始走向商用，推动我国经济社会全面进入了信息时代。21世纪以来，移动互联网时代全面来临，我国网络和信息化技术的发展逐渐呈现出了多产业化融合、全面发展的特点，以新一代网络通信技术为基础的互联网技术与多行业交叉迭代升级发展，使得我国在这一时期完成了对国外发达国家的弯道超车，新一代智能化技术对产业创新和发展的作用越来越重要。这一时期，我国互联网公司逐渐走出国门，华为、阿里巴巴、腾讯、百度等一批互联网公司，不断地向世界展现中国创新的力量，移动支付、共享经济、电商网购等新经济态势已成为我国科技创新的代名词，并在国内外广泛传播和应用。

智能化技术的使用最先是在智慧城市建设中。在国家的政策推动方面，2012年12月，住建部在《关于开展国家智慧城市试点工作的通知》文件中，宣布我国将开展国家智慧城市试点建设，这标志着我国智慧社会的建设正式开启。2014年，《国家新型城镇化规划（2014—2020年）》（中发4号）正式颁布，对智慧城市的规划发展目标和实施意见进行了明确。2017年10月14日起，《智慧城市评价模型及基础评价指标体系》系列国家规范体系陆续发布，标志着我国智慧城市建设的评价机制正式建立并逐步完善。可以看出，我国智慧城市的建设稳步推进，并逐步形成了一套完善的管理体系。

近些年来，智慧城市的建设成果逐渐显现。2017年6月，北京市"智慧社区"建设完成，实现了小区物业管理的平台化运行，通过人脸识别技术，单元门禁可以自动识别小区住户，拦截无关人员进入，服务性工作人员可以在物业管理人员验证其身份后通行。另外，北京市还搭建了集成社区地理信息的3D可视化智慧小区服务平台，工作人员可以实时动态地查看社区内的人口流动、设施设备运行等情况，实现了社会服务、治理的数据化。除了智慧小区外，北京市还推出了智慧交通、智慧物业和智慧博物馆等"智慧+"模式，不断为智慧城市的建设提供新的应用场景。随着智慧城市建设的不断推进，"智慧+"的建设，也已经从政府城市治理、高新技术产业应用，逐步延伸到传统的基础设施、工业生产、贸易流通中。社会各行业积极探索使用新一代智能化技术来解决生产、生活、生态、治理等领域的问题，使得社会运行的效率大幅度提高，使得智慧社会的建设成为可能。

相信在我国各个行业领域的不断创新实践中，智慧社会的建设还会源源不断地产生新的创新思路与方案，这将会进一步推动我国智能化技术与智慧社会建设深度融合，为我国社会文明创新发展提供新的解决方案。

2. 智慧社会的理论内涵

智慧社会的理论基础研究涉及社会发展的方方面面，对于智慧社会的理论内涵，我们可以在信息社会的发展过程中找到一些初步答案，通过知识、技术上的对比，来推断智慧社会的发展方向。

（1）信息社会的理论发展历史

"信息社会"的概念是日本学者林雄二郎在20世纪60年代首次提出的，距今已发展60余年，但在世界范围内，信息社会的理论内涵还是主要由欧洲和美国的专家学者倡导提出和完善的。结合不同国家、不同领域的实践发展，信息社会的理论内涵总体可以归纳为从知识主义逐渐演化而来。

从总的发展历史来说，信息社会理论研究的起点，源于20世纪中期的知识产业研究当中，知识产业是由美国的经济学家弗里兹·马克卢普提出来的，包括研究与开发、教育、通信媒介、信息设备设施、信息组织机构五个分类。20世纪第二次世界大战以后，许多服务于军队的基础科学研究成果逐渐走向民用领域，各种新技术不断地在生产中使用，很多产业进入爆发式发展阶段，与此同时，世界各国经济恢复增长，经济产业结构也在发生快速调整。此时，弗里兹·马克卢普在研究中发现：美国知识产业的发展对于国家总的经济发展，具有重要的推动作用，美国知识产业的生产总值，已经约占全国GDP总值的29%，细分来看，知识产业中教育类分支占比最高，通信媒介类、信息类的分支其次，但后者贡献度的增长速度持续加快。他预测，在未来的发展中，美国知识产业的生产总值，将接近或超过全国GDP的一半，且通信信息类分支的经济增长贡献度将持续增大。

对于美国而言，马克卢普的观点得到充分验证，有数据显示：美国从"二战"后到1965年，对信息科学研究经费的投入增长了将近13倍；截至20世纪末，美国科学技术研发投入持续增长，已达到1800亿美元的规模，位居当时世界第一位。而得益于这些科学研究方面的投入，自80年代起，美国经济增长总量的一半来自信息科学技术进步，信息科学技术带来的生产效率的提高，使得知识产业成为这一时期的主导产业。

马克卢普对于知识产业的研究，只是在经济范畴内将通信信息类的经济贡献和产业发展结合起来，没有对整个社会形态的变革给出明确答案。到了1973年，美国的经济学家丹尼尔·贝尔发表著作《后工业社会的来临：对社会预测的一项探索》，明确提出了社会发展的理论，并概念性地提出了"后工业社会"，指出在"后工业时代"知识分类下的技术和教育将是未来取得权利的基础和途径。"后工业时代"被普遍认为和信息社会概念一致，都是指工业社会后的一种全新的社会形态。到了20世纪90年代，互联网技术席卷全球，信息化成为现代产业的核心，并带动了整个社会的变革，信息社会逐渐成了一种社会共识。国内外围绕着信息化对社会和经济的影响做了大量研究，"信息社会"理论逐渐成熟，并取得了丰富的成果。

（2）信息社会进化的理论辩证——新知识、新技术

通过研究信息社会理论的发展历史可以看出，早期的信息社会理论主要讨论的是新知识与社会关系之间该如何辩证的问题。而对于明确新知识是传统社会的普遍进化，还是一种全新的社会形态，看法并不完全统一。但是对于新知识的作用和特征，学者普遍认为：第一，新知识带动了经济产业规模的增长，占经济增量的比例不断提高；第二，新知识提高了社会生产力和社会生产效率，对人们生活的影响越来越重要；第三，掌握新知识视野的专业人才，在社会重大决策上的影响力大幅提高。换言之，以信息社会发展而爆发的知识资源，对整个社会发展的影响力越来越大。

而随着信息社会的发展，网络通信技术快速迭代升级并逐渐成熟，社会中越来越多的行业开始接触并使用新技术，使得社会的生产效率进一步提高，学者开始研究新技术对社会发展的作用，并逐渐形成了所谓的技术主义流派。技术主义流派以学院派专家和信息技术企业家为代表，认为以通信信息技术为代表的新技术是带动社会发展的主要因素。他们表示：知识本身和社会大众的关注角度有关，并且和社会的普遍生产力水平有关，传统社会的知识种类、价值与信息社会并无不同，只是关注点从农耕生产逐渐变成了商业买卖，但没有改变主要的社会关系。随着通信信息新技术的出现和使用，传统社会关系的维系方式被彻底改变，社会交流和交易关系被重塑，从而推动社会形态得以进化。

当然，在知识主义和技术主义之间，也无法做到完全分立，如何评价信息技术在社会发展中的作用，还依赖于社会的综合判断。但显而易见的是，知识创新依赖的底层基础愈加需要信息技术作为支撑。

（3）智慧社会的内涵解析：知识和技术的两层进化

对于"智慧社会"理论概念的内涵解析，需要从知识和技术两个层面进行辩证，一是从技术方面来说明科技创新带来的人的生活生产变化和社会治理方面的进步；二是讨论智慧社会下的新经济要素，如数据、信息等，是如何引领社会创新活动、知识产业的新变化等。

1）技术层面的进化。科学技术是第一生产力。自人类社会关系逐步形成，有计划地从事生产活动以来，科学技术就一直潜移默化地推动和改变人类社会的活动方式，尤其是在工业革命以来，科学技术极大地提高了社会整体的生产力水平，使人类可以不断地创造新事物、新业态，产生更多的社会价值。另外，纵观农业社会到信息社会的每次进化，科学技术在社会变革过程中的变化是有规律可循的，通过比较发现，蒸汽机、内燃机等技术的运动原理，和人类心脏相似，主要是通过往复运动来提供系统动力。这种"拟人化"的规律，同样也会在智慧社会的进化过程中发现，人类可能通过智能传感器来模拟感知器官，实现对数据感知的能力，通过人工智能技术来模拟大脑器官，可以让 AI 来帮助从事生产，相信在区块链、元宇宙等科学技术的作用下，人类未来可以在虚拟世界中创造另外一种社会关系。

互联网技术让人们感受到了科技革命带来的生产力力量，智能化技术让人们更多地享受科技创新带来的社会活动方式的变革。对于企业而言，在信息时代，互联网技术帮助企业实现了生产办公自动化和数字化，完成了管理模式走向精细化的目标。那么在智慧社会，以人工智能、大数据计算等新兴科学技术为代表的"智能化技术"，将帮助企业

改变生产模式，实现量化式生产到定制化生产的转变，企业在社会中的定位方式也将得到改变。

2）知识层面的进化。在经济学领域，通常运用著名的"DIKW模型"来解释知识进化管理的层级，该模型的起源通常认为是诗人托马斯·斯特恩斯·艾略特在他的作品《岩石》中提出的一个哲学问题：智慧消失在知识里，知识淹没于信息中。他对信息、知识、智慧的关系提出了疑问，但是并没有给出答案。后来，学者在三者的关系中，加入了底层的数据，并对整个关系层级链进行补充、完善，使"DIKW模型"成了知识进化管理的经典模型（如图1-1所示）。

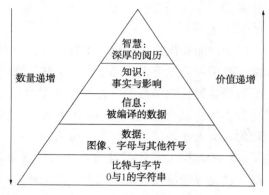

图1-1　知识进化管理模型

从知识进化管理模型的角度来看，智慧社会的进化过程就是数据资源不断整合深化的过程。从下到上，依次是数据、信息、知识，再到智慧，每一层都是数据资源的不断整合和处理。通常来说，数据是图像、字母与其他符号等，在未使用和加工前，没有任何意思表达，无实际意义。而数据在经过一些特定处理流程后，被重新定义，其将会呈现出一定的意思表达，这时，数据将被整合、精简成为信息，信息可以解答一些给出的问题。而对于知识层面，信息将会进行更加复杂的分析和判断整合，它不是简单的信息"1+1"，而通常会是在生活工作的经验基础上进行的综合判断，因此知识可以回答相对复杂的提问，可以解决一些复杂的事情，可以在执行、决策和管理过程中提供思路。而从知识层面到智慧层面，信息将会得到进一步提炼，成为深厚的阅历。

对于智慧社会来说，横向上是科学技术的不断使用，而纵向上是对人类社会活动知识经验的提炼过程。一方面，智慧社会将会通过智能化技术，对人类以往的社会活动形成的知识体系进行价值提取，建立符合人类活动特征的"智慧化体系"。另一方面，它也要求人们需要将生产活动信息进行数据化、格式标准化。可以预见的是，智慧社会意味着随着"智能化技术"而产生的一系列知识体系，将会成为新的生产要素，参与到社会的各个活动中。

3. 智慧社会的特征

进入新时代以来，我国的社会和经济形势都出现了根本性变化，社会的发展已经到了一个关键转折点，在面对复杂多变的国内外政治和经济形势下，提出的智慧社会发展战略是转变我国经济社会从高速发展迈向高质量发展的顶层设计，将会引领我国多产业之间深度协作和融合，为社会的科技创新发展注入新动力。有关智慧社会的特征，还需要长时间的实践和总结，但是随着我国越来越多的智慧化场景的创新和应用，对于未来智慧社会的特征，我们可以通过类比进行描述。按照个体、技术、组织、经济、文化的顺序，我们对智慧社会的有关特征进行总结。

（1）个体知识化

在智慧社会中，人作为社会活动的个体，最主要的特征是知识化，具体表现为：

具有灵活的感知能力、出色的知识获取能力，个体的创新能力将被彻底释放，工作和生活的效率极高。总的来说，社会个体在智慧社会中，提升科技创新能力和掌握科学技术知识是必备要素，且个体将会用知识来创造新的价值，知识化将是未来社会个体的基本表现。

个体向知识化的进化，主要表现在两个方面：首先表现为社会普遍受教育水平的提高。我国高等教育人才的受众率不断升高，根据教育部在2021年的高等教育发展统计公报数据显示，我国高等教育的毛入学率已经达到了57.8%，大学生数量和比例的增加，将会为社会输入高水平的知识型人才，为智慧社会的建设提供源源不竭的动力。其次表现为社会人才地位普遍提升。有资料显示，在我国东部地区的有些省市，已经制定出台了相应的高层次人才引进政策，这些政策为人才的个体发展和价值创造奠定了物质基础。在世界经济发展的不明确性越来越大的情况下，人才已经成了社会的核心资源，对于企业来说，人才提供的科技创新能力和智慧力量，将会增强企业的竞争力，更是企业有效应对复杂经济发展环境的有效筹码。

（2）技术智能化

技术是推动社会形态发展的主要动力，对于智慧社会而言，其特征就是智能化技术的普遍应用，并对社会关系进行重塑。智能化技术是不断创新和发展的，对于智慧社会来说，智能化技术将会出现在人们生活和生产的各个方面，并对人们的生活产生重要影响。

1）智能化技术将重构社会的生产方式。首先，社会生产过程的无人化水平提升，并且围绕着某种智能化技术，将产生、形成一批辅助的新兴技术产业，智能化技术产业将会从单一技术发展向智能化技术产业集群式发展；其次，智能化技术也将再次细化人的体力劳动与脑力劳动，智能化技术将装备到机器人中，完全取代人的体力劳动，还将进一步替代人的一般性脑力活动，使得劳动者仅从事更加具有复杂性、抽象性和创造性的脑力活动；最后，智能化技术还将加快改变社会劳动中的管理方式，生产无人化、工作远程化、劳动个性化、生产消费一体化等生产理念的变化，将深刻地改变社会生产的各个要素，这将重构社会的整个生产方式。

2）智能化技术将颠覆人的生活方式。一方面，智能化技术使得人们的生活交流圈变小，人们大都在自己的兴趣领域中持续深耕，自主地组建小组群，并且群组之间交流将产生一定的语言壁垒；同时，智能化技术的普及将会拓宽人们的视野范围，人们可以通过不同的渠道来了解世界上实时发生的新闻事件，也可以通过不同的方式获取自己感兴趣的事物，人们的求知欲将会得到进一步满足，精神层面将会得到升华。另一方面，智能化技术将进一步提高人们的劳动生产水平，使人类从更加复杂的劳动中解放出来，更多的人将从体力劳动和一般性脑力劳动转向科技、艺术、文化、教育等需要灵感创造性的工作。在这一过程中，人们也会发现，其工作环境、生活环境，包括社会的公共服务治理水平也将得到显著提高。

3）智能化技术将重塑人类社会关系。智能化技术的进一步使用，创造性脑力劳动的人口数量和比例将会增加，将会加快社会个体向知识化进化，知识型生产和创造工作将会成为社会的主要活动，这将会使社会的关系发生质的变化，社会将会更加民主、文明、开放、包容，也会变得更加和谐。但是，智能化技术的广泛使用，也会造成一定的社会治理问题，在智能化技术进一步加快人类生产全球化和生活全球化的历史进程中，拉近国家与国家之间距离的同时，信息数据安全、网络恐怖主义等问题也逐步凸显，世界各国需要加强合作应对这些新挑战，这将形成更加紧密的网络命运共同体，从而影响和重塑国际关系。

4）智能化技术将实现人、机、物的融合和万物互联。智能化技术的广泛使用，将会进一步连接人、机、物的数据共享，通过数据的处理和反馈，社会各生产要素的关系也将发生改变，以往需要人的肢体来完成的动作，将会通过全自动化的机械臂来实现，人将更多地转变为发送指令的一方；在硬件部署方面，智能化技术将会对基础设施的功能提出更高的要求，一是需要具有微处理功能的智能化传感器、拥有数据处理能力的终端设备、可以实现定位功能 RFID 信号标签被广泛装备到生产和生活中，二是为实现对以上设备的数据传输目标，需要对网络信号进行全面覆盖，互联网、物联网等基础设施也需要大量铺设。

5）智能化技术将使数据成为核心生产要素。智能化技术的应用，数据将会是最基本的生产要素。一是数据将会是生产生活的核心资源，在人类思考和决策的时候，提供科学理论依据支撑，数据不光表现为简单的图表、文字和数字，还将更加地可视化、可操作化，并且在数字孪生等新技术的加持下，可以预测未来发生的事情；二是数据将会进一步标准化，大量的行业数据格式标准将会被制定，参与到生产过程中，云存储和云计算将会成为一种普通的生产方式，大量的数据通过云平台进行互联共享，将会改变人们的生产方式。

（3）组织有序化

在智慧社会中，组织将会成为一种秩序的"说明书"，就是说社会个体在参与社会活动的过程中，将会有序地获取所有流程，组织将会"隐形"。并且这些流程的"说明书"将会通过智能终端设备传递给每一个社会个体，群众会主动获取他们想要的信息，整个社会的运行效率将会得到全面提升。

对于组织有序化的表现，主要有以下几个特点：一是终端智能设备的普及化，各类智能化的感知、识别、分析技术，将会伴随着人工智能技术的普遍应用，替代以往需要人力的活动，智能化系统的使用，将会大大提高社会的组织能力；二是组织方式的互动化，借助智能化终端设备，社会个体将共享自己的信息和数据，并汇聚成网，通过智能化技术，这些网可以有序切片，社会个体之间可以沟通交流，每个社会个体都将很方便地参与到社会的互动中。

（4）经济数字化

在智慧社会中，经济的数字化转型将会是一个重要的特征，数字化经济将会成为引导传统经济增长的重要力量，越来越多的企业将会参与到数字化转型升级的进程中。根据国家互联网办公室发布的《数字中国发展报告(2021 年)》显示，我国数字中国的建设已经取得了显著成就，并且在网络空间治理、数字领域法治建设等一系列方面，都迈出了坚实步伐。我国数字经济释放的活力，将会继续带动更多的产业走向数字化转型升级。

（5）文化多元化

从文化历史发展的角度出发，文化的发展和社会形态的发展密切相关，在智慧社会中，文化将更多地通过智能化技术来表现，并成为与社会发展相互融合的新型文化模式，按照社会文化的一般进化论，可以从三个方面——器物、制度和观念来进行分析。

在器物方面，新型智能化技术将不断推动文化模式的发展，人们可以通过智能设备来完成音乐的表达、画作的绘制、游戏的博弈，文化创作的效率将会大幅提升，且文化表现方式将会多样化。人工智能技术将会运用到文化创作中，人们可以在文化创作过程中与更多人的智慧进行交互。在制度方面，随着器物方面的普遍进化，社会制度也会发生调整，数字化的发展使得网络空间的管理、网络安全、数据安全成了社会普遍关注的对象，随着社会形态的发展，制度需要进行适时调整，来满足社会管理的需要；在观念方面，社会个体都会表现出独立形态，新观念将会不断冲击固有的观念，成为一种新的共识。

1.1.2　数字经济：智慧社会的引擎

1. 数字经济的发展概况

（1）从实体经济到数字经济

我国现代化经济体系的建设，需要实体经济和数字经济协同发展。实体经济是我国经济发展的命脉，而数字经济的发展是我国经济增长和数字化转型发展的现代化引擎。数字经济最早源于"信息经济"，是随着数字技术发展而形成的一种新型的经济组织结构，但其本质上还是基于实体经济、服务实体经济的。

实体经济的主要特征，就是构建了丰富多彩的活动场景。在农业经济时代，菜农将自产的产品通过集市卖出换取金钱的场景，就是一种基本的商业买卖场景；在工业经济时代，传统汽车企业通过一系列的工艺流程，生产出一辆汽车，就是一种生产场景。到了数字经济时代，数字技术的使用会使实体经济产生更多的"数字化场景"，这些场景将改变实体经济的组织结构和文化管理模式，促使生产力水平的发展。数字经济构造的"场景"，最基本的特征就是以数据和信息资源为主要生产资料，以新一代数字技术为生产工具，通过融合实体经济的生产活动结果来产生作用。例如电商平台的发展，在发展初期实现了商品从实体展现模式向网页展现模式的转变，然后又发展到直播展示的模式，这些转变过程，就是数字技术的发展和应用的结果。总的来说，数字经济通常会对实体经济中的各类生产、经营活动中的过程数据、结果数据进行再加工，会直接或者间接引导实体经济元素向数字化转变，数字经济是我国传统企业数字化转型和智慧社会建设的重要推动力。

（2）从数字技术到智能化技术

数字经济的背后，是数字技术的广泛应用，目前普遍认为数字技术对于经济发展来说，是一种技术手段。从宏观上来解释，数字技术属于电子计算机科学概念，通常来说是对图像、文字、声音等信息转化为"0"和"1"进行存储、加工和还原的技术。随着网络和信息化技术的发展，现代数字技术普遍具有智能化的特点，数字技术也逐步转向为以大数据、云计算、人工智能技术为代表的新一代智能化技术。

相对于传统经济模式，数字技术（新智能化技术）对于实体经济的促进，有以下几个方面：第一，数字技术提高了竞争力。主要是通过大数据，解决了通常人力的算力限制，通过云计算等，实现了实时计算的能力，通过磁盘阵列，解决了信息存储容量的问题，这些主要表现为经济活动的运行实时性、决策准确性，从而提高了生产竞争力。第二，数字技术会优化企业管理模式。主要是改变了管理者的思维方式，这将会促使企业使用数字化技术来管理，不断提高实体经济的发展效率和效能，最终会不断优化企业的组织方式、管理模式等。第三，数字技术会加强企业风险管理。主要是数字技术将会使管理者对市场上的风险做出最快、最准确的反应，并且运用数字技术，也将会实现生产过程风险管控手段的变革，掌握安全风险的最优处置方式，不仅提高了生产力，还会降低实体经济运营成本。

2. 数字经济的动力分析

（1）数字经济成为构建新发展格局的关键支撑

党的十九届五中全会提出，要加快构建以国内大循环为主体、国内国际双循环相互促进的新发展格局，把实施扩大内需战略同深化供给侧结构性改革有机结合起来，以创新驱动、高质量供给引领和创造新需求。发展数字经济，推动5G、物联网、云计算、大数据、人工智能、区块链等新一代信息通信技术加速创新突破，促进数字经济与实体经济深度融合，有助于改造提升传统产业，推进产业基础高级化、产业链现代化，是构建新发展格局的战略选择、关键支撑。

数字经济为生产要素的流通搭建了信息平台。一方面，在传统的生产劳作中，生产要素在发挥自身作用时，往往面临着信息孤岛和反复描绘的境遇，如普通群众只能通过报纸等传统媒介来获取其他生产要素的信息。而在数字经济活动中，数据要素推动了传统生产要素的深刻变革和优化重组。如，数据要素与传统生产要素相结合，催生出人工智能等"新技术"、金融科技等"新资本"、智能机器人等"新劳动力"、数字孪生等"新土地"、区块链等"新思想"。另一方面，数据要素正在催生传统行业的广泛融合和升级发展，这为社会经济发展提供了巨大的价值和动力。如，新冠肺炎疫情期间，通信大数据行程卡等新应用，以及线上办公、远程协作等解决方案为中小企业复工复产提供了有效支撑。

（2）数字经济打造经济复苏新动能

2020年，新冠肺炎疫情席卷全球，对我国经济造成较大冲击，叠加周期性经济波动，对经济增长构成下行压力。目前，全球经济仍在经历深度调整期，叠加疫情冲击，世界经济陷入了"二战"以来最严重的大衰退。在复杂严峻的国际经济环境背景下，我国数字经济依然保持强劲增长，成为推动经济增长的关键支撑，数字经济在推动经济增长、促进就业、提升产业竞争力等方面发挥着越来越重要的作用。伴随着新一轮科技革命和产业变革的持续推进，数字经济已成为当前最具活力、最具创新力、辐射最广泛的经济形态之一。数字经济的发展成为推动国民经济持续稳定增长的关键动力，对于夺取疫情防控和经济社会发展双胜利发挥了重要作用。

1）数字经济推动产业数字化发展。在新冠肺炎疫情期间，数据技术带动数据经济发展，为产业升级带来变革契机，在线办公、在线教育、网络视频等数字化新业态新模式在疫情倒逼下蓬勃涌现，大量企业利用大数据、工业互联网等加强供需精准对接、高效生产和统筹调配。疫情是一堂生动的数字化培训课，也是强劲的数字化加速器。在服务业、工业、农业等行业，数据经济的增长正在带动产业的结构化升级，随着新基建和数字化转型的不断推进，我国数字经济在各个产业中占比正在逐年提高，并且融合发展也向更深层次演进，数字经济正成为推动经济发展的新动能之一。

2）数字经济对社会总体经济的"补位"作用凸显。一方面，数字产业化实力进一步增强，数字技术新业态层出不穷，一批大数据、云计算、人工智能企业创新发展，产业生产体系更加完备，正向全球产业链中高端跃进。根据中国信息通信研究院发布的《中国数字经济发展研究报告（2023年）》数据显示，2022年，我国的数字经济规模达到50.2万亿元，同比名义增长10.3%，已连续11年显著高于同期GDP名义增速，数字经济占GDP比重相当于第二产业占国民经济的比重，达到41.5%。

另一方面，产业数字化深入发展获得新机遇，电子商务、平台经济、共享经济等数字化新模式接替涌现，服务业数字化升级前景广阔，工业互联网、智能制造等全面加速，工业数字化转型孕育广阔成长空间。2022年，中国数字产业化规模与产业数字化规模分别达到9.2万亿元和41万亿元，占数字经济比重分别为18.3%和81.7%，为数字经济持续健康发展输出强劲动力。

（3）数字经济对传统企业发展的保障机制

进入后疫情时代，经济形势对企业的发展影响越来越大。在世界范围内，疫情原因引起的国际贸易受阻、经济持续萎靡等趋势正在加剧，国际秩序受到了严重的破坏，世界经济发展也受到了重大影响。另外，欧美等发达国家开始恢复制造业发展、逆全球化发展，这种发展局面已逐步形成，这对我国很多制造业、物流商贸企业的发展，造成了不确定性。在宏观经济上，我国各行业在疫情后的发展中，变得越来越复杂，且随着人民群众对物质需求、精神需要的不断改变，我国各行业在产业效率、创新发展动力、转型升级质量等方面，需要更好的保障机制，本节从效率、动力、质量三个方面，来分析智慧社会建设中，企业发展的保障机制。

1）效率保障机制。数据是智慧社会建设中的基本生产要素，它将为企业的发展提供效率保障机制：第一，数据的"流动速度快""低边际效应""高溢价产出"等特点，可以快速累积并形成一定的数据资源池，围绕着数据资源池开发的数据应用，具有很强的辅助生产功能，数据的这种特性，使得数据的收益率很高；第二，数据的"通用性""可用性"特点，使得在数据与生俱来的技术推动下，不仅可以实现自我价值，还可以促进其他生产要素技术水平的提升，从而带动整个生产活动效率的提升。智慧社会中，企业在发展过程中将会拥有更多的数据资源，这些数据资源的利用将会引领企业提高生产效率。

2）动力保障机制。疫情对很多行业的发展造成了沉重打击，智慧社会建设推动科技创新，将会促进越来越多的企业转向数字经济发展模式，为企业的转型提供动力。一方面，智慧社会中的数字产业将会引领社会发展，数字产业化将会推动传统行业向数字化经济转型升级，而产业升级需要重点部署"云网端平台"（泛指云计算、大数据、智能终端平台）。对于全国来说，这不仅需要大量的技术成本，还需要持续不断的科技创新投入。因此，智慧社会建设可以为企业之间创新协同发展提供发展动力。另一方面，传统产业在智慧社会的建设过程中，其产业链将会重塑，从企业运营来讲，其内外部交易成本将会大大降低，边际效应将会增加，价值链也会整体攀升。企业经济规模的提升，将会推动企业再投入，从而形成良好的投资循环，形成发展动力。

3）质量保障机制。智慧社会的建设将会改变传统的消费服务方式，使得消费者的服务需求质量得到最大保障，产品质量、服务水平质量都将得到有效升级，并随着智慧社会的深入开展，社会的治理水平提高将改善人们的生活水平质量。从宏观来说，智慧社会建设倡导绿色、低碳的可持续发展道路，智能化技术的广泛应用，信息和知识将成为经济发展的主导因素，在生产过程中，除了必要的资源，其他辅助的生产要素将会做到最大化的节约；从微观来说，智慧社会建设能有效改善企业的生产水平。首先，智能化技术的广泛应用，可以让政府监管部门更好地履行监管职责，生产企业的生产数据将会实时传到政府监管平台，使企业的产品加工流程更加规范、产品质量得以保证；其次，智能化技术的发展可以刺激商业模式创新，在商业竞争中，普通消费者倾向于高质量的服务，市场会驱逐劣币，迫使商家提高服务质量；最后，智慧社会建设打破了生产者与消费者之间的信息不对称现象，普通消费者会轻松地获取到企业的生产信息及商品信息，也更愿意为个性化的商品买单，企业在商业竞争中将会提高质量要求，来保证其市场份额和地位。随着各产业的不断竞争和升级，社会的整体消费质量将会得到保障。

3. 数字经济对传统行业的启示

（1）工业互联网成为产业数字化转型新途径

近年来，经过大量理论和实践探索，工业互联网已从概念形成进入应用实践推广的新阶段，在经济社会各领域中加速应用推广。工业互联网是实现数据驱动的数字化转型新路径，正成为工业乃至实体经济各领域数字化转型的新方法论。当前工业互联网应用几乎涵盖了工业的各个行业、各个价值环节，与实体经济的融合赋能初步显现了其强大的生命力和创造力。从行业领域看，装备制造业成为工业互联网最主要的应用行业之一，同时，工业互联网正逐步从工业向采矿、水务、金融等实体经济其他领域延伸。从价值环节看，生产过程管控、设备资产管理是最主要的应用，降本增效成效显著，并正从外围环节向核心业务流程深化拓展。

5G超大带宽、超低时延、海量连接的特性，高度契合工业企业对无线网络的需求，弥补了传统无线技术可靠性弱、连接范围不足等短板，为产业升级转型提供了关键支撑和重要机遇。当前，全国"5G+工业互联网"建设项目超过1100个，5G在制造业、港口、电力、矿山等场景已取得良好的实践效果，涌现出机器视觉检测、精准远程操控、现场辅助装配、智能理货物流、无人巡检安防等一系列应用成果，经济价值逐渐显现，呈现规模化应用的趋势。总体上，"5G+工业互联网"融合应用尚处在发展初期，随着5G技术产业逐步成熟，网络建设成本有望进一步降低，预计"5G+工业互联网"应用将覆盖更广泛的行业和领域，在推动产业数字化转型中迸发出蓬勃力量。

（2）卫生突发事件加速数字化转型进程

新冠肺炎疫情，为各行各业的数字化转型带来了历史性的加速发展机遇。疫情从供给和需求两个方面加速数字化转型。从需求端看，疫情一方面会激发企业和政府的数字化转型意愿，另一方面会直接创造许多新的数字化转型需求。从供给端看，疫情不仅会促使数字基础设施加快建设完善，还会助推数字化新工具的改进升级和市场推广，从而升级数字化转型供给端的支撑赋能能力。总体上，新冠肺炎疫情作为一次冲击，其加速数字化转型的经济机理可归纳为三个效应，包括需求端的转型意愿改善效应、转型需求创造效应，以及供给端的转型供给升级效应。

数字化转型意愿得到改善。疫情充分彰显了数字化转型在提升企业韧性、弹性方面的巨大价值。数字化基础好的企业利用数字技术打破时空局限，以信息流为牵引，促进产业链供应链中物流、资金流、商流的快速重组融合，迅速接链补链，在疫情中受损较少甚至获得额外收益。一些领军企业发挥优势打造平台，开放提供产业资源实时连接、高效匹配对接等服务，让大量接入的中小企业受惠。根据中国中小商业企业协会数据，数字化成熟度高的企业在疫情冲击下3个月内恢复比例高达60%，而数字化成熟度低的企业恢复比例只有48%。

数字化转型需求快速扩张。新冠肺炎疫情客观上为数字化转型提供了"引爆点"，在极短时间内激发了数字化新需求，推动数字化转型跨越式发展。在生活领域，数字化应用爆发式增长。一方面，出于疫情防控需要，经济活动加速向线上迁移，人们必须居家完成工作、教育、饮食、娱乐等活动，各企业纷纷通过在线化方式寻求出路，大量无接触经济新业态涌现。如，工作靠远程办公、教育靠居家上网课、买菜靠生鲜电商、看病靠在线问诊等。在生产领域，数字化转型加速发展。新的数字化生产模式加速渗透推广。疫情中，各地企业在复工复产过程中面临销售下滑、产业链中断、资金不足等问题，工业互联网、大数据等手段可实现产业供需对接、产业链协同、资金融通等，进而催生出产业资源在线调配、协同制造、产能共享、跨域协作等数字化生产新模式，极大缓解企业发展中的痛点和难题。

数字化转型供给不断升级。一方面，数字化产品、服务的功能不断完善。新冠肺炎疫情打破常规，为数字化产品服务的改进升级提供了"试验场"，为它们进入市场提供了"助推器"，从而加速了数字化工具的质量升级和普及推广，为经济社会数字化转型提供了更好的支撑。另一方面，新型基础设施不断加强，转型支撑能力持续提升。5G、数据中心、工业互联网等新型数字基础设施快速启动建设，为数字化转型提供更多性能优良、分布广泛的数字化工具和资源，更好地支撑数据流、信息流的高效流转，赋能经济社会的数字化转型。

1.1.3 智慧社会建设的价值与意义

1. 智慧社会建设的价值

建设智慧社会是依靠人类的智慧和机器的智能共同发挥作用所产生的，因此其建设价值可以从技术价值和社会价值两个层面分析。

（1）智慧社会建设的技术价值

智慧社会建设的技术价值主要体现为技术在社会各个领域的创新应用。智慧社会建设的核心主要包括四大高新技术：物联网、大数据、云计算和人工智能，前三者的发展催生出人工智能，而人工智能的不断创新，又将三者统一协调起来，使得"科学技术的演进总体呈现拟人化规律"。其中，物联网是智慧社会建设的基础，通过网络将现实与虚拟世界相互融合，实现万物互联与相互感知；大数据和云计算对海量数据进行存储分析，筛选高价值信息、加强数据监管；而人工智能通过模拟人类思维，协调完善整个技术体系，最终达到智慧的境界。由此可以看出，智能技术的发展，是技术在其自身创新的基础上形成的新的技术，它可以满足人类和社会的大部分需求，并为其提供精准化的服务，从而使智能技术潜在的价值得到充分发挥。

（2）智慧社会建设的社会价值

智慧社会建设的社会价值是在技术价值的基础上实现的，它是智能技术在投入使用的过程中通过与主体发生作用，对社会产生影响所表现出来的价值。这些技术的应用使经济、政治、文化等各个领域变得更易于被感知，具体体现在以下三个方面。

一是经济价值。智慧社会建设促进了智慧经济的繁荣发展。与信息社会相比，智慧社会以智能技术为支撑，使得智能技术向更高层次的拟人化程度演进，社会生产率的空前提升促进了社会经济的运行。智能技术促使经济运行模式发生转变，由原来的分散型向整体型转变，通过智能技术将社会分散资源收集整合，促进资源共享，节约了经济运行成本，还催生出共享经济、电子商务等新的智慧经济形态。同时，智慧社会是将人的智慧成果嵌入机器系统，实现将人的智慧转化为机器的智能，即实现人的智慧的物化，使富有智慧的机器设备逐渐成为社会的一员，不仅帮助人类完成一些复杂和重复性的劳动，也为人类社会的发展提供了新的动力，使其进入智慧化发展阶段。

二是政治价值。智慧社会的建设为政府治理现代化提供了技术支持。智能技术作为智慧社会建设的核心，为政府组织转型和公共管理提供了重要的技术工具。大数据、物联网、人工智能等技术手段在政府组织中的广泛运用，增强了政务的透明度和管理的民主性，高质量、高价值的数据信息使组织决策更加科学化、规范化，从而提高了组织的工作效率。同时智能技术的应用拓宽了公民的参与渠道，公民不仅可以随时随地与政府进行沟通交流，满足自己的需求，还可以实时对政府进行监督。智能技术在政府决策、信息公开、公民参与等方面发挥的作用，为政府治理的现代化发展提供了技术支持和强大动力。

三是文化价值。智慧社会建设为社会文化提供了一种新型文化范式。每一种智能技术的产生，不仅是人们对技术需求的呈现，同时也深刻反映了人们需求背后的具体文化观念。大数据、VR 技术的进一步发展提升了人们对数字文化的真实性和体验感；人工智能创造出的具有人类思维的智能情感机器，丰富了人们的娱乐活动；社交网络等新媒体的广泛普及，促进了社会精英文化与草根文化的交流互动，增强了社会文化的活力。智慧技术的创新为个人获取信息资源提供了新的方式，自由职业者通过网络和数据平台获取发展资源，脱离机器和工厂的限制进行自主创业，使个人的能动性和创造力得到极大的发挥，进一步体现了人们对自由、个性、平等的文化价值的追求。智慧技术与社会文化高度融合的新型文化范式，使文化创造力加倍增长，未来将开创一个前所未有的文化繁荣的新时代。

2. 智慧社会建设的意义

（1）建设智慧社会是信息技术发展的需要

当前，全球信息技术呈加速发展趋势，信息技术在国民经济中的地位日益突出，信息资源也日益成为重要的生产要素。智慧社会正是在充分整合、挖掘、利用信息技术与信息资源的基础上，汇聚人类的智慧，赋予物以智能，从而实现对城市各领域的精确化管理，实现对城市资源的集约化利用。由于信息资源在当今社会发展中的重要作用，发达国家纷纷出台智慧社会建设规划，以促进信息技术的快速发展，从而达到抢占新一轮信息技术产业制高点的目的。为避免在新一轮信息技术产业竞争中陷于被动，中国政府审时度势，及时提出了发展智慧社会的战略布局，以更好地把握新一轮信息技术变革所带来的巨大机遇，进而促进中国经济社会又好又快地发展。

（2）提高中国综合竞争力的战略选择

战略性新兴产业的发展往往伴随着重大技术的突破，对经济社会全局和长远发展具有重大的引领带动作用，是引导未来经济社会发展的重要力量。当前，世界各国对战略性新兴产业的发展普遍予以高度重视，中国在"十二五"规划中也明确将战略性新兴产业作为发展重点。一方面，智慧社会的建设将极大地带动包括物联网、云计算、三网融合、下一代互联网及新一代信息技术在内的战略性新兴产业的发展；另一方面，智慧社会的建设对医疗、交通、物流、金融、通信、教育、能源、环保等领域的发展也具有明显的带动作用，对中国扩大内需、调整结构、转变经济发展方式的促进作用同样显而易见。因此，建设智慧社会对中国综合竞争力的全面提高具有重要的战略意义。

1.2 智慧民航的崛起

1.2.1 我国民航行业发展概况

1. 我国民航产业概况

我国民航从一个原来隶属于军队建制的国家安全保卫力量，发展成为国家综合立体交通网中的重要一环，在我国经济社会发展和社会主义现代化事业中的作用越发重要，在国际民航界的影响力也越来越大。我国民航取得的成绩来之不易，这是在党中央、国务院正确领导下，一代代民航人拼搏奋斗、努力创业的成果。改革开放以来，纵观我国的民航发展，先后经历了三次重大改革，分别是军政分管、政企分离和机场属地化改革，总体经历了四个阶段，即初创期、调整期、前进期和发展期。

根据中国民航局发布的《2022年民航行业发展统计公报》显示，在运输航空方面，我国民航全行业完成运输总周转量599.28亿吨千米、旅客运输量2.52亿人次，相对于2019年的历史峰值，分别下降53.66%、61.82%，这充分说明了民航产业受新冠肺炎疫情影响严重。但从改革开放以来民航产业的发展历程来看，我国民航产业的成就依旧是成绩斐然的，民航各项数值指标，抛去疫情因素，一方面反映出我国民航行业的稳步发展，另一方面也是我国经济发展的生动写照，预示着我国民航市场的广阔空间（如图1-2、图1-3所示）。

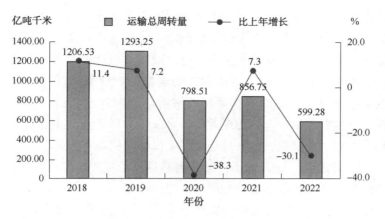

图1-2 2018—2022年民航运输总周转量

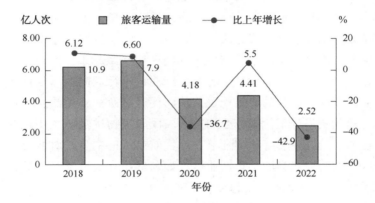

图1-3 2018—2022年民航旅客运输量

2. 我国民航产业体系特征

我国民航产业是指在航空产业体系中从事民用航空（军用除外）生产与提供航空服务的相关行业的集合，根据经济实践分类，大致可以分为民航制造业、民航运输业和民航服务业三大类；根据功能专业分类，又可以分为机场管理、航空旅客运输、空中交通管理、航空油料保障、飞机及零部件制造、飞机维修、地面服务与货运、航信服务保障、航空配餐等专业化产业。我国民航产业作为我国航空产业体系的重要组成部分，是推动我国现代产业体系发展的重要引擎（如图1-4所示）。

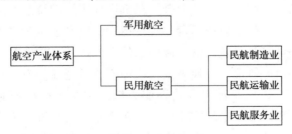

图1-4 我国民航业构成图示

（1）民航产业集群

民航产业集群是由一定数量和功能的企业共同组成的民航相关产业在以民用机场为中心的地域范围内的集中。与一般产业集群不同，由于机场自运营开始便聚集着与民航产业密切相关、彼此分工协作的众多驻场民航企业，民航产业集群的培育和发展具有先天性的空间依托和产业基础。从功能上来区分，我国民航产业集群一共有两类：一类是依托民用运输机场，开展航空旅客运输和货物运输的产业集群；另一类是依托通用机场，开展相关制造研发、飞行培训和观光旅游活动等的产业集群。从产业链的角度区分，我国民航产业集群包括一个核心产业集群和三个关联产业集群，核心产业集群和关联产业集群相互支撑、相互促进，为社会提供了民航业的综合服务。

1）民航核心产业集群。民航核心产业集群包括三条主要的产业链条，即民航运输产业链、民航制造产业链和民航运输综合服务保障产业链。

第一，民航运输产业链。就民航运输环节来看，民航运输产业链可以划分为民航旅客运输链和民航货物运输链两类。由于民航运输的主体旅客是商务旅客和旅游者，总体来看，民航旅客运输链是集航空运输、旅游、酒店于一体，通过直接兼并、收购、股份合作、联合营销、分销渠道共享等方法，在航空运输业与旅游产业中建立一条环环相扣的产业链。它将航空产品的生产销售与旅游部门密切联系起来，使售票、预订酒店、组团旅行等业务相互衔接，民航运输和旅游两大产业链进行双向纵深延伸，实现上下游产业的资金、资源、客源、服务的有效配置，从而促进旅游业、生活服务业，以及金融保险、信息咨询、商业贸易等现代服务业的发展。民航货物运输链主要包括航空仓储、货运代理、货物运输、分拨包装等物流环节。现代航空货运主要针对两类运输对象，一类是跨季节、跨区域的时令产品的空运产业链，如名贵花卉及海鲜等产品；另一类是高新技术制造业产品的空运产业链，如芯片、手机、手提电脑等。这些对象均属于体积小，高附加值、运输时间价值高的产品，空运是保证其价值实现的主要手段。完整的民航货物运输链不仅需要航空货运提供货物运输服务，还需要与原材料供应商、制造商、分销商、消费者以及其他运输提供商等的协同合作。

第二，民航制造产业链。民航制造产业链按照服务对象划分，可分为民机产业链和特种设备产业链。民机产业链包括民机的研制、采购、制造、使用和维修服务等环节。民航特种设备产业链主要包括民航特种设备的研发、制造、维护等环节，用户涵盖航空公司、机场等，包括专用消防车、食品车、摆渡车等特种车辆及登机桥、航空集装箱等专用设备。显然，民航制造产业链已经涉及民航的方方面面。

第三，民航运输综合服务保障产业链。在机场地区，围绕航空运输业各种业务需求而构筑的空中交通管理、航空公司运营、机场运营，以及航空油料与航材供应、地面保障服务、航空教育培训等与民航运营直接相关的民航产业，这些产业在机场的集聚便构成了民航产业集群的发展雏形。一般来说，这种产业链企业具有复合特性，会横跨几个政府部门的直接监管，以航空油料经营企业为例，它既是石化产业链中的一种产品类型，也是民航服务保障产业链中的重要环节，在企业经营管理方面，航空油料相关企业既受到中国民航局下属的民航地区安全监管局管理，还受到国家应急管理部下属的地方安全监督管理局管理。

2）民航关联产业集群。民航关联产业集群属于民航业外的延伸性和支撑性产业，它主要包括三类：第一类是以金融保险、会展商贸、信息咨询、商务餐饮、环境产业为代表的配套服务业集群；第二类是以电子信息、生物工程、新型材料、新型能源为代表的高新技术产业集群；第三类是以食品、饮料、服装、橡胶制品等为代表的传统制造业集群。这些关联产业集群通过各种经济渠道间接地支撑着民航核心产业集群的发展，并在此过程中获得自身的发展。

总体来看，我国民航产业可在运输产业链、制造产业链和综合服务保障产业链及关联产业链的基础上形成特色明显的产业集群，从而促进区域内的现代制造业、高新技术产业和现代服务业的协同发展。民航产业集群的优点，一方面，有利于提高专业化程度，降低成本，使得区域的综合要素成本得以最优化组合；另一方面，有利于促进民航产业链的延伸，提高民航产业的波及效应和规模效应。

（2）我国民航产业的属性特征

作为一个关系到国家安全和国民经济命脉的战略产业，我国民航产业呈现出与一般行业不同的特点。

1）民用机场公共服务性和生产经营性并存。根据国务院发布的《民用机场管理条例》（国务院令第 553 号）第三条内容，民用机场是公共基础设施。这是在法律层面明确了民用机场的公共属性，是和公路、铁路、水运等方式一样，目的是为公众生产、生活提供交通运输服务的基础设施，因此我国民用机场的机场工程建设者、投资者、管理者、运营者基本是各地政府部门或政府部门下属的交通投资国有企业。但随着我国民用机场准入门槛的改变，这一现象也逐渐出现变化，我国民航机场的投资主体也逐步多元化。2018 年 2 月，鄂州民用机场获国务院、中央军委联合批复，该机场的机场工程由湖北省、深圳顺丰泰森控股（集团）有限公司等企业共同筹措，这是我国开始摸索民营企业投资、经营主体机场的试点。目前，大部分民用机场的管理运营已经转变为企业化运行，有些机场运营管理者已经成为上市公司或合资公司，如上海机场和白云机场，依靠民用机场在为社会经济发展提供运输服务的同时，产生大量的人流、物流和信息流，机场经营者通常将这些丰富的经营资源转化为了自身盈利点，但综合来看，民用机场仍具有公共服务性和生产经营性并存的特征。

2）自然垄断性和可竞争性并存。我国民航产业具有自然垄断性。在经济学理论中指出，自然垄断亦称"自然寡头垄断"，是指某些产品和服务由单个企业大规模生产经营比多个企业同时生产经营更有效率的现象。而现代法学一般认为，自然垄断是指由于市场的自然条件而产生的垄断，这些部门如果进行竞争，则可能导致社会资源的浪费或者市场秩序的混乱。我国民航业发展早期，由于成本高昂和涉及公众安全，同时受自然条件和技术的限制，市场需求较低，投入的"沉没成本"较高，加上政府的管制和干预使得民航呈现出自然垄断的特性，这也使得民航业饱受诟病。但从 20 世纪 80 年代末，我国开始启动民航体制改革后，民航产业逐步打破了垄断的格局，行业壁垒也逐渐放宽，同时允许民间资本进入民航业，促进了民航产业的良性竞争。根据中国民航局发布的《2021 年民航行业发展统计公报》显示，截至 2021 年底，国内运输航空公司 65 家，比上年底净增 1 家。按不同所有制类别划分：国有控股公司 39 家，民营和民营控股公司 26 家。

在全部运输航空公司中，全货运航空公司 12 家，中外合资航空公司 9 家，上市航空公司 8 家。良好的竞争氛围促进了经济发展，也为公众提供了更加优质的运输服务。

民航产业的典型特征，决定了民航产业的发展途径需要依靠国家的战略发展和资源配置等宏观政策的支持。近年来，随着我国经济的不断发展，民航产业已经形成了良好的竞争发展局面，社会资本的不断涌入，对民航产业的蓬勃发展起到了决定性的作用，随着运输机场和通用机场两翼齐飞战略的不断发展，民航产业将进一步带动产业上下游的产业创新，从而形成良好的业内循环发展。

3. 我国民航产业的发展方向

（1）提升民航制造业自主创新能力

大飞机一般是指最大起飞重量超过 100 吨的运输类飞机，包括军用大型运输机和民用大型运输机，也包括一次航程达到 3000 千米的军用飞机或达到 100 座以上的民用客机。民用飞机作为一种高度国际化产业，其适航性要求比军事飞机要高得多。由于民航飞机安全标准非常严格，只有一些享有国际信誉的公司才能被采购，比如欧美国家的波音和空客，使得这一行业被垄断，其他公司完全无法跻身于这一竞争行列。在世界民航范围内，波音和空客对民航大飞机市场几乎是垄断性的，我国运输航空公司内的大飞机几乎都是波音和空客两家公司产品，还有少部分支线飞机产品是来自中国商飞公司和巴西航空工业公司。根据春秋航空公司发布的数据显示，自 2005 年首航之日起，该公司引进的飞机全部为空客 A320 机型，截至 2020 年底，引进的空客 A320 飞机数量已破 100 架。航空产业是适应不断扩大"内需"的骨干产业，而民航制造业是航空产业的基础，我国民航制造业相对欧美等国家，起步较晚，前沿领域的基础研究薄弱，技术储备不够，关键材料及零配件还需进口，缺乏从飞机发动机、载电系统等二级设备到底层材料及零件供应商的专业供应链。尽管我国在发展中国家中拥有最大规模的民航制造业，但仍是该领域的追赶者，目前，由中国商飞研制的 C919 大型客机是我国按照国际民航规章自行研制、具有自主知识产权的大型喷气式民用飞机，正在申请中国民航局的适航审定，当 C919 型号大型客机正式投入我国民航市场，将会一定程度上改变我国民航制造业的产业结构，但这还需要时间去验证。发展独立自主的航空工业体系，不仅具有政治上的重要意义，也是经济持续发展和结构上升的重要支柱。

（2）加快构建现代综合交通运输体系

根据交通运输部发布的《2021 年交通运输行业发展统计公报》数据显示，截至 2021 年底，我国铁路营业里程 15.1 万千米，其中高铁营业里程 4.1 万千米。铁路运输和民航运输同属五大交通运输方式，二者既有竞争关系，也有互相促进、补充的互补关系。但近年来，我国高铁建设成效显著，其速度快、舒适度高、安全稳定等特点备受消费者青睐，民航产业赖以立足的优势有所削弱，也给民航的发展带来了挑战。在价格方面，比较高铁与民航的票价，我国高铁的票价大约为 0.45 元/千米，飞机的票价则约为 0.68 元/千米，高铁票价是飞机的 2/3，高铁更具有价格优势。但是民航运输的成本构成较为特殊，随着运输距离延长，民航运输的经济性增强。高铁虽在中短途客运市场具有明显的费用成本优势，但在长途出行中，民航的经济性优势凸显。在时间成本方面，需考虑运行速度和花在交通出行全部的时间，因为民航机场的选址受到空域和环境评价等影响，一般距离市区较远，乘客花费的行程前后的时间较多，而高铁站的选址一般在市区范围，从时间成本来说，高铁有天然的优势。在速度方面，我国高铁当前的平均运行速度在200千米/小时到300千米/小时之间，而飞机能达到800千米/小时到900千米/小时，飞机速度是高铁的3倍多，民航优势凸显。

综合比较，在中短途出行中，高铁对民航的冲击更大，而长途运输中，民航仍具有明显的速度优势。在服务方面，高铁与民航都在积极提升对客服务质量，都属于舒适度较高的出行方式。我国高铁运行平稳、噪声小，备受国内外赞誉，旅客通常能获得较为满意的出行体验。飞机历来也是舒适出行工具的代表，但由于起降过程中机舱气压变化、天气影响飞行平稳等，旅客的乘坐舒适度不稳定。在安全性能方面，高铁与民航都是安全性高、事故率低的运输方式。尤其是民航运输，对出行安全有更高的要求和质量监控，由于天气恶劣等原因取消或延迟航班的事常有发生，虽然对旅客出行计划造成了一定影响，但杜绝了危险事故的发生。在准点率方面，民航运输无疑处于劣势地位，因为民航运输是一种十分依赖天气变化的交通方式。

综合以上影响因素考虑，加快构建现代综合交通运输体系，协调发展各类运输体系，依靠自身优势不断创新，是民航产业的发展方向。

（3）大力发展通用航空产业

我国民航产业一直推动公共运输航空和通用航空"两翼齐飞"的发展战略。根据中国航空器拥有者及驾驶员协会发表的数据显示，截至2023年5月底，我国通用机场数量已经有418座，包含已取证机场95座，已备案的机场311座，其他的起降场地12座。当前，我国一些省份发布了支持、鼓励通用航空产业发展的政策性文件，通用机场的建设和运营也都由政府机构投资转向社会资本投资，这在全国各地均掀起了一波通用机场建设浪潮。相对于欧美国家，我国通用航空市场的确属于发展洼地，依靠通用机场来发展飞行员培训、低空观光、飞行活动及小型飞行器制造等产业已经是通用机场建设的主要目的。但是，通用航空产业因国家政策和自身产业特征，先天市场规模较小，产业技术壁垒较高，再加上通用机场建设的企业均没有相关业务经验，导致了当前我国通用航空企业经营管理体系尚不完善，且缺乏拥有专业技能和管理经验的相关人才，导致了通用机场建得起来，但是飞不起来。盲目地修建通用机场，没有充分的前期调查和风险预估，不仅会过度消耗投资资源，而且容易造成投资主体过多负债，从而影响自身企业经营的平衡与发展。此外，通用航空企业严重缺乏资金，融资渠道狭窄。在经济不断发展与科学技术不断进步的社会背景下，市场经济一体化快速发展，社会竞争越来越激烈，对通用航空企业的生存发展提出很大的挑战。企业融资是通用航空企业经营发展的重要环节，在一定程度上直接影响着通用航空企业的可持续发展。有些地方政府和相关部门在机场规划过程中，也考虑到了通用航空企业以后的发展情况，认识到了通用航空经营管理体系构建的重要性与现实意义，但是在完成对通用航空企业的组织机构构建之后，发现通用航空企业要想增强自身的市场竞争力与可持续发展，必须依靠强大的资金作支持。

总而言之，一个具有市场竞争力与综合实力的通用航空企业，需要消耗很高的基础性投资。为了抢占更高的市场份额，通用航空企业开始采用供应链融资的方式争取市场，久而久之就出现了赊欠账款的现象。通用航空企业一味地抢占市场，没有充分考虑风险问题，给投资人带来一定的金融风险，尤其对于中小型通用航空企业来说，由于其规模比较小、资金实力比较薄弱，以及管理理念和管理模式比较落后等多方面因素限制，导致中小型通用航空企业正面临着融资所带来的巨大压力与挑战，到最后通用航空企业的投资主体依旧是地方城市投资集团或者新组建的通用航空公司，一旦这些通用航空企业背负高额的信贷资金压力，企业经营就会出现不可逆转的财务危机，甚至影响整个金融产业链条。

（4）探索后疫情时代的民航产业方向

2020年暴发的新冠肺炎疫情给各个产业带来了巨大冲击，民航运输业更是首当其冲。在疫情之初，为防止疫情范围扩大，全球各国纷纷封锁边境，限制居民出行，导致客运需求量同比大幅下降，航空公司大规模停飞，其间国外数十家航空公司破产，全球航空公司面临生存之战。但随着新冠肺炎疫情在全球的蔓延，贸易保护主义日趋严重，世界经济形势愈加不可预测，后疫情时代，不确定性成为常态。如何在疫情的影响下，加速民航产业的复苏，已经成为民航产业的重要研究课题。

（5）提升全民航产业的安全运营能力

安全是民航产业的生命线。保障机场安全运行是民航管理工作的第一要务，也是所有民航人的目标和使命。随着飞行量不断增加，我国民航产业的安全运营的短板和弱点越发凸显。一方面，由于前期民航产业发展较快，各行业管理基础并没有同步发展或发展较慢，导致安全管理水平不高，尚未形成相对稳定的安全运行管理机制。另一方面，随着我国民航产业的迅猛发展，民航运输行业的旅客吞吐量、货邮吞吐量、航班起降架次等指标稳步提升，我国民航产业在世界民航界的地位也不断提升，但是随着世界民航产业的进一步发展融合，公众和国家对民航安全运行的期望也与日俱增。民航是一个高科技装备、高投入、高风险的行业，我国民航要在复杂的安全形势前提下，实现民航产业安全健康发展，保证安全是民航产业的基本要义。

1.2.2 智慧民航建设发展趋势

1. 智慧民航建设的历史使命

2017年12月，在第十五届民航信息化发展论坛中，"智慧民航"建设目标被正式提出。对于智慧社会而言，智慧民航建设就是运用科技创新技术，对传统的交通运输业进行转型升级的又一实践案例。智慧民航建设主要是运用各种信息化和通信技术手段，分析整合各种关键信息，以机场为依托，实现安全、服务、运营、保障等机场运行参与单位的智慧化、智能化协同发展的过程，智慧民航有利于我国民航发展实现由传统要素驱动向注重创新驱动转变、由追求速度规模向注重质量效益转变、由运行服务为主向注重产业协同发展转变，不仅是民航产业转变传统的生产运行方式，提高服务营销、技术保障、安全监管等管理和运营的重要手段，而且也是我国民航高质量发展的必由之路。

（1）智慧民航建设是实现多领域民航强国建设的必由之路

我国开启多领域民航强国建设新征程，持续推进高质量发展，不断拓展民航发展格局。加快向多领域民航强国跨越，必须依靠智慧民航建设，着力提升制定国际民航规则标准的主导权和话语权，加快构建具有引领国际民航业发展的创新能力，抓住先机、抢占未来发展制高点，塑造国际竞争新优势。推进民航高质量发展，必须依靠智慧民航建设，破解资源环境约束难题，激发潜能、发挥效能、增强动能，推进治理体系和治理能力现代化，加快实现"安全底线牢、运行效率高、服务品质好、经济效益佳、发展后劲足"的发展格局。拓展民航发展格局，必须依靠智慧民航建设，推进民航各运行主体、民航与各种交通方式、民航与上下游产业链、地方经济社会发展的协同融合，推动民航发展面向更多的新领域，拓展更大的新空间。

（2）有利于加快推动民航发展由传统要素驱动向更加注重创新驱动转变

我国民航已实现由运输大国向运输强国的历史性跨越，预计到2035年，运输规模还将增长一倍以上，基础设施保障能力面临更大的瓶颈压力，资源环境约束日益增强。单纯依靠传统要素投入、扩大机场规模、增加人员编制的发展模式难以为继，迫切需要发展方式的转型。加快智慧民航建设，有利于强化创新在民航发展全局中的核心地位，通过理念创新、机制创新、流程创新和技术创新，催生以集约共享为核心的发展模式，提高行业全要素生产率；有利于加快推动5G、物联网、人工智能、区块链、云计算、大数据等新一代信息技术与民航的深度融合，发挥科技赋能和数据驱动作用，全面推进民航业数字化转型、智能化应用、智慧化融合，加快新旧动能转换；有利于提升民航自主创新能力，突破民航急需重点领域核心技术，实现高水平自立自强。

（3）有利于加快推动民航发展由追求速度规模向更加注重质量效益转变

我国已转向高质量发展阶段，供给侧结构性改革向纵深推进，加快构建新发展格局，对民航运输的安全性、便捷性、高效性、经济性提出了更高要求。智慧民航建设是深化供给侧结构性改革在民航业的集中体现，是提升行业安全发展质量的重要推动力和主攻方向。智慧民航建设也是贯彻以人民为中心的发展思想、践行"真情服务"的重要体现，通过打造智慧民航出行服务体系，为旅客提供全流程、多元化、个性化和高品质的航空服务新供给，满足人民日益增长的美好航空出行需求，实现人享其行。智慧民航建设还是确保产业链供应链安全稳定的关键支撑，通过打造安全可靠、高效经济、联通全球的现代航空物流体系，高效融合物流链、信息链、产业链，全面提升物流运输网络韧性，实现物畅其流。

（4）有利于加快推动民航发展由运行服务为主向更加注重产业协同发展转变

智慧民航建设是一项系统性工程，具有产业链长、涉及面广的特点，不仅涉及民航发展的全领域、全主体、全要素、全周期，而且与民航的上下游产业、其他交通方式紧密相关，更是与数字经济、先进制造、绿色产业等深度融合。加快智慧民航建设，将有利于充分发挥民航超大规模市场和海量数据资源优势，引领带动新一代信息技术、先进制造技术、新能源技术和空天技术的产业创新，促进现代产业体系建设；有利于带动国产民机、北斗导航、国产设施设备的规模应用和产品升级；有利于在更高层次上发挥民航重要战略产业作用，以机场为核心实现高端产业、创新要素的集聚，成为区域经济发展转型升级的强大引擎。

2. 智慧民航建设的技术赋能

近年来我国在5G、大数据、物联网和人工智能等领域的飞速发展及其在国民经济各领域的快速推广应用，为构建自治型智慧民航运行生态环境提供了发展动能，北斗和大飞机等国家重大装备制造领域的突破成就为我国民航未来发展解决"卡脖子"问题提供了装备平台。

（1）智能化技术在民航建设中的应用

IMT-2020规范要求5G峰值速率达20Gbit/s，比4G传输速度快数百倍。5G的引入可满足无人驾驶、4K/8K视频、云计算、大数据、虚拟现实/增强现实和人工智能等新兴产业在时延、速率和容量上的需求，是民航行业实现数字化转型的关键基础设施。5G技术可实现万米以上的垂直覆盖，为构建空天地一体化的广域航空信息网络提供了可靠手段。5G应用于民航，将推动民航运行全面数字化，从而改变未来民用航空安全监管和运行监控模式。

人工智能是研究用于模拟、延伸和扩展人的智能的理论、方法、技术及应用系统的一门新兴科学。目前，人工智能在计算机领域得到高度重视，在机器人、经济政治决策、控制系统和仿真系统中得到应用。《新一代人工智能发展规划》将大数据驱动知识学习、跨媒体协同处理、人机协同增强智能、群体集成智能和自主智能系统确定为人工智能的发展重点。通过引入人工智能技术，利用语音识别、图像处理、知识图谱和机器学习等理论与方法，实现基于跨媒体飞行意图推断、基于知识图谱的航班延误原因分析和管制辅助决策。

云计算是一种通过网络按需提供可动态伸缩的廉价计算服务，提供了一种按需租用的业务模式，实现计算资源的按需分配、按需计量和高效利用，从而提升计算效率。云计算通过服务器、存储和网络等虚拟化技术，实现了软件与基础平台的解耦合系统规模动态伸缩，提高了软硬件资源使用率，通过并行运算实现了计算任务分解，提高了计算速度。通过引入云计算技术，包括构建空管乃至民航的公有云、私有云或混合云，结合空管大数据，实现空管计算资源的科学、高效和弹性配置，支持空管系统向云端迁移，将在空中交通和空域运行监视、分析、预测和决策阶段发挥重要作用。

大数据技术是从各类数据中快速获取有价值信息的能力，通过分布式计算、高并发处理、高可用处理、集群和实时计算等，对海量、多源和异构数据进行采集、存储、计算、统计、分析和可视化等处理，处理数据量级高达TB、PB甚至EB级。通过引入大数据技术，深入挖掘航空运行数据潜在价值，实现辅助航班运行规律挖掘、空域运行状态评估、行业运行风险识别和旅客精准服务等功能。

物联网可实现物与物、物与人的泛在连接，实现对物品和过程的智能化感知、识别和管理。物联网技术可推动传统产品、设备、流程和服务向数字化、网络化和智能化方向发展，并加速重构产业发展新体系；在民航安全领域，可为企业创造新的业务内容和商业模式，为推动数据驱动的保障服务和决策提供支持；在航油领域，可实现油品质量智能监测、定位追溯和报表统计，以及设备服役状态监测、使用寿命评估和工艺自动控制等功能。

移动互联网是移动通信和传统互联网融合的产物，以各种类型的移动终端作为接入设备，使用各种移动网络作为接入网络，从而实现包括传统移动通信、传统互联网及其各种融合创新服务的新型业务模式。移动互联网建设可为民航企业的体制与经营管理、经营方式、销售渠道和旅客服务等方面带来变革。

北斗卫星导航系统是继美国全球定位系统、俄罗斯全球卫星导航系统和欧洲伽利略卫星导航系统之后的第 4 个成熟的卫星导航系统。2018 年底，北斗开始提供全球服务，标志着我国在民航重大装备领域中实现了关键性突破。大飞机重大专项项目是党中央和国务院建设创新型国家，提高我国自主创新能力和增强国家核心竞争力的重大战略决策，为我国航空工业突破西方技术壁垒，促进形成完整的航空产业链，从而为智慧民航关键技术的研制、测试和应用提供了自主可控的关键基础平台。

未来 20 年，民航运输系统将由自动化、数字化向智能化、智慧化方向提升转变。人工智能、物联网、云计算、移动互联网和大数据等技术在民航的广泛应用和深度融合下，将全面实现行业安全、服务、运营和保障等的智慧化运行。

（2）智慧民航的关键特征

智慧民航的关键特征包括以下 4 方面内容。①全面透彻感知：从航空器位置感知向航空器健康感知方向发展，从旅客货物名称和位置感知向安全性和舒适性感知方向发展；对机场跑道、滑行道、助航灯光和廊桥等基础设施实时状态参数，以及空域天气、交通态势信息进行全面感知；②宽带泛在互联：实现航空器、旅客及货物的高速、宽带和泛在网络互联，空域与机场信息、航空器信息共享云平台；为航空公司、机场、地面服务公司、军队和空管等定制服务，与铁路、海运及本地和区域运输的其他交通网络无缝衔接；③人机协同控制：面向以安全、便捷、高效和绿色等方面为目标的智能交通系统，人机协同控制在基于航迹的航空器运行管理、全自动机场地面保障、航空器自动驾驶与自主维护、旅客低压力便捷旅行及全链条安全监管等系统基础上，支持实时系统交互和运行优化，并在干扰和危机发生时增强系统自恢复能力；④全球互操作共享：通过不同交通运输方式间的互操作为旅客提供门到门的运输服务；与全球运输网络中的其他地区信息完全联通，与全球、地区客运和物流运输链的协同运行；与军用航空器、无人机和各类新型航空器之间形成良好的互操作性。

3. 智慧民航建设的应用场景

在民航各个领域的不断探索、创新和实践中，民航运输服务几大主体单位基本提出了相应的智慧建设战略设想，智慧民航建设的应用场景不断增多，如智慧机场、智慧空管、智慧航油等。从应用场景来看，主要集中在以下三个方面。

（1）民航服务营销方面

基于服务体验的智慧建设，是民航业数字化应用进程最快的领域，从航空公司到机场，从机票销售、地面服务与客舱服务，甚至是机场商业与餐饮等非航空性服务，都在加速智慧化发展步伐。譬如，智慧机场建设中的便捷出行项目，除了基于"一张脸走遍机场"的无感服务外，还在停车场应用无感支付、在行李服务与货运服务中运用射频识别技术等；再如航空公司的客票销售，源于旅客数字画像的精准营销，以及航空零售模式创新等。

（2）关键设备管理方面

从设备运行与维护的角度看，成熟的生命周期管理方法在大数据应用与智能分析技术的推动下，正在焕发新生。民航生产系统的关键设备与工具，是影响航空安全的关键因素，包括通信、导航、监控、飞机，以及地面特种车辆等方面。如北京大兴国际机场的航空油料加油车特种设备的管理，已经实现了全过程保障监控、全过程自动数据采集等功能，不仅提高了一线生产作业人员的生产效率，并且可以对加油车等关键设备进行实时监控和数据分析，从而达到设备隐患排查和治理的目的。

（3）安全运行管理方面

可以说，这是近几年中国民航智慧建设探索与应用最为广泛的领域，从航班运行、安全监控、协同决策到空中交通管理等，都在尝试引入5G、物联网、人工智能、大数据等数字技术，以实现民航运行更安全、更高效与更绿色。常见的应用包括机场的协同决策系统与安全监控系统、空管的全面流量管理系统、机场保障单位的自动派工，以及行业监管部门的运行监控系统等。譬如，由中国航油搭建的智慧航油系统，可以接收来自机场及航空公司的航空油料需求数据，通过智能调度，可以自动派工到加油员，通过对全流程业务的数字化升级，可以很好地实现安全运行管理的要求。

可以预见，"十四五"时期及未来的后疫情时代，以全方位数字化转型为基础的智慧民航建设，将成为推动我国民航业开拓创新的重要路径。

1.3 智慧航油的变革与探索

1.3.1 我国航油产业概况

改革开放以来，我国航油产业在经济发展的浪潮中不断自我调整，随着民航事业的腾飞，也逐渐发展壮大，现已形成了符合我国经济发展规律的，产业链完善的，横跨民航、石油石化、物流运输等多个门类的行业。航油产业分为上中下游。在上游区，分布着以中国石化、中国石油等石化企业组成的炼化企业，主要是生产航空油料；中游区主要是以公路、铁路、轮船等方式组成的运输企业，主要是对航空油料进行集散；下游区主要是由中国航油等组成的终端销售企业，主要负责航空油料的存储、加注、化验等业务。

1. 航油产业发展概况

（1）航空油料简介

1）航空油料种类。航空油料属于石油化学产品，是石油经过一系列的工艺加工后的产品，总体可以分为航空燃料油、航空润滑油、航空润滑脂和航空特种液四大类。四种航空油料组分不同，使用用途不同。其中，航空润滑油、航空润滑脂主要作用于飞机的不同机械部位连接处，可以实现机械能量的传递、转换和控制，还可以起到辅助冷却、清洁缓冲等作用，是一种辅助的工作介质；航空特种液是用于飞机的保护功能辅助介质,如防冻液、液压油等;航空燃料油是经过雾化、燃烧等物理化学反应,为飞机提供动力的工作介质。

航空燃料油主要是由轻质油介质组成,根据飞机发动机工作原理的不同,可以分为航空汽油和航空煤油两大种类:航空汽油主要用于活塞式发动机,依靠燃料的催化燃烧推动活塞往复运动,实现了化学动能到机械动能的转换;航空煤油主要用于涡轮喷气式发动机,燃料与空气混合进入发动机,经过升温加压、催化燃烧、最终低压排气实现能量的推动。总的来说,活塞式发动机和涡轮喷气式发动机的运动过程都要经过进气、加压、燃烧和排气4个阶段,但涡轮喷气式发动机相较于活塞式发动机,燃料能量转换率高,具有推力大、重量轻、迎风面积小等特点,所以一般装置在中大型飞行器中。

航空煤油又称喷气燃料,主要组分是异丁烷、环烷烃类、少量芳烃类、少量烯烃和其他添加剂,具有燃烧热值高、稳定性强的特点。而喷气燃料根据不同工作原理的喷气式发动机类型,又有所区分。我国喷气燃料的国产化历史,离不开老一辈石油工人的刻苦钻研和奉献,根据喷气燃料的发展历程,主要分为1号到4号喷气燃料(表1-1)。

表1-1 我国喷气燃料发展分类

喷气燃料标号	主要特点	发展历程
1号喷气燃料 (RP-1)	适用于极寒冷地区(-60℃),在我国使用较少	早期仿造苏联喷气燃料标准,在20世纪50年代生产使用。1988年,我国制定下发GB 438—1977《1号喷气燃料》国家标准,但目前已废止使用
2号喷气燃料 (RP-2)	主要原料为大庆、华北油田的低硫石蜡基原油,燃烧性能、抗磨性能好	为RP-1的改良产品。1979年,我国制定下发GB 1788—1979《2号喷气燃料》(现行有效)国家标准,与RP-3相比,其闪点较低
3号喷气燃料 (RP-3)	相对于RP-2,调整了原料配比,解决了我国突出的原料短缺问题,闪点变高、安全可靠性更好。目前,RP-3为我国普遍使用的产品	为适应航空国际业务和航空油料出口需要,20世纪70年代,我国开始研制RP-3,并很快投入生产 1986年,我国参照国际通用标准,制定下发GB 6537—1986《3号喷气燃料》国家标准,后又根据需要,先后修订了GB 6537—1994、GB 6537—2016、GB 6537—2018三个版本
4号喷气燃料 (RP-4)	主要组分为宽馏分型,已具备生产使用条件,作为特殊情形下的应急备用油料	现在尚无国家标准,通用的标准为中国石油化工总公司在1992年发布的SH 0348—1992《4号喷气燃料》行业标准

另外,我国航空煤油还有5号喷气燃料和6号喷气燃料,但目前大规模使用的航空煤油为3号喷气燃料。

3号喷气燃料的生产执行标准规范为GB 6537—2018《3号喷气燃料》,实行的是军民通用的原则,但在某些指标上,军用航空煤油要严于民用航空煤油。3号喷气燃料归类为乙A类易燃液体,是危险化学品,在物理化学指标方面,其密度在 $770 \sim 830 kg/m^3$,爆炸下限为1.4%,最低闪点为38℃,具有一定的毒性,当空气中RP-3的气体含量达0.28%时,经过 $12 \sim 14 min$,生产者便会感到头晕;当RP-3的气体含量增加到 $1.13\% \sim 2.22\%$ 时,生产者便会发生急性中毒;当RP-3的气体含量更高时,生产者会立即昏倒、丧失知觉。3 号喷气燃料的这些物理化学特性，对行业从业者的安全管理水平提出了更高的要求。

2）供油机构发展历史。不同时期，航空油料供应管理归口机构有所不同，供油机构大体分为四段历史。

政府直管［1910（清宣统二年）—1949 年］：

① 1910 年（清宣统二年），清政府军谘府向法国购买一架苏姆（SOMMER）型双翼飞机到北京南苑机场试飞，这是民航史料记载的第一架飞机，航空油料由外国石油公司提供。

② 1919 年（民国 8 年）3 月，北洋政府交通部成立筹办航空事宜处，11 月改称航空事务处，下设航空事务处采办股（含航空油料）。

③ 1929 年（民国 18 年）5 月，南京国民政府交通部成立沪蓉航线管理处。

④ 1930 年（民国 19 年）8 月，南京国民政府交通部与中国飞运航空公司（美商）合资成立中国航空公司，飞机所需航空油料由合资公司油料股委托美孚、亚细亚、德士古三大石油公司负责供应。

⑤ 1931 年（民国 20 年）2 月，南京国民政府交通部与德国汉莎航空公司合资成立欧亚航空公司，由该公司油料股委托华美、英石油公司供油。

⑥ 延安东关机场始建于 1936 年 1 月，1936 年 12 月中国工农红军进入延安，正式接管延安东关机场（延安时期中共中央唯一的航空港），从这座红色机场诞生之日起，中国航油便开始记录下自身的红色印记。

⑦ 1939 年（民国 28 年）9 月，南京国民政府交通部同苏联民航局签订《关于建立哈密与阿拉木图之间的航空业务协定》，同年 11 月 18 日，正式成立中苏合营哈阿航空公司，总部设在迪化（今乌鲁木齐）。所需航空油料由苏联边境陆路运输补给。

⑧ 1943 年（民国 32 年）2 月，南京国民政府改组欧亚航空公司为中央航空公司，中央航空公司于同年 3 月在重庆成立，航空油料依赖美、英石油公司供应。

军委管理（1949—1980 年）：

⑨ 1949 年 11 月 2 日，中共中央政治局会议决定在中央人民政府下设人民革命军事委员会民用航空局（以下简称军委民航局），军委民航局下设油料科，设在北京什锦花园 47 号院内。11 月 9 日，中国航空公司和中央航空公司（简称"两航"）在香港宣布起义（含油料管理人员），受中华人民共和国军委民航局管辖（含油料管理机构）。

⑩ 1952 年 5 月，中央军委、政务院下发《关于整编民用航空局的决定》，将军委民航局（含油料部门）划归空军管理，直属空军司令部。

民航局管理（1980—1990 年）：

⑪ 1980 年 3 月 5 日，国务院、中央军委颁发《关于民航总局不再由空军代管的通知》。3 月 15 日，中国民航局改为国务院直属局。

⑫ 1986 年 11 月 28 日，民航局上报国务院《关于民航系统管理体制改革文案和实施步骤的报告》，提出"鉴于航空燃油由国家统一计划供应，为给全国航空企业创造良好的运营条件，将民航局物资司主管油料部门及各管理局的油料部门组建成航空油料公司，由民航局管理"。

中国航油管理（1990年至今）：

⑬ 1988年10月15日，根据国务院批准的民航系统管理体制改革方案，民航局成立了"民航油料供应服务公司筹备组"，由民航局物资供应司司长姜澜、民航局第一研究所党委副书记李发、民航局物资供应司油料处处长胡有清3人组成，姜澜为组长。

——中国航空油料公司

⑭ 1989年11月24日，中国民航局任命白志坚为中国航空油料公司总经理，胡有清、谢惠武为副总经理。中国民航局党委任命李发为中国航空油料公司党委书记。

⑮ 1989年11月29日，民航局函〔1989〕1096号文件批准组建中国航空油料公司，明确公司为国有航空服务保障企业。公司依法自主经营，自负盈亏，独立核算，具有法人资格。总部设在北京，下设北京、上海、广州、成都、西安、沈阳公司等。同年，乌鲁木齐公司和太原分公司相继组建。

⑯ 1990年1月6日，中国航空油料公司办公地址由民航局东四大楼迁至北京市朝阳区安定门外安贞大厦。

⑰ 1990年2月16日，中国航空油料公司在北京注册成立。

——中国航空油料总公司

⑱ 1992年5月15日，民航局下发《关于下发中国航空油料公司深化改革实施办法的通知》（民航局发〔1992〕176号），明确中国航空油料公司更名为中国航空油料总公司。

⑲ 1993年6月30日，中国航空油料总公司直属的各地区公司、分公司油料体制改革全部到位。

⑳ 2000年4月29日，中国航空油料总公司机关迁至北京市海淀区马甸路2号中航油大厦办公。

——中国航空油料有限责任公司

㉑ 中国航空油料有限责任公司系由中国航油集团公司在原中国航空油料总公司基础上同中国石油、中国石化集团销售股份有限公司三方组建而成的合资公司。该公司于2004年11月签订股份制框架协议，2005年9月22日工商注册成立。

㉒ 2018年4月25日至26日，中国共产党中国航油有限责任公司第一次代表大会在京召开。来自各单位、各岗位的75名代表，以无记名、差额投票方式，选举张知诚、李永吉、张新月、阚第、孙艳波、赵新奇、吴平为航油公司第一届党委委员，选举赵新奇、马树龙、卢君香、吴军、赵娟为航油公司第一届纪委委员。会后召开了第一届航油公司党委第一次全会，选举张知诚为航油公司党委书记，李永吉、张新月为党委副书记；召开了第一届航油公司纪委第一次全体会议，选举赵新奇为航油公司纪委书记，马树龙为副书记。

3）我国航空煤油发展历史。我国自新中国成立到20世纪50年代中后期，军、民用航空煤油总的需求量较少，主要依靠苏联的进口，几乎无国产化生产，但随着我国经济的逐步发展，航空煤油国产化问题逐渐受到重视。为解决航空煤油的国产化问题，我国石油部组织陕西玉门炼油厂按照苏联喷气燃料标准，开始了国产喷气燃料的研制生产任务，并于1956年启动了试生产。但受制于我国工业基础设施薄弱，在前后两次的试车过程中，均出现火焰筒过度燃烧导致穿蚀的现象，随后该厂将油样送到苏联研究院寻求帮助，问题也未得到解决，最终宣告研制阶段性失败。

根据资料：1959 年，我国从苏联进口的航空煤油总量在 50 万吨左右，但到 1960 年，中苏关系恶化，我国航空煤油的进口量出现断崖式下降，油料质量、数量均不能满足军、民生产需要。为了应对突如其来的变化，我国石油部向全国科研高校、企事业单位下发了《关于采取多种方法试制航空煤油的通知》，力求各单位动员一切力量，解决火焰筒过度燃烧导致穿蚀的现象。随后，航空油料鉴定委员会组织召开专题会议，将玉门炼油厂的研制生产任务，扩大增加了独山子炼油厂和兰州炼油厂两家单位，由三家单位分别试生产航空油料样品，来判断、解决航空煤油的试制问题所在，之后又有 20 余家科研单位投入联合攻关，最终由石油科学研究院推荐添加剂，火焰筒过度燃烧导致穿蚀的问题最终得到解决。

1961 年，我国 1 号喷气燃料在独山子炼油厂生产完成，并完成了试飞任务。1962 年，2 号喷气燃料在石油七厂生产下线。到了 1965 年，我国军、民共使用航空煤油的总量约 70 万吨，均来自国内炼厂，标志着我国航空煤油的国产化问题得到根本性的解决。1986 年，我国首次制定了 3 号喷气燃料的国家标准 GB 6537—1986，与 Jet A-1 喷气燃料标准 ASTM D1655 和 DEF STAN 91—91 等效。1994 年，国务院决定取消国产 RP-1、RP-2 规格，统一按 RP-3 喷气燃料规格生产航空煤油。从此，我国航空油料的常用规格航空煤油主要以 3 号喷气燃料为主。

4）我国生物航空煤油的概况。生物航空煤油和石油制航空煤油相比，主要是原料不同。20 世纪 70 年代以来，受到科学技术进步的影响，世界化学生产工艺技术不断突破，再加上受原油等资源供需不平衡、"温室效应争议"等多方面影响，生物航空煤油开始受到重视并得到发展。截至目前，生物航空油料根据原料分类，已经发展到了第四代：第一代生物航空煤油原料主要是动植物油脂，其化学组分和石油制航空煤油相似，但总成本是后者的 3~40 倍，现已淘汰；第二代生物航空煤油原料主要是淀粉、糖类，但需要和石油制航空煤油进行混合使用，成本较高，发展也受到限制；第三代生物航空煤油采用藻类原料产品，解决了一定的成本问题，但技术上还有一定的壁垒；第四代生物航空煤油主要是利用人为光合作用，减少了对碳基原料的依赖，但该项技术尚处于实验室阶段。

我国生物航空煤油的使用还处于发展阶段。2009 年，中国石化集团宣布成功研制了具有自主知识产权的生物航空煤油生产技术，并在中国石化镇海炼化生产基地成功生产。2012 年 2 月，我国民航局正式受理了中国石化 1 号生物航空煤油产品的适航申请，2013 年 4 月，该产品在上海虹桥国际机场试飞成功，这标志着我国生物航空煤油技术正式突破。2015 年 3 月，加注中国石化 1 号生物航空煤油的海航 HU7604 航班顺利执飞，标志着我国生物航空煤油正式进入商业化使用阶段。

生物航空煤油的发展，可以一定程度上降低对石油石化产品的依赖，符合我国提出的到 2030 年实现"碳达峰"和到 2060 年实现"碳中和"的目标。但是，生物航空煤油推广产业化使用，还有要很长一段路要走，这不仅需要生物航空煤油在保证生产原料充足的基础上，持续不断地改进和优化生产工艺，还需要持续的科技创新，最大限度地去降低生产成本。我国生物航空煤油在"双碳"发展目标的背景下，已经开始进入下一阶段的发展，相信在国家政策利好不断的背景下，生物航空煤油的生产工艺技术将会得到根本性的改善，生物航空煤油的发展前景广阔，市场潜力巨大。

5）我国航空煤油供给情况。我国航空煤油的主要来源有进口和国产两类。进口主要是由中国航油依托其自身资源平台，从新加坡等海外市场购入，国产航空煤油主要是由中国石化和中国石油等石油炼化企业提供。目前，进口航空煤油与国产航空煤油的供给比例约为 1 ∶ 9。

根据国家统计局发布的数据，在 2014—2021 年期间，我国航空煤油的产量均保持在 3000 万吨以上，并在 2014—2019 年持续稳步上升，2019 年，我国航空煤油的产量达到历史峰值的 5272.6 万吨。随后的 2020 年，受到新冠肺炎疫情的猛烈冲击，民航产业的需求骤减，导致航空煤油的产量发生下滑，降幅为 23% 左右，2021 年，其下滑趋势仍在延续（如图 1-5 所示）。

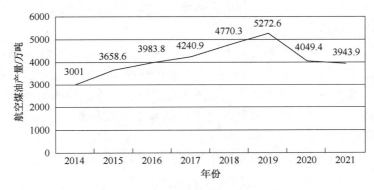

图 1-5　我国航空煤油产量趋势图

2019 年，中国航空油料集团有限公司举办了中国航油国际论坛，并与中国宏观经济研究院共同发布了"中国航空煤油消费指数"，该指数显示，我国在改革开放以后的 40 多年中，航空煤油消费增量达到 140 多倍，我国航空煤油的需求量趋势和民航产业的发展趋势基本一致，目前，我国航空煤油市场已经是全球第二大市场，虽然受疫情冲击，我国航空运输业受到猛烈冲击，但随着疫情的消散和国内消费需求的反弹，我国航空煤油的需求量还将会进一步扩张。

（2）我国航空油料企业简介

我国的航空油料主要企业是中国航空油料集团有限公司（简称"中国航油"），下属生产企业主要位于全国各机场内，总部位于北京。中国航油是国务院国资委履行出资人职责的大型中央企业，也是中国民航局直属的大型航空运输服务保障企业，现在已是国内最大的航空油料供应企业。中国航油的主营产业分为四大业务板块，分别是航油业务板块、物流业务板块、油化贸易板块和国际业务板块。

航油业务板块是中国航油的核心业务，其经营主体是中国航空油料有限责任公司。中国航空油料有限责任公司于 2005 年 9 月 22 日成立，采用多方持股方式管理，其中，中国航油持股 51%，中国石化集团销售股份有限公司持股 29%，中国石油天然气股份有限公司持股 20%。中国航空油料有限责任公司下设 6 个地区公司、2 个直属公司、22 个分公司、108 个供应站，在中南地区及烟台、南京、三亚等地以控股或参股方式设立了 9 个合资公司，在全国石油、石化公司炼油厂设有 30 多个代表处。资料显示，中国航油成立以来，已进驻国内 200 多家机场，拥有完善的供油设施和供油网络，业务流程包含采购、运输、储存、加注等各个环节。

物流业务板块是中国航油的主营业务，其经营主体是中国航油物流有限责任公司。中国航油物流有限责任公司于 2007 年 12 月 12 日在上海注册成立，主要负责对中国航油物流业务和物流资产进行统一经营管理，是国内航空油料水运市场的主要承运商，下设航运、码头、仓储、管输等业务模块，在全国设有 7 个分、子公司，拥有油轮 37 艘，营运航线 45 条，航空油料水运市场控制力已超 90%。

油化贸易业务板块是中国航油的另一主营业务，经营主体是中国航油石油股份有限公司。中国航油石油股份有限公司成立于 2004 年 10 月，主营成品油销售、仓储服务及城市燃气业务，目前在全国设立了 31 家控股子公司，在全国大部分中心城市及其周边城市建立了零售终端网络，配套的油库、铁路专用线、水路运输码头等基础设施，具有较完善的油化产品经销网络。

国际业务板块是中国航油的另一主营业务，其经营主体是中国航油（新加坡）股份有限公司。中国航油（新加坡）股份有限公司于 2001 年 12 月 6 日在新加坡交易所主板挂牌上市，主要从事航空油料贸易和相关业务的实业投资，是中国航油境外航空油料供应的主要渠道。此外，中国航油还在境外设立了中国香港公司和北美公司，重点拓展北美、欧洲、亚太等区域的航空油料市场。

中国航油自成立以来，在党的坚强领导下，从无到有、从小到大、从弱到强，目前是国内最大的航空油料供应企业，2001 年成为国际航空运输协议 IATA 合作计划成员。航空油料供应由分散管理转变为集中管理，充分发挥了一体化运营、网络化布局的整体协调优势，为保障民航飞行安全、服务民航客户、平衡资源配置和区域成本差别，起到了重要的、不可替代的作用。公司旗下保供机场个数由 1990 年的 102 家增至 2020 年的 234 家，年销售收入由 1990 年的 9.85 亿元增至 2020 年的 653.1 亿元。从我国民航成立到 1980 年，航空油料累计销售量为 253 万吨，从 1990 年公司成立到 2020 年底，航空油料累计销售量为 31982 万吨，其中，1993 年航空油料销售量突破 200 万吨，1996 年突破 300 万吨，2001 年突破 500 万吨，2009 年突破 1000 万吨，航空油料供应量以年均 10.22% 的速度增长，有效地满足了民航行业发展对航空油料的需求。中国航油之发展速度与深度，铺就了一条不可复制的发展道路。

2020 年 7 月，《财富》杂志公布当年世界 500 强排行榜，中国航油上榜，位列第 305 名，这是中国航油继 2011 年首次入榜以后，连续第 10 年入榜。2021 年，受新冠肺炎疫情影响，中国航油业务量下滑，世界 500 强未上榜。2022 年，中国航油重新回到世界 500 强榜单，位列第 414 名。

另外，随着我国航空油料市场国际化进程的不断推进，一些国外知名的石油贸易企业也进入了中国市场，如英国的 BP 石油公司和壳牌石油公司等，但因市场份额等原因，国外石油贸易企业均采用参股，以与中国航油建立合作关系的方式进入，这对我国航空油料市场竞争的多样化和健康发展，起到了决定性和推动性的作用。

2. 航油业务流程及发展历史

航空油料的基本业务流程一般指的是终端的航空油料销售业务流程，也称"航油供应业务流程"，对于国内的大多数机场而言，一般由中国航油下属的中国航空油料有限责任公司（又称"航油公司"）负责完成，对于机场管理单位，其主要责任是向航油公司下达加油计划，不参与具体的航空油料加注调度业务流程。

而对于航空油料供应业务流程，又可以细分为上游的采购、运输流程，中游的存储、化验流程和下游的加注销售和结算流程。例如北京首都国际机场，其航空油料供应业务由航油公司华北公司负责，首先，华北公司通过机场加油量预测，向燕山石化提交航空煤油采购订单，燕山石化向北京首都国际机场发送航空煤油，完成采购和运输作业流程；其次，华北公司下属北京首都国际机场油库接收来油，进行静置、化验合格后，将油料卸入油罐，完成油料的存储和化验作业流程；再次，北京首都国际机场航空加油站接收机场调度下达的飞行器加油指令后，通过机坪管线和罐式加油车，将航空煤油加注到飞行器中，完成加注销售流程；最后，航油公司的财务管理部门完成油款的结算业务。航空油料供应业务的每个环节分工明确，密切配合，对安全管理的要求极高，稍有差错，将会导致航班的延误或其他公共安全事件（如图1-6所示）。

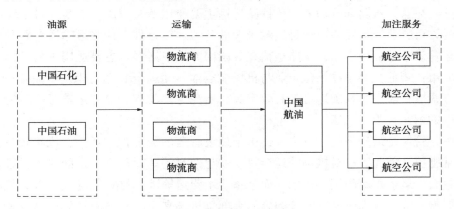

图1-6 中国航油业务流程

（1）油源

目前，国内航空煤油的供应来源主要依靠国内资源。国内资源主要由中国石油和中国石化所属的炼化企业提供，几乎占据了国内的绝大部分市场份额。航油公司在全国机场设立分支机构，通过调度和运营，采购中国石油和中国石化所属的炼油企业的航空煤油进行资源配置，来满足全国各机场的油源需求。

我国航空煤油的采购和销售价格市场调节机制，是在航油产业的逐步发展下，逐渐建立和完善的。进入21世纪以来，我国对外贸易总额猛烈增长，航空煤油市场亟须改革。2006年，国家发展和改革委员会向中国航油、各运输航空公司、中国石油集团、中国化工集团下发了《国家发展改革委关于改革航空煤油销售价格作价办法的通知》（特急发改价格〔2006〕1430号）文件，明确了航空油料的采购价格、销售价格确定方法，基本确定了销售价格按照采购价格加固定差价的模式进行确定，采购价格基本执行市场调节模式；2015年，为建立健全航空油料价格的完全市场化调节机制，国家发展和改革委员会向中国民航局、中国石油集团、中国石化集团、中国海洋总公司、中国航空集团、中国人民解放军原总后勤部下发了《国家发展改革委关于航空煤油出厂价格市场化改革有关问题的通知》(发改价格〔2015〕329号)文件,进一步明确了航空油料的采购价格,由此,我国航空油料的采购和销售价格确定机制正式确定,并沿用至今。

新冠肺炎疫情暴发以来,受到国际和国内的生产环境影响,航空煤油的油价波动较大,这和国际原油的价格趋势有很大关系。而我国执行的航空煤油市场调节机制,每月对航空油料的采购和销售价格进行动态调节,对航空油料市场的稳定起到重要作用。2020年初,受新冠肺炎疫情影响,国际原油价格大跌,航空油料采购和销售价格也大幅下降,到当年5月,航空煤油的采购价格从疫情前的4900元/吨左右降到1680元/吨,达到了近些年的最低值;而2022年以来,受到国际原油价格上涨影响,航空油料也在当年7月达到了9800元/吨左右,为近些年的最高值。由此看来,航空油料的市场自我调节机制,符合我国的国情需要,既稳定了市场,又保护了航空油料市场各参与方的权益。

(2)运输

1)业务流程。目前,我国各地机场航空油料的运输方式不尽相同,基本上与各地的经济水平和石油石化炼厂的距离和历史发展问题有关,总的来说,主要有四种方式,分别是铁路、公路、水路和管输方式。铁路运输主要使用槽车资源,需要经过国家铁路运输部门的许可,适合运输距离远且运输量大的陆地运输条件;公路运输适合路程中等或短途、运输量小的陆地运输;水路运输在我国南方城市居多,主要适用于具备水运条件的机场城市;管输主要是在炼化企业与机场航空油料储运企业之间建设输油管道,通过管道的方式进行航空油料配送,具有效率高、避免重复装卸、节省运输工具等特点,适用于国内的枢纽、干线机场。

其中,管输是最理想的运输方式,由于铺设管道的资金投入巨大,成本较高,并且不易日常维护,因此管输对机场的运行量、航空油料的消耗量有一定的要求,管输适用于运输量大、运输距离较短的机场,而公路、水路运输因其监管力度大、受天气波动大等因素影响,运输成本较高。对于国内的大部分机场来说,航空油料的运输方式主要是铁路和公路两种方式。

2)航空油料运输方式的发展历史。

——公路运输

① 早期,民航油料多采用单只容量200升的桶装方式进行公路运输,在交通不便的西北地区,需要靠骆驼来完成,每头骆驼连同包装等在内,约需银洋37元。骆驼夫需掌握焊补铁桶技术,以备沙漠干燥、驼行摇动对铁桶造成的爆裂损坏修补之需。

② 1956年起,国产罐式运油车批量生产,桶装运输逐渐淡出,由罐式运油车代替。罐式运油车的载重量一般在4吨左右,通常适用于短距离或用油量不多的支线机场的保供运输方式。而目前,航空油料运输方式虽多元化,但运油车公路运输仍为支线机场的主要运油方式和干线机场的应急保障方式。

——铁路运输

20世纪60年代前期,航空油料主要依靠铁路桶装油料零担、整车运输方式以满足民用机场航空油料补给。

20 世纪 60 年代初，航空油料逐步采用铁路油槽车散装运输方式，后发展为铁路油槽车专列"龙组"运输方式。1980 年 8 月 1 日，铁道部、石油工业部、民航局联合发布《关于保证民航航油运输的通知》，确定"民航航油运输，由民航局单列户头，纳入国家铁路运输计划"。

1981 年起，开始采用铁路"小龙组"运输航空油料。

1990 年，中国航油着手在靠近铁路车站的机场附近布局铁路油槽车专用线及装、卸油栈桥，多以租用或独（合）资建造方式。

1992 年，中国航油向铁路运输部门申报航空油料铁路运输计划。

1992 年起，中国航油与铁道部运输局每年召开铁路运油协调会议，以解决航空油料铁路运输过程中存在的各种问题。

——管道运输

1950 年，军委民航局机场油库采用输油胶管临时连通储油罐泵送输油方式。

1958 年，北京首都国际机场新建油库敷设库内工艺管线。从 1960 年起，民航新建、扩建、改建机场及油库（站）设施，储、供、卸油设施之间采用输油管线连通。

1967 年 6 月，民航北京管理局业务油库通往停、客机坪长度为 2000 米 DN150 毫米地下管线可直接为飞机加油。

1972 年 7 月，北京市怀柔大型山洞式油库通往首都国际机场业务油库长度为 19675 米 DN150 毫米输油管线投入使用。

1989 年，民航局油料部门开始筹划兴建炼油厂直达机场油库的输油管线。1990 年起，中国航油逐步开始兴建炼油厂到民用机场油库长输管线。

——水路运输

民国时期，外资石油公司在上海、天津、广州建有卸油码头接卸进口航空油料。民航局在上海龙华机场建有简易码头接卸航空油料。

20 世纪 50—60 年代，民航哈尔滨航站向黑河民航站补给桶装航空油料，以货轮运输。民航湛江航站向海口大英山机场补给航空油料，亦以桶装油货轮运输，后改由空军场站运油船队代运、代供。

20 世纪 80 年代，国内沿海（江）炼油厂设有码头设施时，民航机场随即租用、合资或自建相应码头卸、储油设施接卸水路来油。

1988 年 12 月，上海龙华机场建成 1000 吨级卸油码头。1990 年起，中国航油逐步开通水路运输、接卸码头。

（3）储存

是对航空油料进行收油、静置、化验、发出的作业环节，其生产工艺流程、质量管理措施、安全管理体系要求，直接决定了航空油料的油品质量。航空油料的储存分为中转油库、机场油库两类，中转油库一般是接收各类来油，储存航空油料的场所；机场油库主要是接收中转油库和其他方式来油，储存航空油料的场所。

经过几十年的业务积累和运营，航油公司已经在全国的枢纽、干线、支线、通用机场，通过投资建设、无偿接收政府资产、合作运营等固定资产投入方式，建立了完整的航空油料储存网络，是我国航空油料储存的主要油库场所。

航空油料油库的安全性要求，受到了安监局和民航监管局的双重监管。从各油库属地的安监局监管角度，油库属于成品油储存场所，危险系数高，对于其安全运行、基础设施的配置，有《石油库设计规范》(GB 50074—2014)等国家设计标准规范、国家安全生产监督管理总局令(第 40 号)《危险化学品重大危险源监督管理暂行规定》等行业规定要求；从民航监管局监管角度，航空油料油库属于民航专业工程，其在安全运行、设施配置上，也有《民用运输机场供油工程设计规范》(MH 5008—2017)、《民用航空燃料质量控制和操作程序》(MH/T 6020—2012)、《民用运输机场供油工程施工及验收规范》(MH 5034—2017)的行业规范管理要求。可以说，航空油料的储存场所，是航空油料产业业务流程中极为关键的环节，其安全运行是我国航空油料业务正常开展的基础。

（4）加注

1）业务介绍。加注是航空油料基础业务的终端环节，在这个节点上，航空油料将从油料供应企业流通到航空公司和其他客户。加注环节是航油公司销售服务的一环，加油设备主要分为罐式加油车、管线加油车两种。罐式加油车和管线加油车属于机场场内专用机动车辆，属于特种设备，在车辆的管理上，需要符合国家和行业的相关规范要求。在加油车上配置有相应的过滤器、流量计设施，车辆通过发动机对整个加油系统进行加压，航空油料通过两级过滤器，经过加油胶管泵入飞机的油箱中。在此过程中，加油员通过远程加油控制开关，来实现加油的速度和总量控制。

加注环节是中国航油的终端业务，其安全性要求极高，在作业过程中，加油员需要操作加油车，将合格的油料加注到飞机中，每一步都有严格的管理要求，这也保证了航空油料的质量和飞机的安全运行。

2）加注业务发展历史。民国时期，飞机加油时，值班人员要到现场核对和监督，加完油还要在外国石油公司的加油单上签字，作为航空公司和外国石油公司结算时的凭证，两者之间的关系犹如现在汽车和汽车加油站的关系。

中华人民共和国成立前至成立初期，主要对航班飞机加注国外（主要是美国）桶装航空汽油、润滑油，使用手摇泵、漏斗加油。

1945 年 2 月，延安东关机场整修，延安卫戍司令部机场勤务股在物资极度匮乏的条件下，用手工打造纯铁飞机加油漏斗，为延安时期起降东关机场的飞机提供加油保障服务。加油漏斗作为当时稀缺的航空物件，见证、承载了中国航油延安时期的红色历史与记忆。

20 世纪 50 年代，国内外小型飞机加油采用翼上加油方式，操作规程简单，劳动强度大。

20 世纪 60 年代，国内外大中型飞机开始采用翼下加油方式，这种加油操作程序较复杂，一架飞机有多个油箱，各有电门开关和信号灯，操作人员要根据信号灯对各个油箱进行油载平衡，需国内外随机机务和油料人员配合操作完成。

20 世纪 60 年代末期，随着航线的不断开通和航班密度增加，飞机加油任务日趋繁重，单靠加油车给飞机加油已不能应付业务需要。机场修建停机坪时，首次安装了固定式管线加油系统。

20 世纪 70—80 年代，随着航班增加及涡轮螺旋桨式飞机逐渐增多，并陆续为涡轮风扇式飞机取代，各种油料供应量迅速增加，航空煤油成为主要加注燃油。飞机加油仍沿用手势、对讲机联系开停泵的控制形式。

1990年起，机场逐步启用飞机专用罐式、管线加油车加注各种航空油料。

2018年起，航油公司开启智慧航油系统的研发。该系统是一套集软件、硬件、网络于一体的综合信息化系统，实现了航班加油保障过程的航班信息集成、智能调度、加油数据自动采集，以及基于电子油单的自动结算业务。

（5）其他业务环节

在航空油料加注业务链条中，有许多其他业务环节。对于航空油料的油源、运输、储存、加注来说，是航空油料物流的表现，而从资金流的流通角度来说，航油产业还表现出了其金融的业务属性。

结算是航空油料加注业务的核心业务，其直接决定了整个航油产业的价值。航空公司通过与航油公司签署相应的销售加注合同，约定相应的航空油料款项支付方式，一般而言，支付方式有预付款、赊销、实时结算等方式。对于航油公司来说，其结算对象是国内外众多的航空公司，对于国内的运输航空公司、通用航空公司，其结算是通过双方约定方式完成，而对于国外的航空公司，其结算需要依靠第三方代理公司。油源调度是航空油料加注业务的基础业务，航油公司在全国航空油料的油源资源配置上，具有强大的优势，例如在某地区炼油厂停产检修期间，航空油料资源通常会面临供应紧张的局面，航油公司可以通过跨地区调配油源，来缓解供油紧张的问题。另外，在我国西部和经济条件较差的地区，分布着许多加油量小、经营亏损的机场，航油公司可以通过调配油源、提高运营管理等措施，来解决这些机场经营成本高、油源不稳定的问题。

（6）供油安全发展历史

民国时期，各航空公司采取简易飞机加油安全操作规程。

1966年8月27日，民航局发出通知，鉴于原《油料工作细则》已不适合中国民航当时的情况，决定予以废除。有关航空油料的各项管理，暂按空军后勤部制发的《油料工作安全规则》《保证航空油料质量纯洁工作细则》《油料技术器材管理细则》中有关部分和民航局的有关规定，结合各地区民航的实际情况执行。

1975年10月，民航局后勤部颁布《油料工作换算手册》。

1977年9月印发《民航飞机加油工作参考资料》，内含26种民航飞机加油工作参数，供飞机加油人员操作使用。

1983年1月，民航局召开了中国民用航空油料工作会议，要求民航系统今后凡引进新的机型，在选派技术人员出国学习时，应吸收油料部门人员参加，以便了解油品的使用知识，确保飞行安全。

1986年8月8日，民航局颁发《中国民航油料工作条例》（〔86〕民航局字272号），对飞机加油分工、加油安全操作规程作出明确规定。

至20世纪90年代，随着民航业务的迅速发展，原有的专机油料保障规定已不能适应新的形势需要。1990年11月民航局下发《关于专机油料保障工作的通知》，对专机加油的油样检查、化验期限、加油设备等又作了新的补充规定。

1996年，航油公司对《中国民航油料工作条例》第七章"飞机加油"进行补充修订，并由民航局以 MH 6005—1996《飞机加油安全规范》行业标准颁发。

2009 年，民航局发布《民用航空器加油规范》（MH/T 6005—2009）（代替 MH 6005—1996）。

2011 年 5 月 24 日，航油公司《飞机加油标准化作业指导书》现场会在航油公司华北公司第二航空加油站举行。会上介绍了飞机加油标准化作业的意义及目的，飞机加油标准化作业是解决现场、行为安全隐患，实现现场作业规范的行之有效的办法，本次现场会揭开了作业标准化工作的序幕，飞机加油作业的"六步工作法"就是标准化的总结和提炼。

2011 年 6 月 11 日，航油公司下发了《关于下发〈飞机加油标准化作业推广实施方案〉的通知》，包括《飞机加油标准化作业推广实施方案》《作业指导书编写要求说明》《飞机加油标准化作业指导书》（管线加油车）和《飞机加油标准化作业指导书》（罐式加油车）四套方案。

综上所述，航油业务的纵向跨度大，涉及的产业门类多，中国航油依靠其组织、运营、管理能力，对于我国航油产业的健康稳定发展作出了巨大贡献。

1.3.2 航油产业转型升级发展分析

中国航油是航油产业的代表企业，中国航油的企业转型发展关系到整个航油产业的发展，而企业转型升级发展是个长期且复杂的问题，尤其是对于传统行业的企业。新一代智能化技术掀起的数字经济浪潮仍在继续，如何利用本次的数字经济革命提升自身竞争力，是传统企业面临的重大问题。我国正在大力推动智慧社会、智慧民航的建设，对于中国航油而言，这将是产业转型升级发展的最好时代。

1. 我国航油产业发展现状

（1）后疫情时代的航油产业困境

后疫情时代，再加上边缘政治对抗升级，导致了全球经济的震荡运行，下行趋势明显，虽然我国疫情形势总体可控，但民航产业因其自身属性问题，遭受了前所未有的冲击，航油产业作为民航产业的重要一环，同样深受打击。新冠肺炎疫情带来的影响还在不断地发展和持续，我国民航产业何时会走向复苏，暂时还不能定论。疫情对我国消费者的消费能力冲击巨大。从产业结构来看，民航产业属于第三产业，对消费者的消费能力依赖较大。据有关资料，在疫情冲击下，我国普通民众的消费能力和意愿都出现了下滑，我国的消费结构和形式产生了较大的改变。

1）消费者的出行意愿受到抑制。根据普通消费者的消费习惯，可以分为生存类消费、发展类消费和享受型消费。在疫情的影响下，我国普通群众的享受型消费和发展类消费基本上遭到毁灭性的打击，民航运输业现在承担的消费类型，基本上是生存类的消费，其他类型的消费都处于连续负增长状态。此外，疫情对居民的可支配收入影响巨大，普通消费者对未来收入的预期不是很明朗，导致出行选择上更倾向于票价较为便宜的火车、汽车等方式。民航运输业的市场化程度较高，机票价格受市场影响较大，许多航空公司在疫情情况下，推出了"随心飞"等促销活动，来刺激人民群众的消费，但是这种不能覆盖成本的发展模式，持久性较差。

2）居民消费结构发生巨大变化。消费结构是指不同消费类型在总消费中的比例。改革开放以来，我国消费结构不断改善，产业结构也持续优化升级，对我国经济的健康稳定发展起到了决定性的作用。但是疫情发生以来，居民的出行消费比例直线下降，而转向医疗、健康类的消费，且线上娱乐类的消费也进一步提高。这对于航空运输业而言需要警惕，当居民的消费依赖性养成，出行需要将会被进一步压缩，这对于民航产业和航油产业来说，将会造成严重影响。

2022年4月，中国航油对外发布了《中国航油2020企业社会责任报告》，对2020年的企业社会责任作报告，中国航油周强董事长开头就讲道："2020年是中国航油改革发展历史上极不平凡的一年"，从中可以感受到，疫情背景下中国航油的改革发展之路极其艰辛。数据显示，2020年，中国航油全年共完成商品（航空油料和其他地面销售油品）销售量5291万吨，实现销售收入1511亿元，纳税总额12.89亿元。业务量方面，全年共加注航班作业量349.22万架次，销售航空油料2209.44万吨，相对于2019年的峰值，销售量、作业量数据都有所降低。

（2）航油产业价值链秩序将受到影响

伴随着我国民航产业的不断发展壮大，我国航油产业的规模也在不断增强，数据显示，改革开放以来，我国航空煤油消费增量达到140多倍，我国航空煤油市场已经是全球第二大市场。但随着后疫情时代的到来，航油产业环境也面临着发展不确定性因素增加的风险。

航油产业的价值链主要是由供应链和资金链两部分组成，从供应链来说，航空油料作为商品，从炼化企业流通到航油公司，然后再到航空公司客户中，而资金链方向相反。随着疫情的影响和国际局势的不确定性增加，航油产业的价值链秩序将会受到冲击和影响。一方面，疫情导致航油产业供应链下游的航空公司业务量锐减，旅客吞吐量不足，企业亏损面将会持续受到影响。根据上市航空公司发布的2022年上半年财报信息：三大航方面，中国国际航空亏损额194.37亿元、东方航空亏损额187.36亿元，南方航空亏损额114.90亿元，同比亏损程度扩大；民营航空公司方面，春秋航空亏损额为12.45亿元，华夏航空亏损额9.51亿元。航空公司普遍亏损，将会影响民航产业链下游秩序的稳定，如果亏损情况持续而不能得到根本性的扭转，这些负面影响将会扩散到整个航油产业链。另一方面，疫情影响下，商品流通受阻，成本上升且效率大幅降低。员工成本支出、原油价格等上涨严重，导致航油产业链的上游企业负担增加，这些影响随着产业链将会转移到中国航油，如果不能有效地应对疫情影响，降本增效，中国航油的资金链将会承受较大负担。综上所述，航油产业价值链的基本秩序受疫情影响严重。

（3）中国航油面临着数字化转型的挑战

我国总体经济形势乐观，疫情发展至今，我国经济展现出了强大的韧性，经济模式创新发展取得了不错的成绩。电子商务发展迅速，电商平台从以往的静态物品展示模式，逐渐转变成了视频直播带货模式，大山里的农业商品通过各大直播平台，卖到了全国各地，带动了整个电商经济产业圈；新兴经济增长强劲，如电竞经济产业，经过不断的优化和整合，现已初具规模，大批的电竞从业者不仅改变了网络社交方式，并且电竞产业逐渐走向正规商业化，带动了上下游产业经济圈的共同发展。

随着中国民航局持续推进智慧民航的建设，越来越多的数字技术应用场景将会出现在民航产业中，传统的民航业务模式将会发生变化，如机场的运行管理已基本完成了数字化转型升级，旅客在出行时，只需要依靠一张身份证，或者一部手机，就可以实现身份认证，旅客坐在候机室中，就可以看到自己的行李运行轨迹，这些应用场景现在看似普通，但是想想看，纸质登机牌的淘汰，也不过是几年的时间。

对于中国航油来说，新兴数字经济的发展，既是机遇，更是挑战。今后，将会有越来越多的智能化应用场景出现在航油产业链条中，这将会快速推动整个航油产业的变革升级，在此过程中，会有新的角色参与到航油产业的链条中，有些业务模式也将面临淘汰。在数字经济的发展背景下，航油产业市场竞争将会越发激烈，如何巩固自身发展的优势，利用好智能化技术来提升自身市场竞争力，推动企业数字化转型升级，是中国航油需要思考的一个问题。另外，中国航油在过去的30多年里，已经创造了辉煌的航油产业历史，业务流程和模式都已成熟稳定，如何利用数字经济的东风，拥抱新技术来降低经营成本、提高作业效率，也是中国航油今后面临的巨大机遇。

2. 中国航油转型发展的路径

企业在转型升级路径的选择上，需要综合考虑，不仅需要结合经济发展的趋势，还需要考虑企业自身的发展情况。从宏观上来讲，我国经济的发展已经进入了新的阶段，具体表现为GDP增长速度趋缓、产业结构持续优化升级、经济增长转向创新驱动力发展模式三个特征。而对于企业来说，在转型升级发展的路径选择上，通常分为两个方向：一是从企业市场运营方面转变，主要有改变企业业务类型、创新业务增长点和产品升级换代三种方式；二是从企业内部管理方面转变，主要有绩效管理、人力资源管理、产品质量把控等方面。

中国航油因其本身作为民用运输保障单位的特殊身份，在其转型升级的路径选择上，选择的方式较为单一。从航油产业链上分析，中国航油的业务范围是航空油料的采购、存储、化验和销售结算业务，属于商品的贸易环节；从企业内部管理方面分析，成员企业大多采用分公司的管理模式，财务会计成本费用较少，经营风险可控；从企业定位方面分析，中央企业要履行社会责任，业务拓展将受到一定的限制。中国航油目前已打造了智慧航油系统，为中国航油的转型升级发展带来了新的机遇。智慧航油系统是中国航油发展史上具有跨时代意义的革命性创新，弥补了中国航油多年来数字化发展的短板，构建了高质量数字化支撑体系，强化了中国航油数字化核心竞争力。在加注作业方面，中国航油员工可用数字化技术，完整、无误地录入油单数据，全程通过一体化的设备进行，并且该数据可以上传到云平台中；在结算作业方面，银行金融主体可以实时结算油款，对于中国航油来说，供应链和资金链都得到了数字化的转型提升。

中国航油转型升级发展的根本目的是通过强化经营管理，降低企业运营成本，即在一定的成本控制下取得最大化收益。从中国航油的发展基础来说，走科技创新发展道路，利用新一代智能化技术引领航油发展是最好的路径选择。未来，通过新一代数字化技术，中国航油可以应对生产作业的更多场景，这将极大地带动航油产业链的数字化转型升级，中国航油将会更好地服务整个民航产业。

3. 中国航油数字化转型基础

在中国航油历史上，总共经历过四次大规模的信息化项目建设，这为中国航油数字化转型升级的发展，奠定了坚实的基础。

（1）引入信息化系统，实现管理数字化（2002—2005年）

2002年，中国航油正式成立，并逐步形成了集团、板块成员公司、地区公司、分公司四级公司管理框架，集团公司下属四个业务板块，各板块之间有内部交易，但更多的是在各自业务领域内承担市场业务。集团公司成立以后，信息化项目便启动建设，主要原因有：一方面随着机场航油、地油、海外板块的持续发展，业务部门、职能管理部门的数量出现了较大增长，依靠传统的审批流程，效率较为低下，公司的管理问题凸显；另一方面是互联网技术已经成为现代办公的基本条件，市面上的信息办公系统已经完善成熟，对于一家集团公司来说，引入信息化办公是非常有必要的。

到了2004年，各地区公司、直属公司均已顺利上线运行航油集团公司的ERP系统，中国航油信息系统规划和"中国航油信息平台"建设项目正式启动，在中国航油信息化系统规划动员会会议纪要中，对项目建设规划有如下记载：一是中国航油发展必须有一个高水平、容量大的信息平台做支持。二是中国航油要想有更大的发展，就要建设、培育中国航油大品牌、大文化，提升管理水平，没有信息化是不行的，信息化对业务流程的优化也相当重要。目前，中国航油没有外网，内网覆盖面太小，质量不高，内容不准确。中国航油信息化管理必须引起各级领导的高度重视，要积极倡导执行文化。三是中国航油信息化项目要适应公司发展需要，必须有一个统一的声音。中国航油信息化建设要实行"大集中、四统一"的原则，信息化建设起点要高，规划要好，选型要准。

随着规划的落地，项目建设推进，中国航油信息平台建成使用。中国航油信息平台的建立，主要有三大意义：一是建立了一套现代化的信息平台和管理体系，使公司的各个层级实现了信息的实时共享和联通；二是企业内部的信息化审批流程通道得以畅通，集团公司的管理和运营效率将会得到质的提升；三是为中国航油的数字化转型升级做了铺垫。随着业务管理的不断发展，中国航油信息平台不断完善各模块内容，已深度融入公司运营管理的方方面面当中，办公流程的数字化，是中国航油数字化进程的第一步。

（2）打造工业互联网，实现油库作业数字化提升（2018—2020年）

2018年，围绕着油库生产工艺，中国航油启动了"工业强基项目"的建设，该项目主要是对油库的生产业务数据和生产过程监控两方面进行数字化升级。在油库的生产业务数据方面，通过对油罐、加油车进行改造，通过安装智能化的传感器设备，将储罐的液位、温度、压力等数据实时地采集到集中展现平台中，可以实时地监控整个中国航油的油料存储、物流运输等情况；在生产过程监控方面，主要是部署具备智能分析功能的智能摄像头，对油库的生产流程进行实时监控，另外还搭建了统一的视频监控平台，做到对生产场所视频监控的集中显示，可以实时地监控整个中国航油的生产作业情况。

在工业强基项目中，中国航油运用工业互联网、5G等新技术，对生产业务数据进行汇聚、共享，初步形成航空油料生产数据资源云，运用人工智能技术，对生产数据进行分析处理，辅助管理者作出决策，这是中国航油对油库生产工艺、流程、作业环境进行数字化管理的开端，解决了中国航油在存储业务阶段的数字化转型问题，是航空油料业务数字化的重要一步。

（3）数字赋能，构建智慧航油系统（2017—2022年）

2017年，为解决航空油料在销售加注和结算业务方面的数字化转型升级，中国航油启动了智慧航油系统项目的建设，该项目分为两个大的功能模块，可以将航空油料业务的两个核心业务实现数字化解决方案。2019年，智慧航油系统一期建设完成投入使用。完全实现了加油数据采集、处理、上传、交易的数字化处理流程，对于航油产业来说，这是一场变革，是带动整个航油产业数字化、智能化升级的开端；2021年，中国航油启动了智慧航油系统的升级改造项目，对航空油料业务的结算环节进行整体数字化升级。

智慧航油系统对于中国航油来说，改变了过去30年核心业务的运行模式，是新一代智能化技术的探索使用，是推动了企业数字化转型升级的良好开端，意义十分重大。第一，使用电子油单，让纸质油单成为历史。电子油单具有格式化、易读、准确的优点，可以实时地将业务数据传给金融机构和航空公司客户，提升了航空油料结算业务的效率；第二，金融实时结算，改变了财务会计模式，不仅可以降低各航油产业参与者的资金成本，更可以增加航油产业资金链的价值，对于发挥平台效益，打造智慧航油生态圈奠定基础；第三，倡导无纸化，与智慧民航绿色、低碳的发展理念一脉相承，实现了与航空客户、机场管理、行业监管等部门的数据共享，为"智慧机场"的建设，提供了"智慧航油""绿色航油"解决方案与发展路径。

（4）夯实网络安全，打造生产专网（2020年）

在智慧航油系统建设过程中，中国航油为解决网络安全问题，打造了覆盖全国的生产专网系统。目前，生产专网已实现了机场、节点专有光纤链路接入，生产专网的建设完成，标志着中国航油已拥有了国内规模领先的大型专网。大型专网是中国航油信息化建设的跨越性一步，实现了从无到有的历史性进步，标志着中国航油"三横三纵"数字化基础设施基本搭建完成，使数字化建设"有网可依"，实现了自主可控的多维闭环管理。

1.3.3 智慧航油的中国探索

1. 中国航油向智慧化发展转变

（1）中国航油早期信息化建设目标

在2010年以前，中国航油对于航空油料生产作业有过实现全过程信息化目标的讨论，当时目标是建设一套航空油料安全生产信息化平台，主要可以实现下面五方面的功能：

一是建成以油料作业现场各操作流程的安全生产信息化，结合自动控制的各类实时数据，建立安全生产的信息平台，综合管理、分析油料各环节的业务状态，诊断各种故障，及时发现安全隐患，采取适当措施，降低风险；

二是开发完整的航空油料设备管理信息系统，对设备生命周期全过程进行综合管理，与相关的其他模块有效集成，动态跟踪测算各个阶段、不同环节经济指标，合理设定设备的寿命周期费用，为国有资产的保值增值作出贡献；

三是此系统不仅反映设备静态的档案信息，主要采用设备的动态数据为企业的设备评估、技术经济分析、费用效果测算、利用率、完好率、投资回收期等做出科学的测算，为企业的决策做出高层次的分析；

四是建立完善的航空油料质量管理系统，按照中国航油油品质量管理程序和管理过程，将油品在科研试验、生产验收、存储加注、化验检查等各个环节的质量状况有效地进行管理，对于进行油品质量管理的每一项操作的原始记录、化验结果、计算和分析的数据形成数据库，还原出简单实用的数学模型，快速自动地找出油品在各作业流程中的质量薄弱环节；

五是建立航空油料计量管理信息系统，对航空油料的收、发、储、加等业务环节过程中发生的各项计量数据、测量记录、交接记录、损耗情况、库存盘点报表、计量审计状况等进行管理，提供科学决策的分析数据。

可以看出，当时的信息化发展目标，主要聚焦在安全生产作业，实现手段就是运用信息化手段，来代替员工的体力或者简单的脑力劳动，距离数字化转型的目标相差较远。

（2）智慧航油生态圈的探索

生态圈最早属于生物学上的概念，指的是在特定范围内，所有生态系统的统合整体，后被运用到经济领域内。近些年，互联网企业在扩张发展中，普遍会精心布局生态圈发展战略，如阿里巴巴、腾讯、美团等平台类型企业，通过打造各自的平台生态圈，来增强自身的竞争力。互联网经济发展至今，有三个显著特点：一是企业发展边界逐渐模糊，资本会随着居民群众的需求进行特定扩张，如大多数企业涉足社区买菜业务等；二是去中心化，居民群众对于平台的选择性更多，依赖性不强，如共享单车业务，优惠力度决定了市场份额；三是个性化需求增加，居民群众对于规模化的产品兴趣不高，如互联网服装品牌，在限量限版高溢价发售情况下，通常会被抢购一空。这三个典型的特性，导致了获客成本居高。采用生态圈发展战略，平台企业可以将关系不大的模块进行协同发展，不仅可以降低运行成本，还可以提供差异化的服务，间接地实现了发展的优势。本质上来说，生态圈是指在管理运营过程中，将看似不相关的业务模块之间，通过某种方式进行有机融合、协同发展，以达到一定的销售目的，最终对客户形成有所依赖的生态环境。生态圈是企业运行管理方面的一次革命。

2020年，中国航油提出打造"智慧航油生态圈"的概念，这是中国航油结合航油产业发展趋势，利用自身企业优势，扩大品牌影响力的重要战略举措。"智慧航油生态圈"主要是中国航油通过建立一个航油产业链多方参与、合作共赢、共享服务型的数据和信息平台，来推动航油产业的健康稳定发展。主要表现内容有两个方面：一方面，中国航油围绕航空油料基本的生产业务类型，将产业链上游的炼化公司、下游的航空公司客户、运输物流商、金融银行合作伙伴、行业监管部门和其他产业相关方等具有一定利益关系的组织有机结合到一起，可以实现共同发展的目标；另一方面，围绕航油产业的金融业务，通过打通生产链、运输链、资金链、服务链等一系列航油产业链条，并在科技创新、协同发展的作用下，形成开放、共享、互利、互信的航油产业价值体系，促进航油产业生态环境的良性循环发展。智慧航油生态圈是由众多民航产业、金融产业等主体参与构成，是一种新型的具有航油特色的"平台生态圈"。智慧航油生态圈的提出，可以满足智慧社会、智慧民航建设和数字经济浪潮发展背景下，中国航油带动航油产业数字化转型发展的目标。

中国航油提出的智慧航油生态圈和互联网企业的平台生态圈有着一定的联系，但本质不尽相同。中国航油需要深度挖掘行业和企业自身特色推动建设，这是一场大工程，并非一朝一夕之事。对此，中国航油需要从以下三个方面进行补强：第一，中国航油需要围绕着航油结算的金融属性，结合航空油料收、储、发、加等业务场景为边界，优化金融解决方案，打造航油产业特色的闭合价值链；第二，中国航油需要加强智慧航油生态圈的基础设施建设，搭建数据、金融、信息共享的开放平台，带动多产业链协同发展，逐步形成与核心业务优势互补的发展局面；第三，中国航油要注重平台安全，生态圈属于平台经济类型，网络空间的安全、基础设施的安全是生态圈的基本保障。通过深耕业务创新，智慧航油生态圈的建立，对于中国航油数字化转型升级发展意义重大。

2. 智慧航油生态圈的实现基础

（1）中国航油平台企业属性的基础

"平台企业"是指通过自身的业务地位和竞争优势，在满足各方利益需求的基础上，将两个或者多个特定的组织链接到一起，形成网络协同效应，然后从中获取利益的企业。平台企业有如下几个特征：第一，平台企业在市场的参与者中无处不在，如某一商超、贸易市场、政府开发区等，都属于各领域内的平台企业实例，这并非互联网平台企业所特有；第二，平台企业链接端是几个或者多个组织，除了对于平台企业本身而言，这些参与的组织之间，是没有严格意义上的链条上下游的区别，对于平台企业而言，所有链接到平台的参与者，都是平等地位的；第三，平台需要有至少两个价值链流动方向，单靠一边的市场行为是无法获得利益的，平台企业需要将商品进行供应链传递，也要反向负责资金链的传递，同时还要传递责任链、文化链等；第四，平台各参与者需要通力合作，共创互利局面，才能维持平台稳定，平台各参与者在活动过程中是持续获利的。

中国航油具备平台企业的所有特征，属于典型的平台企业类型：第一，中国航油通过航空油料销售业务，将航空公司、银行金融企业、石油炼化企业、物流服务企业链接到一块。第二，民航产业链本身是具有上下游之分的，但是对于银行金融企业和航空公司而言，它们通过航空油料业务联系到一块，它们之间是不进行供应和金融交易的，该情况同样适用于石油炼化企业和航空公司。航空油料业务各参与方，都是通过中国航油来传递商品或资金，并且所有的参与者都是地位平等的。第三，价值流向，通过航空油料业务，最基本的两个价值流就是商品流和资金流。从商品流来说，中国航油通过收、储、发、加业务流程，完成了航空油料从石油炼化企业向航空公司的流动；从资金流来说，航空公司支付油款，资金向石油炼化企业流动。第四，基于价值共创的合作互动。中国航油离不开航空公司，因为航空公司是中国航油企业价值的意义和动力；而航空公司也离不开中国航油，因为中国航油是航空公司业务开展的保障基础；除此之外，银行金融企业、物流运输资源供应商也和中国航油彼此互联，共同创造航油产业的资源价值和产业价值。

要建设完成生态圈，平台企业仅靠单纯地提供"中介服务"是远远不够的，要构建平台生态圈，首先需要的是基础的服务属性。中国航油在成立之初，就将"竭诚服务全球民航客户，保障国家航油供应安全"作为企业的使命，这说明了向航空公司提供优质的航空油料保障服务，是中国航油赖以生存的基础。其次是增强服务功能，平台生态圈分为双边和多边两种基本模式，在提供基本的服务基础上，要将自身的吸引优势逐步扩大，形成依赖性。对于中国航油来说，其平台生态圈是多边模式，并且其发展历史和我国国情，决定了中国航油多边用户的依赖性。总之，中国航油平台企业的属性，是其构建智慧航油生态圈的基础。

（2）中国航油基础设施建设的基础

在前文中，我们对中国航油的基础设施建设情况进行了简述。中国航油建设完成的"智慧航油加注系统""智慧航油云平台系统""生产专网"等系统，和即将开启建设的"智慧油库""智慧财务""智慧通航""智慧基建"等系统，将会是中国航油构建智慧航油生态圈的基础设施建设基础。

（3）中国航油创造多方共赢的基础

中国航油构建的智慧航油生态圈，目标是建立合作平台，实现航油产业各主体之间共赢的目标。第一，生态圈不仅可以满足航油产业各参与主体的利益诉求，并且可以提升我国航油产业链的整体价值；第二，航油产业各参与主体可以将不同的资源优势、创新元素进行互相渗透和互补，来达到提升自身竞争优势的目的，也可以增强整个生态圈的竞争优势；第三，创立合作共赢机制，还能加强生态圈成员的合作意向，提高生态圈成员自身的积极性，既有利于创新，也有利于满足各方需求的多样化、个性化和低成本高价值化。

（4）智慧航油生态圈创造价值的基础

在智慧航油生态圈中，中国航油和各主体企业不仅发现价值，而且创造价值，以满足航油产业变化的需求。类似一个生态系统，依据共同价值而构建的智慧航油生态圈，其价值创造是一个彼此互动的过程，最终是中国航油和各主体企业共同创造社会价值的提升。智慧航油生态圈是一个动态循环的平台系统。在这个平台系统中，各参与者按照各自的市场需求，参与到航空油料业务中，在实现自身利益目标的基础上，收获了一定的收益。平台生态圈的建立，可以最大限度地降低成本，使得利益最大化。通俗而言，就是航空公司以最小的成本，获取航空油料的加注服务，炼厂在发出航空油料后，能够在最短的时间内回笼资金。

平台良性循环，持续创造价值，需要三个基础：第一，在各参与主体获取自身利益满足的同时，需要保持和平台行动一致的方向目标。就是说航空公司需要保证自身的持续经营，因经营不善导致的企业倒闭，将会破坏平台的运行。第二，平台的各参与方需要加强信息数据共享，平台在协调各参与方行动的同时，需要实时地分享数据。就是说各参与方需要将各自的信息系统与平台对接，飞行航班信息、管理系统等数据，需要彼此之间共享。在平台运行中，信息数据是核心资源，智慧航油生态圈需要建立信息数据共享的运行机制，并对应地建立相应的管理制度，来约束各参与主体的合作方式，这样不仅可以减轻各参与者因信息滞后造成的成本问题，还可以避免平台各参与者因信息数据孤岛现象造成的经济损失。第三，各参与者还要加强学习，遵守平台的运行规则，智慧航油生态圈各主体的学习能力也是保持目标一致性的必要条件。生态圈各参与者只有不断地提升学习能力，才能增加整个智慧航油生态圈的抗风险能力。另外，在竞争日益激烈的经济环境中，各参与者只有强化科技创新能力，运用新管理理念、新知识技术等来提升自身的管理能力，才能更好地保障生态圈的平稳运行。

智慧航油生态圈推出至今，中国航油建设了智慧航油系统，迈出了打造智慧航油生态圈坚实的一步，呈现了显著的"1+1>2"的特征，现在的航空油料业务中，各参与主体的交易成本大幅下降，以电子油单为载体的信息和数据，带动了整个业务数据，向生态圈各参与主体流动，已经实现了基本的平台服务。随着中国航油数字化转型升级的进一步推进，新一代智能化技术势必会进一步推动智慧航油生态圈向多样化、丰富化、多层化和新型化的目标发展。

3. 智慧航油生态圈的发展路径

（1）发挥经营创新，从传统经营到智慧化经营

从宏观上来分析，在智慧社会建设和数字经济发展的背景下，新一代智能化技术的普遍应用，推动了各行业去中心化、信息大数据化和生产方式联网化。新一代智能化技术不仅是企业可以充分利用的重要资源，更是企业创新发展的重要引擎，中国航油要打造智慧航油生态圈，首先需要从经营模式下手，从传统的经营模式转向智慧化经营模式。

1）以客户为中心。在中国航油传统的经营模式下，企业的服务主要依托航空油料资源，航空公司客户只需要航空油料加注服务，且受到国家和监管部门的政策和一定的技术因素约束，中国航油无法满足客户的个性化服务需求。在智慧社会时代，中国航油发展需要考虑到航空公司的个性化需求，需要创新发展，改变现有的资源依赖型发展模式。第一，中国航油需要对航空公司的个性化需求做出快速的响应，对于在打造智慧航油生态圈的过程中，各参与方的实际需求和想法，都要制定相应的应对方案；第二，中国航油需要制定服务策略，智慧航油生态圈的参与者是多方模式，针对每个客户单独制定服务策略是不可行的，不仅浪费资源，还会降低自己的谈判筹码，最终会增加平台拓展的难度。所以，中国航油在建设智慧航油生态圈的过程中，需要将不同类型的客户进行分类处理，制定相应的服务策略，并完善相应的应急方案。

2）强化平台优势。在互联网企业中，打造平台、扩大竞争优势已经是一种常态化的发展模式，近些年，传统的零售企业也开始进军平台建设，如茅台集团打造了"i茅台"营销平台，利用自身产品优势，结合以往的线下销售渠道，不断扩大自己的平台优势。现在，越来越多的企业开始尝试搭建自有平台，并从原来的"投资—商品—利润"盈利模式，转变成为"投资—平台—企业增值"的模式。中国航油打造的智慧航油生态圈，第一，必须结合自身原有的销售和平台优势，将自身的数据、信息优势转换为竞争优势；第二，扩大客户界面，在国家推动"两翼齐飞"发展模式下，要对通用航空客户的需求进行归纳，通过平台优势，扩大通用航空客户市场。

（2）强化科技创新，加强科技保障体系的建设

1）坚持系统观念。在系统工程的建设领域，通常将整个系统划分成大系统和小系

统，两者是包含关系，大系统包含很多的小系统。对于整个系统工程来说，大系统与各小系统之间的组织关系和功能联动模式，是系统工程建设第一步需要完成的内容，这也会贯穿整个系统工程建设的生命周期，是系统工程的重中之重。

在智慧航油生态圈的建设中，大的平台将会涵盖智慧航油加注系统、智慧航油云平台系统、智慧油库系统、智慧基建、智慧财务、生产专网等系统，这些都将是智慧航油生态圈的小系统，或者说是子系统，这些小系统，又由许多功能模块组成。在智慧航油生态圈的建设之初，就需要强化顶层设计，将这些小系统的定位、信息与数据内容、接口格式等内容进行规划设计，做到各小系统之间的协同作用。在整个智慧航油生态圈的建设中，应当将各个小系统的协同方案做到最优。

2）加强科技创新。提高科学技术为生产服务的水平，增强自主创新的能力，研制开发为中国航油服务的科技创新项目，制定鼓励的相关政策和措施，设立中国航油科技创新专项支持资金，加强科技成果及新产品的推广应用，奖励在科技项目中做出贡献的人员，积极支持企业内部的技术革新和改造；引进和消化吸收国际先进的科技创新成果；逐步建立一支以科技创新人才为主的科技队伍。第一，全面增强自主创新能力，努力掌握核心技术、关键技术，增强科技成果转化能力，继续深入开展智慧航油生态圈的顶层设计，形成中国航油特色的发展方案；第二，采取合作开发、委托开发等方式，鼓励系统各企业的科技创新技术和改造项目，定期对科技创新成果进行评审和奖励，并加大成果推广力度；第三，引进和吸收国内外先进的与航空油料有关的科技创新成果。

（3）强化战略协同，打造特色平台生态圈

1）整合优势资源。智慧航油生态圈要以整合资源为手段，实现航空油料采购、存储、销售、服务、结算等全过程高效协同的生态系统，资源整合是智慧航油生态圈的独特优势，也是实现智慧航油生态圈商业模式创新的重要渠道。平台通过整合油源、渠道、设施、终端、云端资源、市场等，将不同行业、不同地区合作伙伴的优势资源加入生态圈，使生态圈参与者获益。同时，通过资源整合带动平台生态圈资源集聚，实现规模经济效应、范围经济效应及网络效应，提升平台生态圈的价值，增强平台生态圈的核心竞争优势。

因此，应将资源整合作为智慧航油生态圈商业模式创新的重要内容，加大供应链基础设施建设，打通供应链网络，吸引更多资源，打造独具竞争优势的智慧航油生态圈。同时，资源整合为生态圈带来了多元文化，因此要加强不同企业之间的文化融合，努力达成一致的经营理念和价值观念。

2）优化航空油料供应模式。航空油料供应模式是智慧航油生态圈的重要组成部分，也是影响平台生态圈商业模式创新的关键。智慧航油生态圈需构建精密规范的航空油料供应管理机制，打通上游炼厂、下游航空公司及物流运输商之间的壁垒；同时，鉴于数据信息在实现平台高效协同及价值共创中的重要作用，要加强信息化建设，在保障航空油料安全的前提下，充分运用智能化技术来提升整个航油产业链的数字化水平；中国航油要依据航油产业的特点，科学梳理业务流程，实施精细化和标准化的管理，提高管理透明度，降低运营风险，帮助平台生态圈合作伙伴实现供应链效率提升和总成本优势，激励生态圈各方达成良性互动和高效协同，实现平台的价值创造目标，为平台合作伙伴及客户提供更大价值。

3）延伸服务链条。中国航油要准确把握航油产业发展方向，科学研究、判断航油产业的发展趋势，围绕市场、航油产业链上下游主体需求的变化，优化下游航空公司服务模式和上游炼化企业合作模式，逐步延伸服务链条，向供应链上游拓展协同研发、协同生产等专业服务，向供应链下游延伸技术培训、航油数据共享、金融数据共享等增值服务，在此基础上，不断优化平台生态圈服务链，提升服务链价值；与此同时，要实施精细化管理，打造纵向深度服务的供应链平台，形成一个良性互动、环环相扣、无缝衔接的平台生态圈，更好地实现航油产业价值的传递，满足社会需求，提高平台的稳定程度。

4）加大资源共享力度。资源共享是智慧航油生态圈的优势，也是其价值增值的重要途径。平台资源只有实现充分共享，才能使资源发挥最大的效用，使生态圈合作伙伴获得更多的商业机会。因此，平台生态圈应在资源整合的基础上，结合航空油料自身的特色，科学合理地设计资源共享利用机制，在不影响资源价值及使用价值的基础上，尽可能地提高资源使用效率，让平台资源物尽其用，努力打造价值增值的智慧航油生态圈。

5）构建合理的利益分配机制。合理的利益分配机制是影响智慧航油生态圈价值获取的重要因素，也是智慧航油生态圈商业模式创新的重要方面。合理的利益分配机制有利于激发平台合作伙伴的积极性，促进平台生态圈的持续发展。因此，平台应立足自身实际，紧密围绕平台各合作伙伴的运营成本、资源投入、承担风险及对利润的贡献情况等设计合理的利益分配机制，增强各合作伙伴对利益分配机制的认同感，以及对平台生态圈的归属感，努力实现利益的公平分享，共同打造共赢共生的智慧航油生态圈。

（4）智慧航油生态圈的保障基础

为实现智慧航油生态圈的建设，中国航油按照习近平总书记关于发展数字经济的重要指示，深入贯彻国家数字强国战略，落实国务院国资委中央企业数字化转型工作部署、民航局智慧民航建设路线要求，结合航空油料业务实际，系统谋划、精心设计，提出了中国航油"12345"数字化顶层设计的发展思路。

1）一个目标。围绕航油产业链全流程、全要素、全场景，通过数字化转型、智能化应用、智慧化融合创新，切实筑牢安全运行基础，优化提升航空油料保障能力，初步建成"智慧航油"，成为"广泛数字感知、多元信息集成、开放运营协同、智慧资源配置"的智慧航油生产商，助力世界一流中国航油战略目标实现。

2）两个明确。明确了指导思想。以习近平新时代中国特色社会主义思想为指导，贯彻落实国家数字强国战略、智慧民航建设路线，坚持深化供给侧结构性改革，坚持"加快数字化转型，打造智慧航油"，坚持中国航油"12345"数字化顶层设计总体思路，汇聚航油产业链上下游企业和客户资源，形成"创新、融合、开放、协同"的航油数字生态，以数字化力量推动企业高质量发展。

明确了发展原则。中国航油提出了"统一规划""统一标准""统一投资""统一建设""统一管理"的发展原则，为智慧航油生态圈的建设路径提供了发展动力。

3）三大主线。

① 一张网建设。广域网：建设集互联网、生产网、办公网于一体的网络结构，实现可以管理全业务、全流量、全过程的统一网络管理运维平台，为智慧航油平台提供基础网络资源。两地两中心：建设分别位于两地的数据中心，为智慧航油平台提供基础存储与运算资源，通过双中心架构保障系统稳定运行，业务持续不间断。网络安全平台：在广域网建成的基础上建设统一网络安全管理平台，对全网流量实时分析，对全网设备持续监测，保障网络设备安全、系统运行安全、用户信息安全。

② 运营一平台。通过对航油产业链全流程数据采集，打通上下游产业链数据壁垒，实现物流、信息流、资金流、商流全方位融合集成。将数据汇聚在智慧航油一平台，利用大数据、人工智能实现智慧服务、智慧物流、智慧运营、智慧财务等智慧应用场景。

③ 决策一张网。在运营一平台打通各环节、各层级数据的基础上，搭建统一的智慧决策应用系统，通过数据透视、分析、应用建立决策支持模型，为各层级决策提供辅助支持，实现业务运行更加高效、数据储量更加饱满、决策更加科学、管理更加标准，完成中国航油从智能管理向智慧决策的提升。

4）四网融合。中国航油以科技为引领，以网络为载体，通过全业务流程的数据采集，建设统一数据应用平台，汇聚实现采购、运输、储运、销售、加注、结算各个环节数据共享，加强业务联动，汇聚航油产业链上下游企业和客户资源，实现"四网融合"，打造中国航油数字化新优势。

5）五大保障措施。为实现智慧航油生态圈的建设，中国航油提出了五个保障措施，分别是：组织体系建设、制度规范建设、网络安全管理、应急管理和人才队伍培养。

智慧航油生态圈是中国航油数字化工作的重点方向，科技创新将是中国航油数字化工作的强心剂，如何利用科技创新引领智慧航油发展，后续各章节将展开介绍。

第 2 章

应用层：智慧航油的躯干

PART 2

民航是国家交通体系中极为重要的部分，是交通运输行业高质量发展的速度代言。万里航程从油开始，中国航油以高度的责任感和使命感积极践行民航高质量发展，贯彻落实智慧民航总规划，努力推进智慧航油建设。自2018年起，经过多年的持续付出和深化拓展，智慧航油体系已经初步搭建完成，智慧航油应用已经初具规模，为民航供油产业的数字化转型发展、智慧化创新应用、协同化拓展推广做出了实际贡献。

"来自人民、依靠人民、为了人民"是中国共产党的发展逻辑。企业的数字化工作也必然是来自公司、依靠公司、为了公司。数字化工作的需求来自公司的发展需要，由降本增效和不断追求卓越的内生动力产生。数字化工作向着更好、更快、更强的方向发展，更需要依靠公司的力量和支持。在公司的正确领导和高度重视下，数字化工作才能会聚企业各类专业人才，以及他们的倾力投入；也才能有更多的项目和好的创意落地实施，并且实现它们的价值。

中国航油以习近平新时代中国特色社会主义思想为指导，以网络强国、数字中国的重要思想武装头脑，践行"国之大者"，推动公司高质量发展，加速构建中国航油数字生态圈，为实现数字中国做出航油贡献。

数字决策、精心服务。2018年以来，经过三年努力，在公司党委的决策和重视下，中国航油前瞻规划、开拓创新、合作共赢，打造了行业领先的智慧航油系统，对中国航油经营管理产生了革命性的影响，为民航能源产业带来了开创性的进步，成为引领"十四五"发展的重要力量。该系统先后获得两项软件著作权、二十项专利，经遴选进入"2020国有企业数字化转型典型案例"，荣获2021年工信部5G"绽放杯"二等奖，2023年国资委首届数字场景创新赛一等奖，项目成果得到国家的高度认可，中国航油数字化价值已经享誉国内外。

数字网络、精准互通。中国航油通盘筹划、艰苦奋斗、精益求精，实现了全部供油机场专有光纤链路接入，建设完成了规模国内罕有的大型生产专网。这是中国航油信息化建设具有跨越性的一步，实现了从无到有的历史性进步，标志着中国航油"三横三纵"数字化基础设施基本搭建完成，使数字化建设"有网可依"。

数字感知、精益管理。中国航油担当作为、严谨务实、聚焦一线，倾力建设智慧航油加注系统，完成全国上千台加油车数字化改造，实现了油单数字化和调度智慧化，彻底革新了几十年来的加油作业方式和流程，极大提高了加注业务自动化水平和航班保障效率，实现质量变革、效率变革、动力变革。

中国航油立足新发展阶段，以数字技术与实体经济深度融合为主线，以数字技术服务全球民航客户、保障航空油料供应安全，开创数字化经营管理新局面。中国航油贯彻新发展理念，在民航领域勇拓"新基建"，以数字化创新发展为引领，提高公司服务质量和管理水平，促进公司更好地服务于"智慧民航"建设。中国航油构建新发展格局，以智慧航油为历史使命，构建高质量数字化体系，强化数字化核心竞争力，协同推进数字产业化和产业数字化，赋能民航供油产业转型升级。

2.1　智慧加油系统

2.1.1　改变从生产一线开始

中国航油是国内最大的集航空油品采购、运输、储存、检测、销售、加注于一体的航空油料供应商。针对中国航油业务发展要求呈现业务形态多样、生产要素众多和全球化保障的特点，为了实现预测性保障、实时业务感知、敏捷金融服务和上下游紧密协作的服务目标，结合民航局"十四五"规划引领、中国航油战略带动以及依托中国航油数字化发展顶层设计的相关要求，中国航油以物联网、云计算、大数据、智能算法、自动控制、北斗定位等新一代技术，打造了集软件、硬件、网络于一体，面向民航飞机加油的综合信息化系统——智慧加油系统。

作为航空油料保障的重要一环，加油员在完成加油任务后，需要经机组人员确认加油数据。过去确认的模式是加油员手写油单、机组下机签字确认。其中包含了对讲、电话、手工填写和记录纸质油单等多个传统环节，每架航班的保障都需要重复这一过程。面对每年400多万架次的航班保障任务，如何破解基层员工劳动强度大、工作效率偏低、数据信息孤岛等诸多痛点就成为长期研究的课题之一。

一线生产岗位存在着作业范围广、作业强度大和资源分配不合理的现象，这正是中国航油在探索改变的起点，着力打造智慧模式，从根本上改变传统作业方式，也是中国航油不断探索新模式，促进生产方式革新的初衷。

智慧加油系统通过智慧终端加注航空油料并实时传输数据在线确认的新模式，在中国航油与航空公司建设智慧航油生态圈的道路上取得了重要成果。这个与航空公司、机场等各业内单位共建的智慧航油生态圈，有望打破业内数据各自为营的现象，提升各方服务保障及综合管理水平。

2020年，新冠肺炎疫情的到来改变了人们的生活方式，同时也深深影响企业的经营与发展，服务业、旅游业、交通运输业等行业在疫情的打击下纷纷放缓了发展节奏，部分公司甚至陷入发展停滞与倒退的困境。

在疫情带来的诸多变化中，让人们感受最深的便是数字化不断深入。在日常的生活中，进入公共场所需要出示健康码与行程码。疫情防控的App记录人们的行程、核酸检测、疫苗接种等各种信息，通过不同数据之间的关联与大数据分析，有效控制了新冠肺炎疫情在中国的传播。在世界经济整体遭受打击的大环境下，电商、外卖、直播等数字化程度深入的行业却迎来了一波爆发式的增长。更多的企业意识到数字化将是企业未来发展的大趋势，推进完成企业数字化转型工作已是迫在眉睫，否则企业将面临淘汰。

中国航油作为一家中央企业，近年来积极响应国家中央企业数字化转型的号召，不断探索适合自身发展的数字化转型道路，在企业已建成的信息化设施和系统的基础上，加快新型基础建设和智能系统开发工作，在综合分析企业发展现状和航空油料业务特点后，中国航油公司提出建设智慧航油的宏大目标。从 2018 年开始，通过近三年的不懈努力，智慧加油系统的建设已初具规模。

改变从生产一线开始，智慧加油系统主要包括智能调度（航显集成、自动派工、进度监控）、全程监控（位置监控、数字看板、保障预警）、指挥保障（任务接收、进度上报、信息反馈）、自动采集（油量采集、电子油单、手写签名、无纸化）。建设智慧加油系统一方面体现了中国航油数字化转型的决心和社会责任，另一方面是在不同场景中实现了降低劳动强度、减少资源浪费、提高作业效率的目标。具体来说，从以下三个方面展开。一是效率提升。业务流程的优化以及自动化、智能化的设计大幅提升了员工工作效率，降低劳动强度，每年可节省 18 万工时。二是成本降低。电子油单全面取代纸质油单后，每年可节省单据费用 400 万元。三是管理提升。推动作业规范化、标准化以及管理精细化，提升管理与运营效率，提升风险管控能力。

智慧加油系统总体目标有以下三个方面：一是优化作业流程和标准。实现作业模式和场景向数字化转变，优化作业流程。二是提升资源配置效率。实现智能调度，合理配置资源，提升工作效率。三是确保作业安全、高效。实现业务动态的可视化跟踪预警，确保作业安全、高效。

智慧加油系统建设加速了数字经济时代下的航油产业链数字化转型，催生了新产业、新业态、新模式，形成"融合、感知、智慧、共生"的新型运作体系，整合数据链、完善业务链、凝聚管理链，初步形成了数据链、业务链、管理链三链条合一的智慧航油生态圈。

2.1.2 加油模式的进步

航空煤油传统加油模式为顺次加油工作模式，即加油员依照次序一个接一个地出车执行航班保障任务，而就近加油，即不再按照固定的顺序，而是加油员根据实际航班动态及作业具体位置等因素，灵活就近执行航班保障任务。智慧加油系统的改变，使得加油员派工作业变得灵活、机动。在以前的加油模式下，加油员按顺序轮到自己时才出车作业，工作任务的分配是被动的，而现在加油模式的进步，就让加油员的工作变得科学合理，工作由被动变主动。加油员必须齐心协力，团结合作，凝聚成一个整体才能更灵活更合理地分配工作任务。机场在发展，航班在增加，只有切实转变思路、转变工作模式，不断创新优化，才能更好地适应新形势下航班供油保障服务工作的需要。

智慧加油系统的建设，在飞机航空煤油加注过程中取得了不俗的成绩。以前，飞机加油员是通过调度员人工派工，驾驶加油车至指定机位进行加油作业。作业完毕，需要通过对讲与调度沟通，再与机组确认加油量信息，完成此次加油作业和结算的相关流程。现在，指令加油及机组确定加油电子签名功能模块可根据机组确认航班加油计划，现场提前规划好加油需求安排，大大减少加油等待时间；机组电子签名确认则可逐步实现无纸化加油，智能化的运行系统为提高现场安全管理水平提供了充分保障（如图 2-1 所示）。

车载主机　　　车载打印机　　　车载路由器　　　车载电源模块　　　无线Deadman　　　警示灯

图 2-1　智慧加油系统前端示意

与以往纸质签单为特征的传统油单确认方式不同，电子加油数据闭环管理，能够实现加油员与调度室线上确认加油数据，加油员可根据手持智慧终端显示的航班信息开展加注工作，加油数据通过智慧加油系统实时传输至云平台，智慧油单以机打方式显示日期、类型、机场、所属单位、航班号、飞机号、飞机类型、密度、计量度数、加油升数等一系列信息，整个数据传输打印过程仅耗时 5 秒，加油员只需等待机组确认签字。系统正式启用将实现航空油料销售与加注业务的创新结算模式，为产业链各合作企业资源、数据高效利用，业务管理精细化、智能化协同发展赋予全新动能的同时，有效减轻加油员、调度员的工作劳动强度，减少加油员因外场作业环境恶劣造成的书写错误，使加油作业更方便、快捷、安全，提升航空油料保障准确率及效率。

智慧加油系统实现了派工、加注、油单确认等环节的智能化、数字化和便捷化。现在的加油模式，机组通过系统平台传输航空油料预加油量信息，调度将航班信息和派工信息通过系统平台传送给加油员。加油员使用车载设备和无线 PAD 接收信息，随即就可准确无误到达指定位置，开展加油作业。加油结束，加油员从车载设备上打印电子油单与机组确认，为下一步结算支付奠定基础。

在智慧加油系统的智能加持下，首先带来的是加油员劳动强度的下降和工作效率的提升。其次是加油模式的改进，让中国航油的航空煤油加注作业变得更加智能化、数字化。最后是在新模式下也实现了与航空公司的有效数据对接。加油模式的进步将大大减少系统手工录入的烦琐工作，现场加油将更加专注加油实际操作及检查核对工作，有利于集中力量应对异常情况，对提高加油作业及销售业务工作效率起到重要作用。

飞机加油的模式也发生了改变，从基础的地面加油，现在衍生出了空中加油和舰载机加油。但是在民用航空领域，还是以地面加油为主，确保供油安全。飞机加油模式的转变也从纸质签单确认变为无接触式电子签名，确保了疫情环境下航空油料加注作业安全。

加油模式的进步，推动了中国航油业务模式的变革，也促进了中国航油在"十四五"新阶段产业升级、数字化转型和信息化发展的攻坚推进。作业方式的变化带来的利好就是管理水平的提升，使得中国航油在未来发展道路上走得更坚实、更有底气、更加科学。智慧加油系统是贯彻落实民航局"智慧民航"发展战略的重要举措，也将成为未来智慧机场和民航发展路线上的重要组成部分，也为中国航油赋能民航发展，促进国企数字化转型提供有效支撑。

2.1.3 智慧加油系统的实践

近年来，以云计算、物联网、大数据、人工智能、互联网为代表的新一代技术迅猛发展，给传统行业带来了新的挑战和发展机遇。国务院先后出台了《关于积极推进"互联网+"行动的指导意见》《国家信息化发展战略纲要》等相关文件，促进传统企业的信息工业化"两化融合"，推动优势新兴业态向更广范围、更宽领域拓展。民航局发布《新时代民航强国建设行动纲要》，推行四型机场，强调加强机场新技术、新产品的研发应用。2020年1月，民航局再次出台了《中国民航四型机场建设行动纲要（2020—2035年）》，指明了未来15年四型机场建设的目标、任务和路径。

唯改革者进，唯创新者强。中国航油在习近平新时代中国特色社会主义思想的指引下，立足新发展阶段、贯彻新发展理念、构建新发展格局，把"科技自立自强"作为发展的战略支撑，积极拥抱数字化发展新时代，加快数字化、智能化建设步伐，遵循民航局"智慧民航"建设相关文件精神，为助力"智慧民航"建设做出了积极探索。

经过三年多的厚积薄发，克服重重困难，目前中国航油智慧航油系统建设工作已初显成效。2018年8月启动智慧航油系统建设，2019年12月智慧航油系统建设，覆盖全国200多个运输机场的生产保障数字化、无线化，2020年7月智慧加油通用航空订单业务上线，同时开始探索电子化结算新模式。中国航油在"十三五"期间实现了由传统到智慧建设的跨越，"十四五"开局之年再次取得骄人成绩。2021年7月智慧航油云平台全面上线运行，结合生产专网全面联通，中国航油进入自动化、电子化结算时代。2022年中国航油将利用智慧航油、四网融合双轮驱动，开启建设新篇章。

智慧加油系统的目标是实现飞机加油业务的无线化、电子化、自动化、智能化，该系统主要内容包括以下几个方面。

一是依托信息技术，实现作业模式向数字化转变，形成以信息为驱动的作业标准，优化作业流程；二是融合4G/5G通信技术、地理信息技术、图形化与可视化监控技术，实现业务动态的可视化跟踪监控，及时预警报警，确保作业安全、高效；三是实现智能调度，合理配置人力资源，降低员工工作强度，提升工作效率；四是践行"无纸化"理念，实现生产数据电子化，提升数据及时性与准确性；五是实现电子化、智能化结算，缩短结算周期，加快资金回流，降低企业应收账款风险；六是深挖数据价值，为生产经营决策提供支持，实现与民航各单位信息共享和业务协同，提升客户服务效率和质量。

智慧加油系统创造性地对航空油料生产要素与业务流程进行数字化处理、智能化响应和智慧化支撑的新应用形态，集加注作业、销售结算和客户服务于一体，是中国航油生产作业与结算模式的一次创新变革，大幅提升了航空油料业务流转的效率和质量；该系统实现了与空管、南方航空、东方航空、海南航空、厦门航空、圆通航空、汉莎航空等十余家航空公司，47座干线机场航显系统，工、农、交三家银行系统的数据共享和业务互动，促进各方数字化协同建设。该系统入选民航局"2020年度中国民航四型机场示范项目名单"和国资委"2020国有企业数字化转型典型案例"，荣获2021年工信部5G"绽放杯"总决赛二等奖和"边缘计算"专题赛一等奖，项目成果得到高度认可。

中国航油致力于打造融合通用航空油料业务上下游产业链、智能协同、开放共享的智慧通用航空油料数字化服务体系，助力通用航空产业发展。通过5G、AI、物联网、云计算、大数据、区块链、AR、VR等新技术运用，为通用航空油料业务赋能升级，助力通用航空业务发展。建立覆盖通用航空油料业务生产全链条的闭环数字化监管链条，建设通用航空油料业务安全监管抓手。发掘通用航空油料业务数据价值，提升通用航空油料业务数字化效益。打造全球跨境金融结算体系，布局民航国际化业务，为民航创新发展贡献航油方案。

通过智慧加油系统自动派工与信息采集极大降低了调度员与计量员工作强度；通过系统提示与监控，加油员能够以最短路径、最高效率抵达指定机位；通过系统与航空公司的业务对接和数据共享，能够提前调整油箱参数，提升保障任务裕度。北京大兴国际机场供油工程已经完全智慧化。通过车载智能终端与系统的实时数据传输，能够准确核对航班信息，并一键生成电子油单，有效避免人为差错，更加高质高效地开展加油作业；通过系统实现了与航空公司的线上结算。总之，智慧加油系统大幅度提升了航空油料加注与结算的效率和质量（如图2-2所示）。

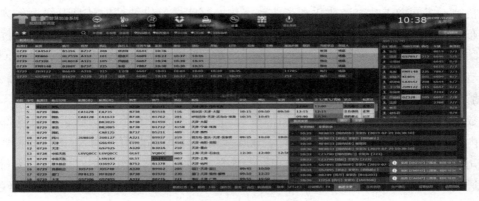

图2-2　智慧加油系统智能派工

充分运用云计算、物联网、北斗定位、数据中台等新一代技术，在实现飞机加油车智能调度、作业信息自动采集、加油车状态可视化监控等一线航班保障作业信息化跨越的基础上，中国航油智慧航油系统通过无线化、电子化、在线化等数字化手段实现了生产作业模式、销售结算模式、客户服务模式的自动化、智能化，大幅度提升了航空油料加注与结算的效率和质量，提供了更加优质的客户服务，促进了民航各方信息系统协同建设，为构建智慧民航生态圈做出了航油贡献。

"数字经济的发展，也使得中国航油在新一代信息技术的引领下，通过科技革命，为智慧航油、石油、物流、智慧通用航空的建设带来广阔前景。"集团公司董事长、党委书记周强在探讨智慧航油建设中表示。

智慧加油系统的成功很大程度上得益于民航局在"十四五"规划中的坚强领导。中国航油严格落实民航局智慧民航路线图的相关要求，扎实推进智慧航油的发展。文件总体精神以智慧出行、智慧空管、智慧机场、智慧监管为抓手，以全要素、全流程、全场景覆盖为实现要求，分三个阶段，到2035年全面形成智慧民航生态圈，包括五大任务、四个抓手、三类产业协同、十项支撑要素、四十八个场景。

在五大任务中，一是完备的智慧民航运输系统，中国航油以智慧航油为基础着力推动智慧机场建设。二是完备的产业协同发展体系，勠力打造民航+绿色低碳生态圈。三是完备的科技成果转化链条，中国航油加快科技创新研究，提升核心竞争力。在智慧机场全域协同方面，民航局要求加强航空公司与其他保障主体间的运行协同，推进航空油料加注等各项保障工作的紧密配合，到2030年，实现基于航班实时运行的地面保障资源动态调配，提升智能化、精细化管理水平。在智慧机场智能化设备建设方面，结合文件提出的逐步实现飞行区内全类型设备的少人无人协同作业，到2025年，实现航空油料加注等设备的智能化运行，完成在典型机场的试点验证。中国航油的智慧航油系统已走在智慧民航建设的前列，智慧加油系统在实际生产作业中已经实现了与机场、空管和航空公司的紧密协同合作。针对未来设备的智能化建设，智慧航油系统借助5G+技术，实现操作端电子操作，降低劳动强度，实现效率科学提升。

中国航油深入贯彻智慧民航相关要求，以习近平新时代中国特色社会主义思想为指导，以网络强国、数字中国的重要思想武装头脑，以准确识变、科学应变、主动求变的担当精神，协同推进数字产业化和产业数字化，赋能民航供油产业转型升级。努力做到系统布局，广泛融合，坚持系统观念，围绕智慧航油全要素、全流程、全场景，优化布局和结构；加强交流，凝聚多方合力，推动产业链联动互动，构筑智慧航油生态圈，切实打造智慧航油行业品牌，合力推进智慧民航路线延伸，聚力建设世界一流航油公司，为民航"智慧机场"建设贡献具有中国航油特色的智慧动能。

数据是最客观的发声器。智慧加油系统自建设以来，在全国200多个机场部署运行，内部应用人数约3500人，每天有11000多架次航班通过系统进行保障，向机场与航空公司反馈加油动态16000余条，实现在线客服、航空公司在线签约、下单、支付，节约沟通成本，提升服务效率，每天通过系统完成11000多份电子油单的采集和在线签单与结算。从数据可以看出，智慧航油系统是中国航油业务发展需要和时代进步的助推器，先进技术是支撑智慧航油系统衍生的一把利器，中国航油联手网络运营商建设生产专网，借助云联网SDN、5G等先进网络技术，实现下属200余家机场分支机构的专网接入和全网可视化管理，在北京首都、北京大兴、杭州萧山3个国际机场进行5G试点应用，实现航油生产要素全链接，持续推进中国航油信息化升级改造，夯实智慧航油数字底座。

2.1.4　智慧加油如何实现加油作业

智慧加油功能的实现是通过车载智能平板（PAD）进行加油作业，与智慧加油系统后台实现实时的数据传递和业务交互。PAD实时接收加油作业任务与航班动态，具备"傻瓜式"一键操作,加油员获取加油进度,定量加油控制,自动平衡航空器油箱油量信息,自动采集加油数据生成电子油单,进行手写签名,与航空公司机组进行确认。这样实现了一次智慧加油操作,从根本上改变信息采集与传递的方式,提升信息准确性、及时性。同时加油作业模块具备根据航班机位自动规划路径并进行导航的功能,确保加油车行驶安全、高效。

2.1.5 智慧航油推动调度智慧化

1. 调度信息汇聚与共享

在民航业中,各个驻场单位都会有属于自己业务的调度员。那么中国航油的飞机加油调度员是如何工作的呢?

飞机加油调度员的工作是很繁重且复杂的,一边沟通机场、空管等单位及时获取航班信息,一边还要针对众多航班作业任务进行合理分配,同时,还要时刻关注正在机坪进行加油作业的加油员作业安全。加油作业结束,还要确认本次航班的加油量,以及安排下一航班的加油任务。这一连串操作结束,还要做到和机场、空管、航空公司实时的信息数据共享,确保供油保障万无一失。这是一个对眼到、手到、心到要求极高的岗位。这样高强度、需要精神高度集中的职业,不容有任何的失误。当然,中国航油的调度员都是身经百战、训练有素的"战士",用行动做到了绝对保障、万无一失。

智慧加油系统的建设,不仅是中国航油数字化转型的重要一步,更重要的是能为实际生产提供切实有效的帮助,可以最大限度地降低生产人员的工作强度,也能实现效率更高的智慧调度。

智慧加油系统实现信息汇聚与共享,完成了各机场加油保障信息的汇聚以及与民航各单位的数据共享和业务对接。平台实时汇集各机场前端智慧加油系统的动态保障信息、油单信息,并通过客户查询平台向航空公司客户开放共享,系统接入航空公司、机场、空管的航班动态信息、预加油量信息,并回传航空油料保障进度信息、油单信息。数据的共享和互通强化了各关联单位的合作,促进彼此信息化水平的提升,实现互利互赢,共同发展。

调度智慧化的提升,从根本上解决了调度工作中的难题,解决了人力资源损耗且效率水平不高的问题,而且也确实受到了一线员工的好评。

2. 大数据分析

智慧加油系统中还有一个功能是大数据分析,主要是对各机场汇集数据的筛选、抽取、统计、分析等处理,为运行监控、标准制定、保障预警、销售预测、生产经营决策等提供依据。

这项功能首先受益的就是调度,开创性地提出预测性加油。预测性加油并不是猜测,而是根据大数据分析,结合平台的调度信息智慧共享,做出先进、准确的判断,实现科学、可靠的供油作业。除此之外,大数据分析也为运行监控和生产经营提供依据,确保运行安全,决策得当。

2.1.6 对接航空公司

智慧加油系统的开发和建设，中间包含了中国航油领导的关心、信息化主管部门的不懈努力，更重要的是互联网工程师的辛勤付出，共同打造出了智能化、数字化和便捷化的智慧加油系统。系统的建成是智慧航油开启的新起点，下一步重要的工作就是与全国各航空公司进行系统对接，逐步实现航油业务的电子化。下面以中国航油和海南航空系统对接为例，进行详细讲述。

加油员手写油单、机组下机签字确认……一直以来，中国航班的航空油料保障都呈现高劳动强度、低效率的特点。不过，在北京大兴国际机场取得重要进展的智慧航油生态圈有望改变这一局面。这不仅是中国航油一直关注的问题，也是航空公司一直关注的难题。

中国航油在2022年初，积极开展与海南航空的系统业务对接工作。自2月11日系统对接工作开启以来，双方技术专家和工程师积极交流、刻苦钻研开发，在3月25日召开系统上线协调会，再次确定了3月28日上线的时间。在北京首都国际机场，中国航油为海南航空首批投运航班提供加注保障过程中，加油员根据手持智慧终端显示的航班预加油量完成海南航空当日航班的加注任务。

测试当天，早上8点30分加油员开始加油，随着HU7279航班加注完成并在随后将加油数据通过智慧加油系统实时传输至海南航空电子飞行任务书系统，拉开了系统对接测试的序幕，机组在飞机驾驶室即可通过电子飞行包（EFB）将确认信息反馈至加油员智慧终端，整个数据传输过程仅耗时2秒，这大幅缩短了双方作业的时间，也利用科技手段提升了劳动效率。

结合智慧航油系统与海南航空系统对接测试工作要求，中国航油高度重视，派专人现场跟踪保障，根据测试结果，航油智能终端油单打印、手写签字，数据传输至海南航空，机组通过电子飞行包确认油量信息，航油接收确认结果，全过程在3分钟左右，各环节数据链路传输瞬时完成，基本实现了双方实时互联互通。

系统对接测试开端很顺利，但还是有一些小问题出现。在中午11：50，测试工作组人员顶着正午阳光，坚守在机坪，全力保障海南航空系统测试万无一失。中午12：27，加油员完成对HU7182航班的加注作业任务，在使用智能终端进行操作时，后台迟迟收不到预加油量的反馈消息，现场人员马上开展核对，经调查发现此航班海南航空机组人员未更新自持电子飞行任务书软件版本，所以就是流程逻辑中出现了断档，导致本次加油油单确认工作无法继续，在得到系统后台可通过人工确认完成此类订单后，机组人员方才安心离去。现场保障人员也捏了一把汗，毕竟航班加注的油量是很大一笔数量，中国航油作为专营航空煤油的中央企业，有责任有义务保证国有资产不被破坏和流失。

2.1.7 为民航注入航油智慧

中国航油建设的智慧航油系统，自建设以来，科学调研，深入各地机场了解一线实际需求，结合中国航油发展战略，从最基层的生产一线做起，切实做到了服务一线生产的承诺，实现加油作业的信息化、智能化、数字化。然后，中国航油百尺竿头更进一步，积极探索研究加油模式的进步，加入前端无线操作，为加油员解放了双手，还提高了工作效率，为智慧航油的建设增光添彩。接下来，中国航油全面开展智慧航油系统的建设实践，完善前端加油作业和后台系统运行的"两轮驱动"，获得了国资委、民航局和航油公司员工的一众赞誉，成绩只能是代表过去的一个缩影，它是中国航油下一步研究深度落实智慧民航建设的新起点。中国航油现在已成为智慧航油生态圈中的主要力量，有信心为中国民航的数字化发展提供航油智慧。

2.2　智慧航油云平台系统

2.2.1　业务模式进入"云"模式

智慧航油云平台系统采用实时结算方式，构建产生了"一单一结、自动审验、即时扣款、高度集成"的航空油料自主油款结算模式，从加油作业到支付结算实现了全流程的电子化闭环管理，形成了航空油料销售与结算业务的创新有机融合。与此同时，中国航油还积极与银行对接，开发出了个性化定制的金融方案结算业务模式，为数据高效利用、业务管理精细化、协同发展智能化赋予了全新动能。

业务模式的进步也解决了航油业务结算过程中的一些问题。航空客户主要分为预付款和赊销两类，相关结算业务在系统中完成。预收款客户需要对预收款进行人工减扣操作，存在抵扣不及时，缺乏余额不足报警和通知机制不到位的问题；赊销客户涉及账单开具、递送以及付款流程等环节，存在资金占用量大、结算周期长的问题。中国航油与航空客户之间的对账业务，采用人工方式进行油单、账单核对，效率低下，且容易产生人为差错。

从上面的传统模式可以看出，无论是哪种方式，都存在明显的短板。业务模式进入云模式，在云平台上就大大降低了出现错误的概率，而且也提升了业务部门工作的效率。以西藏为例，在 2021 年 12 月 1 日完成了首笔智慧航油实时结算油款入账。截至上线首日，中国航油西藏公司在拉萨贡嘎机场共保障西藏航空航班 19 架次，智慧航油云平台 19 笔实时结算油款全部自动到账，标志着中国航油智慧航油生态圈建设在雪域高原迈出了关键的一步。众所周知，西藏地处中国西部边陲，且位于青藏雪域高原，智慧航油系统的运行和飞机航空煤油加注、结算都面临着重重的考验，但是，在青藏高原上的云平台做到了实时结算，没有一丝误差，且结算效率达到实时到账，充分证明了智慧航油系统有能力、有保障将中国航油业务开展进入云模式（如图 2-3 所示）。

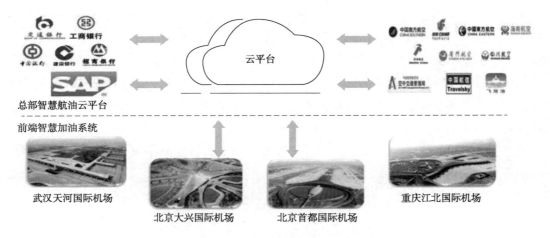

图 2-3 智慧航油云平台示意

1. 智慧结算运行模式

目前，中国航油已经与 5 家银行完成对接，与南方航空在内的 13 家航空公司积极对接电子油单智能结算，未来计划实现全国银行和航空公司的紧密合作。其中实时结算模式从飞机加油结束到油款到账前后不到 20 秒，以往结算周期约为 2 周，实现了结算业务质的转变。随着系统的推广，更多航空公司希望与中国航油开展智能化结算业务。

智慧航油系统已经与部分航空公司实现了互联互通，中国航油从航空公司实时接入航班预加油量信息，并向航空公司实时推送航班加油保障进度和电子油单数据。例如，智慧加油云平台与南方航空航油 E 云系统实时对接实现了双方数据共享，此举进一步提高了该航空公司获取加油数据的实时性以及航空油料成本分析的准确性，同时预加油量的接入，为中国航油提前安排加油，优化资源调配提供了可靠支持。

2. 模式创新推动业财一体化

（1）业财一体化

智慧航油系统通过科学规划，分步实施，历经 4 年持续建设，完成了全国 50 个干线机场、199 个支线机场、61 个通用机场业务覆盖，300 余个生产运行专网节点的接入，1300 多辆加油车智能化改装。初步完成全国数据中心建设，实现了航油公司统一的销售结算与客户服务，建立连接银行、航空公司等单位的数据共享，形成航油公司业财一体化业务新态势。

（2）如何实现"业财一体化"

中国航油的云平台智慧结算方式填补了中国航油从生产到销售结算业务智能化、数字化建设的洼地，为中国航油业财一体化及数字化运营奠定坚实基础。

在中国航油传统的业务流程中，生产单元就是负责航油加注，销售结算单元就是根据加油数据和金额，通过人工核对结算工作。两者中间就是独立的孤岛。云平台更像是一座连接南北的大桥，将生产到结算的环节联系在一起，实现智慧化，减少错误概率，提升作业效率，而且将整体业务置于一张网下，形成智慧航油系统。

中国航油首先在上级公司建立统一云平台。以资源整合信息系统为中心，融合上级公司的统一工作信息平台，打破信息孤岛。然后实现系统信息资源共享。系统信息主要分为四大类：基础信息（组织结构、产品、供应商、客户、人员、权限等）、业务财务数据信息（订单、财务信息等）、各类数据分析评价与决策信息和企业外部信息。这些信息汇总成为一个大数据，是企业经营管理的基础和核心资源，通过统一的智慧航油云平台，将这些信息进行集中管理，一方面，可以实现信息资源的共享和监控（查询、异常监控）；另一方面，由于基础信息是统一集中的，所以保证了数据的可比性、一致性，从而实现系统信息资源共享。然后利用云平台实现业务和财务流程协同。在云平台中，通过系统的模式化功能，设置了各类业务的管理流程和财务处理规则及控制规则，实现了公司内外部多部门、不同业务、不同岗位的流程化的工作管理关系，同时也达到了业务上实时管理和财务上的实时监控管理。最后云平台设置了风险评价指标，建立风险预算机制。通过选择财务和非财务指标，在信息系统中建立一套风险预警机制，在公司的运营过程中对业务和财务进行实时监控，通过预警系统实时提供风险和预警报告，为管理者和决策者的风险管理提供支持。透过数据看本质、找问题、降风险是财务风险控制的重要工作。真正实现基于云平台的"业务、财务一体化"来提高企业整体的运作规范、效率和降低风险的能力。

智慧航油系统满足中国航油业务发展需要和信息化工程建设需要，并得到航空公司客户的充分认可。系统上线运行后，充分提高了企业服务质量和管理水平，有效提升了中国航油的核心竞争力和企业形象。

云平台深耕现场，服务基层，切实改善员工的工作模式，减轻员工工作强度和压力，得到基层单位的一致肯定，深刻体现了中国航油"公司强大，员工幸福"的企业文化，实现了航空公司、机场、空管局等单位的互联互通，助推各民航单位信息化协同发展。

智慧航油系统符合"四型机场"建设需要、服务于"智慧机场"建设，为航空公司、机场、空管局等单位提供数据和信息共享，为搭建"民航+"生态圈建立底层智慧支持，"无纸化"生产作业，既提升工作效率又为建设"绿色机场"做贡献。

2.2.3 客户服务模式的改变

航空客户是中国航油重要的战略资源和业务资产，只有充分把握客户需求，才能不断完善中国航油保障服务水平，提升客户服务质量。中国航油的智慧航油系统建立了客户需求预测机制，促进服务各环节无缝对接客户需求。

1. 传统的客户服务模式

中国航油传统的客户服务模式，就是单一的机械加油，人工核对，统一结算的方式。这样不仅效率不高，而且针对特殊情况的客户无法灵活处理突发问题，这样就容易产生商务沟通中的分歧，也会影响公司正常结算的进程。

信息化促进了贸易自由和市场自由。中国航油面对整个全球市场，竞争依然激烈，这样企业与客户、供应商、合作伙伴的关系，就成为与产品、服务同等重要的因素，企业必须重新调整其整体资源的流动，完善其与客户、供应商、合作伙伴间的联系，为客户提供更好、更及时的产品和服务，才能适应风云变幻的数字化经济。

中国航油积极思考变革，以信息化技术为抓手，数字化转型为契机，结合中国航油现有的客户服务模式，展开了智慧航油系统云平台的开发研究，最终收获颇丰。

2. 智慧航油客户服务模式

以云计算、物联网、大数据、人工智能、互联网为特征的新一代信息技术高速发展，给传统行业带来了新的挑战和发展机遇。国务院先后出台了《关于积极推进"互联网+"行动的指导意见》《国家信息化发展战略纲要》等相关文件，促进传统企业信息化、工业化"两化融合"，推动企业从传统发展方式向数字化发展转型。国资委更是通过制定政策，召开研讨会、论坛等形式大力推动国企数字化改革。2020年8月21日，国资委发布了《关于加快推进国有企业数字化转型工作的通知》，就推动国有企业数字化转型做出全面部署。

在当前技术条件和政策背景下，中国航油积极响应国家及国资委号召，着手建设智慧航油系统，改变基层单位在加油作业与结算过程中，由于传统的对讲、电话、手工填写和记录等工作方式以及基于纸质油单结算造成的劳动强度大、工作效率偏低等低效能现象，实现航空油料加注业务"标准化、电子化、可视化、自动化、数字化、智能化"，以实际行动践行数字化转型，促进中国航油高质量发展。

中国航油智慧航油系统在前端实现智能调度，合理配置人力资源，降低员工工作强度，提升工作效率，为航空公司客户提供高质量服务；在后台实现电子化、智能化结算，缩短结算周期，加快资金回流，降低企业应收账款风险，为航空公司客户提供多种结算方案，且通过云平台进行一系列操作，降低风险，提升服务，加强沟通。

智慧航油云平台负责汇聚前端加油保障信息，同产业内各单位进行数据共享和业务对接。平台创新融合航空公司、银行资源，实现基于电子油单的自动结算支付业务，加速资金流转速度，开创各方共赢的发展模式。另外，通过数据资产的沉淀转化，为生产运行监控、标准制定、保障预警、销售预测、生产经营决策等提供依据。

系统实现在线客户服务，支持航空公司在线签约、下单、支付等业务，大大减少沟通记录成本，加快信息流转，提升服务效率，实现与SAP、航空公司、银行等的自动化实时化对接，完成业务数据与财务数据的有效衔接转化，推动上下游业务数字化运行。每天通过系统完成11000多份电子油单的采集、在线确认与结算支付。以北京大兴国际机场南方航空在线签单与电子结算为例，2020年10月实现了在线电子签单闭环运行，2021年5月实现电子化、自动化结算。截至2020年10月底，共向南方航空推送电子加油单7000余份，涉及加油量5.83万吨。以此为例，充分证明了中国航油智慧航油系统不仅提升了航油业务能力，也为中国航油客户服务模式的转变提供了强有力支撑。

下一步，中国航油将进一步提升数字化平台对业务提升的能力，将数字化业务向更深更广方向推进。对积累数据进行深度挖掘分析，以数字赋能，为中国航油与航空公司经营决策提供进一步智能化支持；进一步拓展航空公司客户，实现全面电子化、自动化结算；全面打通产业链上下游，将系统向炼厂、配送等企业延伸，实现全链条企业数字化协同；促进行业生态的标准进一步形成，引领世界民航业航油管理新变革。

2.2.4 智慧航油系统发展构想

1. 多种新技术的应用

智慧航油系统使用物联网技术构建智慧化车载系统，将加油车、加油设备、移动终端、警示灯以及后台系统紧密连接，有机运行和控制；使用智能算法进行任务智能派发，进一步优化资源配置；使用北斗定位实现加油车实时监控，实现无人、少人作业；使用银企直联、在线支付技术实现油款结算与自动对账。

2. 生产作业与结算方式的创新变革

智慧航油系统以电子化、自动化、智能化的手段改变了手写油单、人工录入等传统生产作业模式，实现了数据自动采集上传、油单自动生成的"无纸化"创新变革。从根本上改变了中国航油的飞机加油结算方式，将手工开具账单、手动汇款，以及手工核销油单结算款的结算模式转变为以电子化、自动化为特征的自动开具账单、自动扣款、自动核销和对账的结算模式，大幅提升了中国航油飞机加油结算的高效性、准确性、及时性，降低了加油结算的人工成本和时间成本。

2.3 智慧油库系统

2.3.1 传统航油油库运行模式

油库是储存航空油料等危化品的重要环节，油库安全不容小觑。目前国内的很多油库还是实行传统化的运行方式，工作效率和安全水平都比较低，当然，技术也在不断进步，近年来中国航油油库建设也逐渐从人工操作走向机械化、自动化操作。这都得益于自动化控制系统的进步。那么传统的航空煤油库是干什么的？

这里可以用一滴油的旅程进行讲述。航空煤油是区别于石油的一种烃化物。首先经过炼厂的炼化，通过公路、铁路、管道和船舶等运输方式来到中国航油，现在油库来油主要以铁路和管道为主。先说铁路运输，通过铁路专线到达油库卸油站，经过人工计量和化验，经管道进入储油罐，在这个过程中就已经消耗了大量人力和时间，且效率一般。管输来油，通过石化公司与中国航油所在机场的管线，输送至油罐，中间依然是经过了人工的大量操作。进入油库后，油库人员利用自动化控制系统的相关功能，控制油料的储存和使用，而且航空煤油属于含有有害气体的危化品，长期人工操作，会产生无法估量的危害。尤其是油库的计量和化验人员，他们是要面对面接触航空煤油的，以高度的责任感和使命感完成每滴油的使命，确保航空煤油安全、高效地保障给全球航空客户。

那么，问题就又来了。在信息化技术和数字化发展的今天，我们应该如何利用现有技术，降低劳动风险，高效、安全实现油库的运行呢？随着云计算、大数据、物联网和人工智能等技术的发展，油库的智慧化成为今后能源储运行业发展的主题之一。近年来，中国航油逐步开始重视智慧化油库的建设，从多方面对智慧化油库的建设进行探索，一些油库也已经进行了智慧化改造。在人工智能大力发展的背景下，传统油库向智慧化油库方向发展，已然成为必然趋势。

随着国民经济迅速发展，中国稳步迈向全方位民航强国，中国航油的建设的速度和规模也在不断加快和扩大，油库科学合理运行管控是航空运行的关键和保障，油库运行和监督有必要也有需要走向规范化、程序化、智慧化管理模式，如何以油库运行和监管为首要目标，以智慧化数据整合为核心，实现对油库的实时监管、互联互通、统筹规划。

2.3.2 油库设备管理的思考

众所周知，一个油库中包含了各种各样的设备，小到一颗螺丝钉，大到一个储油罐，中间还包含了各种流量计、液位计、压力泵和其他仪表。这些设备分布在油库的每个角落，每天都为油库的安全运行，提供自己的能量。

传统的设备管理，就是油库内的设备维护人员，一步一步丈量着脚下的土地，一次又一次的人工排查和修复；设备管理方面，就是人工填写表单、台账等对设备进行记录和管理。一次两次可以完成，长年累月下来无疑是一笔巨大的损耗。

所以油库设备的精细化和数字化管理，成为中国航油信息化人员不断思索的问题，也是一线员工翘首以盼亟待解决的难题。所谓智慧化管理，就是利用先进的技术，尽可能地帮助一线生产单位解决生产过程中的强度大、效率低的问题。中国航油秉承保障国家航油供应安全的使命，积极探索油库智慧化的建设，深入开展调研，了解基层单位的需求，结合现有的技术，积极开展智慧油库的建设。

智慧油库的建设，对设备管理提出新的概念。从设备的出入库管理方面，创新性地建设了系统建立设备数据库，让每一件设备装上属于自己的"身份证"，这一项举措不仅针对现有新进设备，而且对于已在生产中使用的设备，也可以实现。为其生成自身的条码，利用现在的扫码技术，实现高效、智能和安全出入库，仅这一项创新，能为油库员工节省大量时间，还可以大幅提升效率，还可以减少设备管理中的误差。

2.3.3 智慧油库新征程

真正实现智慧油库的建设是道阻且长的过程。上述的传统油库运行中的问题只是众多难题中一个缩影。中国航油发挥优良传统，不懈探索，已开辟出一条具有航油特色的智慧建设路线。中国航油智慧油库结合油库建设的重点、油库管理的痛点和先进技术的发力点，已研究出一整套融合自控系统运行和油库常态化管理的集中管理系统。拓展以（中国航油）集中监管、各区域分公司分区监督管制的先进监督管理理念和提高油库运行管理水平是急需解决的问题和重点，通过对油库运行和监管实施以信息化和科学技术手段为导向的管理模式和管理方法，构建标准化、智慧化油库管控系统是运用科技创新提升中国航油建设事业油库监督管理水平之根本所在。该系统让油库建设、管理从一滴航油进入油库开始，就进入智慧化轨道，实现航空油料从收、储、发、加全业务流程、全要素管理的智能化操作，必将成为中国航油智慧航油生态文化中必不可少的一环，让油库从机械的储运部门变为安全、科学的智慧运行部门，让传统的人工操作变成电脑智能运行，为中国航油成为能源运输保障行业数字化先锋赋能。

1. 智慧油库

智慧油库是以油料存储和油库管理需求为牵引进行整体设计，同步建设自动控制系统和安全管理系统的集成以及信息管理系统，对于新上的自动控制系统和安全管理系统统一接口标准，规范数据结构，逐步实现信息采集自动化、信息传输网络化、油库资源可视化、调运保障精确化、安全管理智能化。对于油库已运行的原有自动控制系统和安全管理系统，应尽量采用数据集成或设备集成方式，保护原有投资，不改变底层系统运行模式。通过信息网络，实时准确地上传和下达油料及安全管理信息，为各级部门进行油料储存及安全管理决策提供基础信息支持。

覆盖了已建有信息化项目的各个储备油库，以及储备油库上级管理单位。满足油库日常管理要求，适应油库信息化建设发展需要；满足中国航油等各级机关的日常业务管理，其对油库储备、调运能力、建设与管理情况等信息的查询、统计和分析（如图2-4所示）。

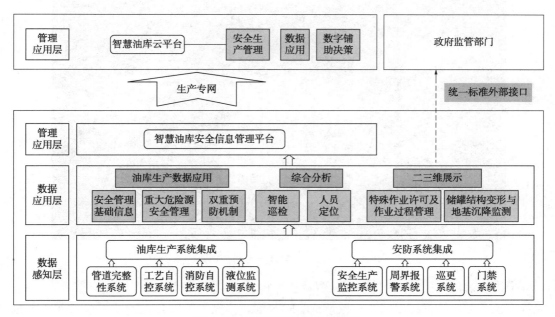

图2-4 智慧油库总体技术架构

为实现系统总体目标，系统设计应围绕实现提高油库综合运营能力、科学管理水平和作业自动化水平，建立一个完整的集油库作业自动化、安全管理网络化、信息可视化的油库综合信息化系统。智慧油库集中管理平台遵循以下原则。

1）先进性：系统设计采用先进的技术和设备，实现系统总体性能的先进性。

2）标准化和一体化：系统设计遵循统一标准、统一规范、统一接口，真正意义上实现统一标准建设，无缝对接各类数据来源。

3）安全性：在系统的设计中，智慧油库遵循网络安全防护要求，严格做到防护和隔离，确保网络安全和数据安全。

4）兼容性和开放性：系统提供良好的兼容性，具有良好的开放性，充分保护原有投资，实现系统与原有系统的融合。

5）实用可靠、易维护性：立足于解决油库迫切需要解决的实际问题，在考虑技术、设备先进的同时，尽可能选用成熟技术，达到操作维护简便、性能稳定、运行可靠。

2. 智慧油库运行

中国航油是亚洲最大的航油供应商，也是世界一流航油公司之一，作为航空运行链条中基础的关键环节，是确保航班正常飞行不可或缺的重要组成部分。随着国民经济迅速发展，中国稳步迈向全方位民航强国，中国航油建设的速度和规模也在不断加快和扩大，油库科学合理运行、管控是航空运行的关键和保障，油库运行和监督有必要也有需要走向规范化、程序化、智慧化管理模式，如何以油库运行和监管为首要目标，以智慧化数据整合为核心，实现对油库的实时监管、互联互通、统筹规划。通过对油库运行和监管实施以信息化和科技手段为导向的管理模式和管理方法，构建标准化、智慧化油库管控系统，运用科技创新提升中国航油油库监督管理水平（如图 2-5 所示）。

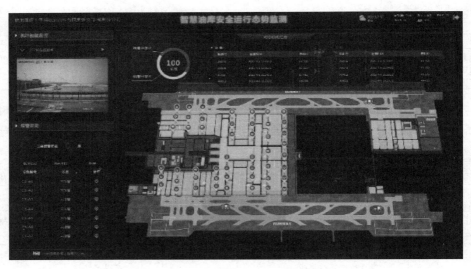

图 2-5 智慧油库态势监测

中国航油创新使用 5G 技术加入智慧油库移动端，以油库工作人员工作需求为中心，系统提供工艺自控系统、消防自控系统实时数据，提供相关设备查询获取设备实时数据展示，能够实现设备报警实时提醒功能，包括库区报警按钮报警、可燃气体报警、储罐液位报警、设备故障报警等。提升油库工作人员的使用便捷性，助力"中国航油智慧油库"信息化智能化提升。

移动端应用的使用，一方面提升了安全生产的安全性，另一方面也为油库的管理工作提升了效率，与此同时，也降低了员工的劳动强度。

中国航油智慧油库移动端是对当前油库标准化自控系统的扩展，油库管理人员、操作人员可以在任何时间、任何地点参与油库管理、运行操作，可以通过 Web 浏览器随时随地地查看实时运行数据，可以实现远程操控现场设备。一种可移动工作方式，无论你在哪里，都可以管理你的程序。具备实时性，不论 SCADA 的历史，还是实时数据都可以随时查到实现发布动态流程图，历史数据和报警事件等 SCADA 的所有功能。随着 5G 技术的普及，智慧油库系统成为电脑端总体控制，移动端灵活处置的内外兼修的综合管理平台。

移动终端可以使用装有支持 HTML5 的 Web 浏览器的设备与 SCADA 应用程序进行访问和交互；终端设备上不需要安装、配置、更新或者补丁任何软件；在任何 Web 中都保持始终如一的外观和风格；与其他一些基于网络的应用程序和门户网站都可以无缝集成；包含了 RDP 的压缩和加速的特点，无须进行设备维护。

移动端系统集成标准化自控系统，完全实现油库控制系统功能，在不影响中控室自控系统对各个流程参数配置的前提下，将各大流程的工艺图界面展示在移动端上，并显示工艺图中各参数的实时数值，通过自控系统自身的报警机制，统一平台获取当前参数的不同状态，通过后台的参数数据对接和前台的图形化展示，完成对标准化自控系统的集成。

油库管理人员、操作人员通过移动端系统在任何时间、任何地点查看库区运行状态、设备参数、设备状态、作业状态等。系统分为远程控制和现场手动控制。远程控制分为远程手动控制和远程联锁控制。油罐计量，主要采集现场各油罐液位、温度、密度、质量、体积等数据，实时在线显示各油罐监测数据，并实现必需的数据统计。当然，智慧油库是一个庞大的集中管理系统，它的运行也是一个很完整、复杂的过程，但设计的初衷是让一线工作人员更加智能、便捷地工作。

3. 智慧油库赋能智慧航油生态

智慧航油生态圈的建设，是一个整体的生态系统，是具有中国航油发展特色的生态体系。智慧航油系统已建立起智慧航油生态圈的雏形，也为智慧航油生态搭建起了主体骨架，将航油业务的加注和结算有机融合在一起，众所周知，中国航油的业务不只有加注和结算，生态圈的建立，是包含了航空油料的收、储、发、加油等有机结合，实现全业务链条的动态平衡。

智慧油库正是智慧航油建设中重要的一环，实现油料的智慧储运和管理，确保全流程、全要素的智慧平衡发展，也为新时代航油的数字化发展，提供数智支撑。智慧油库采用的分级管理平台，实现在不同地域、不同规模的集中统一管理，实现总部统一管理、地区协同管控、分公司和供应站的精准管理的点线面立体管理网络，这也为中国航油未来整体的智慧运营提供指导方向。

智慧油库的新征程已经开启，在发展的过程中，经历时代进步的磨砺，涌现出诸多对智慧油库的新探索。从中脱颖而出的就是依托 5G 技术，融入智能平板和智能机器人巡检等智慧操作的智慧油库。

智慧油库既是信息技术高度发展的产物，也是新时代社会发展的需要。建设智慧油库在提高安全管理水平、提高生产运行效率等方面具有重要意义。要实现智慧油库的建设目标，必须先智能再智慧，分阶段实现智慧油库的建设目标。对已建成的油库，可随着设备设施的维修改造，统一各系统间的数据接口，逐步将油库所有系统全部纳入运营监管模块，实现各类数据的互联互通；对新建油库则需要从源头树立智慧建库的原则，因为智慧油库建设是今后油库建设的主流方向。

科技创新是企业发展的第一生产力，坚持登高望远，坚持立足中国航油与放眼全国全球相结合，坚持跳出"航油"看"航油"，把研究和编制"十四五"规划与开启下一个中国航油"金色三十年"紧密结合，中国航油组织专门力量，以集中研究包括航空油料价格改革、公司主体地位和科技信息化建设在内的 8 个领域重大问题为突破点，深入谋划全系统重大发展战略、重大改革举措、重大工程项目，为中国航油长远发展谋篇布局。

建设智慧化油库，从根本上说就是搭建一个智能化的运行框架，把油库的运营方式从传统向现代化转变，从而能够降低企业的管理和运营成本，提高工作效率，即达到提质增效、减员降费的目标。智慧化油库更多地融入了物联网、云计算等信息技术，是对油库的作业处理、信息处理、运营监控、安全预警等各种业务的综合性、整体性的信息化。智慧化油库是当今信息技术飞速发展的产物，建设智慧化油库对于提高生产运行效率和安全管理水平等方面具有十分重要的意义。智慧化油库不是靠先进的设备的堆砌而成，它融合了先进的运营管理理念，在满足客户需求的前提下，建立健全管理机制，充分利用智慧化的平台，利用物联网技术，最终能够提高企业的经济效益和品牌效益。

中国航油以"统一系统、统一控制、统一界面"的总体建设目标为宗旨，以"数据标准化、程序组件化、界面模型化"为实施思路，从全过程智能化控制和全方位信息化管理角度覆盖中国航油供油全部业务环节，实现统一平台全公司标准化、统一化，降低供油工程自控系统建设成本，达到航空油料生产安全高效的具体要求。在系统建设方面，与现有的智慧航油系统、ERP 系统相结合，同时在系统集成方面，需要与多个内外部系统无缝对接。为方便部署，系统需要具备良好的扩展能力、快捷的部署能力，并提供标准化的数据接口、通用化的业务模型，以及灵活可配的系统策略。

唯改革者进，唯创新者强。中国航油以提高工作效率为目标，以数字化转型为抓手，将科技创新工作深入一线，深入基层，为推进企业提质增效和持续高质量发展提供强有力的保障。智慧油库系统深入切合民航局"12334"发展战略，重点助力民航局智慧机场的建设方针，为打造平安、绿色、人文、智慧的四型机场贡献力量，以油品储存、输转、加注、安全管理等业务转型为抓手，实现油库业务数字化、智能化、资源可视化的目标，打造"科技航油"，提高中国航油企业整体竞争力，以科技和智慧持续赋能智慧航油生态圈，实现智慧航油科技的闭环管理，同时确保了中国航油生态建设的动态平衡，通过对油库运行和监管实施以信息化和科学技术手段为导向的管理模式和管理方法，构建标准化、智慧化油库管控系统是运用科技创新提升中国航油建设事业油库监督管理水平之根本所在（如图 2-6 所示）。

图 2-6　智慧油库人员定位

2.3.4　智慧库存管理

通过 5G、工业互联网等技术实现航空油料仓储的智能化管理。保障及时准确地掌握库存的真实数据，合理保持和控制企业库存。及时掌握所有库存当前所在位置，有利于提高仓库管理的工作效率。

如何做好库存仓储的科学管理对于能源行业来说一直是一个值得思考的问题。中国航油作为亚洲最大的航油运输和销售商，做好航空煤油这种危化品的仓储智能化管理是安全生产的重中之重。

首先，从航空煤油的储存谈起，航空煤油都是通过管道进入油库油罐，而后根据生产需要，在不同油罐之间转换。可以在油罐上设置智能透视分析装置，通过红外监测，可随时感知油罐的运行情况。其次，要掌握库存的真实数据，借助智能算法，做出数字模型，不仅可以获取当前数据，也能做到趋势分析，实现合理、智能的管理库存。最后，利用人工智能的海量学习能力，对油罐安全和库存情况进行智能统计，实现智慧动态平衡管理，真正意义上实现库存管理的智慧化。

2.3.5　智慧运营的探索

习近平总书记在会见四川航空"中国民航英雄机组"全体成员时强调，安全是民航业的生命线，任何时候任何环节都不能麻痹大意。民航主管部门和有关地方、企业要牢固树立以人民为中心的发展思想，正确处理安全与发展、安全与效益的关系，始终把安全作为头等大事来抓。

中国航油也始终牢记习近平总书记重要讲话精神，并一以贯之，在安全生产上从管理干部到一线职工，始终坚持安全是企业发展的生命线。随着科学技术的进步，为安全生产提供了更多发展方向和思路。

中国航油不断开拓创新，充分利用信息化技术的先进性、可靠性和前瞻性的特点，积极打造新时代数字化转型背景下的智慧运营，确保中国航油在安全生产方面切实实现智慧化的安全运行。智慧运营聚焦于航空油料安全生产方面的应用，主要包括智慧安防、智慧能源、智慧自控、智慧运控。

1. 智慧能源

随着社会经济的高速发展，能源消耗问题日益严峻，《能源发展"十三五"规划》中重点规划部署七大任务，分别是高效智能，着力优化能源系统；节约低碳，推动能源消费革命；多元发展，推动能源供给革命；创新驱动，推动能源技术革命；公平效能，推动能源体制革命；互利共赢，加强能源国际合作；惠民利民，实现能源共享发展。以"互联网+"为手段，以智能化为基础，通过多种能源协同运行的新一代综合能源系统得到了重点关注。

中国航油着力把更多的智慧应用到能源消耗过程中，通过智慧系统分配与使用能源，要利用较少的能源达到相同甚至更大的效果，提高能源的综合利用率。

众所周知，中国航油秉承"飞机飞到哪里，中国航油就加到哪里"的承诺，业务覆盖全国各种规模的民用运输机场，也持有全国很大数量的特种加油车设备，在能源消耗方面是一项很大的输出。中国航油积极思变，结合智慧技术，利用人工智能算法，智能分析车辆状态，监测车辆能源使用情况和排放情况，实现能源使用合理配置，科学提高能源使用率。除此之外，中国航油积极开展电子化设备的开发，逐步实现生产车辆的电动化，用实际行动为国家低碳和绿色民航建设贡献智慧。

2. 智慧自控

智慧自控是在油库自动化控制系统基础上，增加智能仪表等数据采集设备，并通过智慧应用分析生产数据，根据生产实际情况自动调整自控逻辑，保障油库生产安全，提高生产效率。

自动化控制系统是工业发展过程中非常重要的产物，为人工复杂的操作解放了双手，实现了机械自动化。然而历史的车轮一刻不停，自控系统的运行和控制手段也应随着时代变迁，变得更加智能，因此演变出了智慧自控的概念。

自控设备具有设备多样化的特点，这为管理和运行提出了更高的要求。设备设施选购严格按照国家和本行业相关标准、规定进行技术参数等必要的设计计算，做到经济合理、安全可靠和技术先进。例如，选用体积流量计，品牌主要是施耐德、Smith、Rosement 等。

先进油库铁路定量装车、管输入库、消防系统、机泵阀门均能实现远程控制，各类管线压力、温度均可实现在线采集，系统会根据采集数据分析，提示设备是否正常运行，如遇异常情况自动报警提示，系统自控程度高。在这些流程中加入人工智能、大数据分析等技术可有效实现智慧自控的建设。

3. 智慧安防

智慧安防包含智慧视频监控系统，车辆识别系统，电子围栏，人脸识别等，并通过智能数据分析辨别安防风险点，做到主动预防。油库属于安全保卫重地，安防工作是危化品储运行业的重中之重。

中国航油现有的安防系统在行业和国家标准上已是按照安全程度很高的要求建设

的。当然随着云技术、大数据和人工智能算法的发展，中国航油抓住数字化转型发展的重要节点，充分挖掘智慧化安防建设的新起点。

传统方式安防系统中，对于油罐区的安全依靠视频监控和人工巡库来保障油库的安防安全。这种方式效率相对偏低，对一线员工的体力也是极大的消耗。未来发展方向可以依托智能机器人和智能算法，实现足不出户的安全巡检，将为油库的安全加固防护屏障。智能机器人巡检，首要因素是智能机器人技术的进步，当下智能机器人技术的发展已比较成熟，在中石油、中石化等大型石化行业的油库中已得到实践。智能机器人一次充电可实现 7~8 小时的工作续航，按照既有规划路线，可对整个油库设备进行全面的巡回检查，不仅提升了工作效率，增强安全防护能力，而且也能降低一线员工的劳动强度。人工智能算法的使用，在安全保卫层面实现进一步的提升。可通过给智能机器人和现有先进的视频系统加入此项技术，通过人工输入正确流程，经过一定时间的"学习"，实现对油库安全的定义，可以达到对油库人员和设备运行中出现不安全行为的准确辨识，做到实时、准确的判断，确保安防智慧化的实现，进一步提升安防能力的提升。

4. 智慧运控

智慧运控是中国航油智慧航油生态圈建设的又一成果。中国航油致力于打造业务链条的数字化、智慧化等建设，着力建设将加注、储存、运输、销售和安全管理融为一体的智慧运行控制体系，各单位和系统内的部门之间均存在协调量大的问题。因此，必须打破各方界限、整合资源，共同建立一体化的大运行平台，通过联合运行指挥中心解决当前机场面临的运行效率不高和突发事件应对不力等主要问题，以实现机场运行工作中的两个基本目标：提升运行效率，保障航班正常；提高应急能力，确保生产安全。

针对航空运行指挥的两个基本目标，联合运行指挥中心应具备信息枢纽、动态监控、协同决策、统一指挥的基本功能。信息是决策的依据，应加强信息通报、信息共享，确保信息传递准确、及时、完整，为决策提供坚实基础；监控是实时掌握运行状态的有效手段，通过实时监控运行流程及设备系统，动态掌握运行状态，有利于提前防范、有效应对；协同决策是一种集体决策，各单位通过联合会商、协同决策，发挥各自专业优势和集体智慧，进行科学决策；统一指挥是执行决策的有力保障，各单位通过统一指挥、统一行动，最终形成合力，强化执行力度。

机场联合运行指挥着重要解决的，一是正常运行下的效率，二是突发事件的应急能力。因此，有效的指挥应该至少具备这样的特征：信息掌握准确、反应迅速、应对措施全面得力。特别是在雷雨、大雪等特殊天气下的航班运行保障，如何应对应急事件发生时包含的信息汇集、决策生成和指挥执行三个关键阶段是系统规划时需要重点考虑的。

在信息快速、全面、可靠三个要素中，信息全面综合覆盖是最难解决的。由于机场运行指挥涉及机场旅客信息、货物信息、航站楼电子设备运行状态、空管飞行流量管制和气象信息、航空公司航班信息、地服保障信息，那么从信息全面的角度考虑，联合指挥中心必须具备将各部门系统的 IT 信息全面综合接入的能力。综合信息大体上可以分为两类，一类是以各个单位和部门业务系统内的数据库数据为主的结构化数据，另一类是以图片、视频以及一些特殊的雷达、气象的专业图像为主的非结构化数据。由于绝大多数单位或部门的 IT 系统建设都只考虑自身的内部业务需求，较少考虑不同单位或部门之间横向的信息共享和获取，因此，横向的数据整合很难进行，彼此会形成信息孤岛。但是对于大型枢纽机场联合运行指挥 IT 系统的建设而言，这是必须解决的核心问题，否则任何决策和指挥都无从谈起。

中国航油信息化建设紧跟民航发展战略，积极推动全国运控中心建设，以科学决策和信息化手段，实现航油业务的数字化、规范化管理。中国航油统筹规划建设全国运控中心，将中国航油油库控制室、加油站调度室和现场指挥中心功能进行整合，建立起一个整体性的运行控制中心。中国航油采用大型枢纽试点，总部部署上线，全国推进的循序渐进的办法，已在北京大兴国际机场进行研究试点。

目前指挥中心 IT 系统解决结构化数据信息全面覆盖问题的方法有以下几种方式：

（1）从各单位下级系统抽调人力，配置各自系统的终端集中到应急指挥大厅，事件发生时采用远程登录的方式来实时获取信息，也就是人员集中系统不集中。这种方式的弊端，一是信息数据不共享，覆盖范围小；二是远程登录系统在可靠性方面很难保障；三是对于未来多系统横向数据分析提供辅助智能决策的软件无法从数据层支持。这种方式难以满足大型繁忙枢纽机场的运行指挥和危机处置的业务需求。

（2）利用数据库中间件，从不同的业务系统中（例如 AODB、AMDB、RDP、FDP 等）抽取所需的数据，汇总到应急指挥中心进行应用。这种方式原理很清晰，但是复杂度太高。由于数据库中间件和数据库、操作系统强关联，因此对于各种各样的异构系统，也必须用异构的二次开发去加以解决。这种方式的工作量和成本随着覆盖广度的增加会呈指数上升。

（3）共享存储容灾的方式，即将各业务系统以数据容灾的方式在应急指挥中心做统一的关键数据储存。这种方法可以较好地解决异构性问题、方案成熟，对未来业务支撑度高，数据安全性好。需要解决的是管理体制配套的问题。

（4）将结构化数据非结构化，采用高清视频编码器将远端的显示信号同步传送到应急指挥中心进行显示。这种方式部署简单、快速，投入小。不获取数据，但通过远程呈现同步远端的系统桌面。

以上对于结构化数据的信息获取处理方式各有不同的使用阶段或应用情景，在系统设计中应根据机场性质、规模、建设目标年、系统寿命、投资限制等因素综合考虑。几种方式可视情况采用不完全的组合方式以满足不同时期的机场业务需求。通常，对于非关键数据的系统信息可采用远程登录的第一种方式获取；对于机场公司的航站楼旅客离港、安检、航班动态、内部运行管理信息等可利用数据库中间件集成（AODB/AMDB）的第二种方式；对于机场公司外部的系统（如航空公司、空管、油料、公安、联检、相关机场以及集团下属的成员机场等）可采用做统一的关键数据存储共享的第三种方式，当然通过第四种手段进行阶段性的部署，可以作为第三种方式的过渡方案。对于非结构化数据的信息获取，现在通行的方案是通过数字编码器将远端的模拟或数字图像传送过来，根据指挥决策的要求进行集中显示。实际上，随着安防技术的进步，监控和视频资源的联网化、标准化进程的不断发展，以及需求的深入，指挥中心最终将形成一个包括成员机场乃至相关机场在内的全范围的联网、全互通的非结构化资源体系。

只有高度互通的系统，才是快速响应的、高效的系统。应急指挥 IT 系统绝不是一堆 IT 设备的物理堆砌，而一定是基于一个统一的硬件平台架构，通过分层和标准接口上下衔接，实现软件分步建设的业务目标。必然的结论是：越统一的底层平台，越有利于数据共享和业务分阶段建设；越标准的技术和管理架构，越有利于功能的发挥。

架构决定价值，万丈高楼平地起，不管怎么建，从起点开始，就要牢牢地把握住数据信息的共享这一本质。指挥中心 IT 系统，说到底追求的是在业务实现上，不同数据的横向互通、不同通讯手段的横向互通、不同链路的冗余互通。

大型枢纽机场联合指挥中心的规划建设是一个特别需要长远规划的课题，并应注重在规划中的管理制度与技术手段的交织互动。因此，建设中唯一正确可行的做法就是规划在前、远近结合、从简入繁、由浅入深、循序渐进、逐步叠加。

中国航油致力于建设总部一个统一指挥平台，大型枢纽机场建设所在机场的运行控制中心，在北方和南方选择地理位置重要的枢纽城市建立区域性运行指挥中心，实现总部统一调配、地区运行管控、重要节点运行控制的网状运营控制格局，逐步实现中国航油科学、系统和优化的智慧管理网络。

2.4 智慧通航

2.4.1 通航信息化发展

通航涵盖了研发、生产、营销、运营、产业服务及延伸配套等多个领域。同时具有产业链长、辐射面广、产业环节之间关联性强、互为支撑等重要特征。此外，通航领域的第二产业和第三产业非常容易融合，且能够互相带动并广泛融入区域社会经济发展的各个环节。

伴随着我国"互联网+"理念的提出，航油供应是通用航空发展的重要保障基础工作之一，随着国内通用航空服务领域、作业范围和业务规模的不断提升，通航供油信息化建设是营造规范高效有序的市场环境的有力支撑，是促进我国通用航空事业安全、协调、创新发展的关键。

2.4.2 干支通全网联创新服务模式

民航局为贯彻落实《"十四五"民用航空发展规划》，进一步推进国内骨干网、基础网连接，加快构建干支通航线互联、机场互通的高质量国内航线网络，普及通程航班服务，满足新时期航空旅客大众化、便利化出行需求，制定了《民航局创新"干支通，全网联"服务模式实施意见》，为中国航油通航信息化、数字化的深入发展提供理论依据和行动指南。

通用航空油料智能化服务通过"互联网+"的方式，利用信息通信技术以及互联网平台，充分发挥互联网在社会资源配置中的优化和集成作用，为客户提供"线上预约+线下服务"的油料购买配送服务，面向航空燃料保障业务，基于中国航空油料有限责任公司当前的业务模式，通过互联网为外部服务商提供平台，合理调配整合内外资源，将航空燃料销售、配送、结算等业务与互联网有机结合起来，建立"互联网+"航空燃料保障的智能化服务平台，实现更便捷地服务于通航企业客户，降低销售网络的信息流转成本，提高航空燃料保管效率。

1. 以智慧航油为依托全面建设"干支通，全网联"

以智慧航油系统为依托，实现航空客运网的通达顺畅、互联互通和便捷高效，实现航空物流网产业链、供应链和价值链的有机结合，实现通用航空网传统服务升级和新兴服务的拓展。

（一）"干支通、全网联"智慧通用航空建设方向

以智慧航油的科技、业务、数据、生态为着力点，实践"干支通，全网联"。发挥平台优势、网络、硬件优势，打造覆盖干支通的航油运行网络。开展线上业务，拓展干支通业务全面支持能力，提升航空油料保障服务效率和质量，构建数字化业务链条。扩展对接范围，推动与空管局、航班信息服务商的总对总对接共享，推动以航班信息、加油信息为核心的数据共享。拓展生态圈，在持续推动运输航空企业协同互联的基础上，推动通用航空企业的业务协同与数据共享。

（二）智慧通用航空主要建设内容

1）对接民航局"干支通"服务平台：获取支线、通用航空飞行计划及动态，共享支线、通用航空机场航油实时保障数据，共享"干支通"供油分析数据为民航燃油政策制定提供数据支持。

2）积极推进与国内外运输航空企业的总对总对接，实现支线机场供油保障的精准高效，协助实现油量精准化管理。

3）与民航专业公司加强合作获取通用航空 ADS-B 飞行位置数据，丰富支线机场、通用航空机场实施供油保障的态势感知能力。

4）优化面向通用航空客户及驻场用油单位的现场自动化供油保障与运行控制模式；构建通用航空信息发布与推广支撑平台，培养通用航空信息生态。

2. 智慧通用航空发展路线

（1）近期计划

1）实现网络的覆盖延伸，补充部署智慧加油车载设备，完成通用机场的全面接入。

2）拓展与推广在线业务，实现运输航空企业、通用航空企业的一站式业务办理与加油申请。

3）拓展航空公司协同对接，推动支线与通用航空航班信息逐步覆盖。

（2）中期计划

1）接入民航局短途航班运输信息系统，实现支线、通用航空机场航班信息全面自动化。

2）依托智慧航油系统，搭建面向航油配送服务的通用航空运行控制平台，扩展炼

厂、配送公司业务协同与可视化运行监控。

（3）远期计划

建设具有中国航油特色的"一体两翼的干支通服务双循环"，面向运输机场保障和通用航空机场保障提供弹性灵活的保障模式，紧随支线、通用航空机场发展规划，全面支持通用航空短途运输航线保障，无缝支持通用航空机场升级为运输机场。夯实大循环，推进"总对总"数据交换，提升运输机场的通用航空客户保障水平，健全小循环，扩展系统功能，完善支线、通用航空机场弹性化保障能力。

中国航油结合通用航空供油的特点和近年来技术的进步，开展了智慧自助通用航空服务站的探索，这是一个智能、便捷、安全的智慧系统，能够实现对通用航空客户的需求的满足和中国航油通用航空业务水平的提升。

它包含了 11 个子系统和单元，基本已能满足通用航空客户对供油保障的需求。

1）客户管理系统主要功能是实现与通用航空客户的合同建立，业务开展和信誉跟踪，是通用航空客户与中国航油建立合作关系的第一道程序。除此之外，通用航空客户可通过此系统登记维护提油车辆的信息，以及需要保障的通用航空飞机信息的维护，最重要的还有对客户基本信息的备案。

2）订单管理系统的主要功能是对接智慧航油云平台接收通用航空客户的订单信息，并进行派发和管理，实现智能下单和派工。

3）加油站物联网管控主要是对加油站物联网信息收集及远程监控以及日常巡查维护打卡记录，目的是确保系统正常运行和智能加油作业的安全。

4）收发油作业授权主要任务是以人工智能手段完成收发油作业授权与设备复位管控、发油信息传递和利用人工智能手段完成撬装补油计划。撬装作业难度不大，主要难题在于通用航空客户提油较分散。借助人工智能算法，经过一定时间的学习，即可实现与人为操作一样的行为动作，实现效率提高，强度下降的目的。

5）交易结算系统主要是在通用航空供油订单完成后，开具电子发货单并将交易信息上传智慧航油云平台，确认无误后开具电子发票，实现智慧通用航空的交易结算。

6）安防监控系统的主要功能是对现场作业场地开展实时环境监控，电子防护围栏可实现自动报警、远程报警、远程警告、音视频云端储存回放的强大功能。

7）内部资源管理与授权系统主要功能是对分散的通用航空加油点信息维护，用户权限设置和区域管理。

8）各类统计报表主要是实现通用航空业务智慧化发展的数据统计科学化。

9）信息服务包含各类通知、通告的发布、客户答疑、客户投诉与反馈、机器人客服等功能，通用航空供油保障更加强调服务的质量，为确保中国航油通用航空业务智慧化目标的实现。

10）营销活动管理主要包括客户折扣管理和客户积分系统，不断拓展服务，与石油加油站和国际先进加油模式不断深入融合。

11）多终端接入主要是通过 PC、Web 和小程序，拓宽通用航空供油的渠道和丰富宣传媒介。

2.5　智慧运控中心

智慧运控中心是中国航油智慧航油生态圈建设的又一成果。中国航油致力于打造业务链条的数字化、智慧化等建设，着力建设将加注、储存、运输、销售和安全管理融为一体的智慧运行控制体系，各单位和系统内的部门之间均存在协调量大的问题。因此，必须打破各方界限、整合资源，共同建立一体化的大运行平台，通过联合运行指挥中心解决当前机场面临的运行效率不高和突发事件应对不力等主要问题，以实现机场运行工作中的两个基本目标：提升运行效率，保障航班正常；提高应急能力，确保生产安全。

针对航空运行指挥的两个基本目标，联合运行指挥中心应具备信息枢纽、动态监控、协同决策、统一指挥的基本功能。信息是决策的依据，应加强信息通报、信息共享，确保信息传递准确、及时、完整，为决策提供坚实基础；监控是实时掌握运行状态的有效手段，通过实时监控运行流程及设备系统，动态掌握运行状态，有利于提前防范、有效应对；协同决策是一种集体决策，各单位通过联合会商、协同决策，发挥各自专业优势和集体智慧，进行科学决策；统一指挥是执行决策的有力保障，各单位通过统一指挥、统一行动，最终形成合力，强化执行力度。

机场联合运行指挥着重要解决的，一是正常运行下的效率，二是突发事件的应急能力。因此，有效的指挥应该至少具备这样的特征：信息掌握准确、反应迅速、应对措施全面得力。特别是在雷雨、大雪等特殊天气下的航班运行保障，如何应对应急事件发生时包含的信息汇集、决策生成和指挥执行三个关键阶段是系统规划时需要重点考虑的。

在信息快速、全面、可靠三个要素中，信息全面综合覆盖是最难解决的。由于机场运行指挥涉及机场旅客信息、货物信息、航站楼电子设备运行状态、空管飞行流量管制和气象信息、航空公司航班信息、地服保障信息，那么从信息全面的角度考虑，联合指挥中心必须具备将各部门系统的 IT 信息全面综合接入的能力。综合信息大体上可以分为两类，一类是以各个单位和部门业务系统内的数据库数据为主的结构化数据，另一类是以图片、视频以及一些特殊的雷达、气象的专业图像为主的非结构化数据。由于绝大多数单位或部门的 IT 系统建设都只考虑自身的内部业务需求，较少考虑不同单位或部门之间横向的信息共享和获取，因此，横向的数据整合很难进行，彼此均会形成信息孤岛。但是对于大型枢纽机场联合运行指挥 IT 系统的建设而言，这是必须解决的核心问题，否则任何决策和指挥都无从谈起。

中国航油信息化建设紧跟民航发展战略，积极推动全国运控中心建设，以科学决策和信息化手段，实现航油业务的数字化、规范化管理。中国航油统筹规划建设全国运控中心，将中国航油油库控制室、加油站调度室和现场指挥中心功能进行整合，建立起一个整体性的运行控制中心。中国航油采用大型枢纽试点，总部部署上线，全国推进的循序渐进的办法，已在北京大兴国际机场进行研究试点。

目前指挥中心 IT 系统解决结构化数据信息全面覆盖问题的方法有以下几种方式：

1) 从各单位下级系统抽调人力，配置各自系统的终端集中到应急指挥大厅，事件发生时采用远程登录的方式来实时获取信息，也就是人员集中系统不集中。这种方式的弊端，一是信息数据不共享，覆盖范围小；二是远程登录系统在可靠性方面很难保障；三是对于未来多系统横向数据分析提供辅助智能决策的软件无法从数据层支持。这种方式难以满足大型繁忙枢纽机场的运行指挥和危机处置的业务需求。

2）利用数据库中间件，从不同的业务系统中（例如 AODB、AMDB、RDP、FDP 等）抽取所需的数据，汇总到应急指挥中心进行应用。这种方式原理很清晰，但是复杂度太高。由于数据库中间件和数据库、操作系统强关联，因此对于各种各样的异构系统，也必须用异构的二次开发去加以解决。这种方式的工作量和成本随着覆盖广度的增加会呈指数上升趋势。

3）共享存储容灾的方式，即将各业务系统以数据容灾的方式在应急指挥中心做统一的关键数据储存。这种方法可以较好地解决异构性问题，方案成熟，对未来业务支撑度高，数据安全性好。需要解决的是管理体制配套的问题。

4）将结构化数据非结构化，采用高清视频编码器将远端的显示信号同步传送到应急指挥中心进行显示。这种方式部署简单、快速，投入小。不获取数据，但通过远程呈现同步远端的系统桌面。

以上对于结构化数据的信息获取处理方式各有不同的使用阶段或应用情景，在系统设计中应根据机场性质、规模、建设目标年、系统寿命、投资限制等因素综合考虑。几种方式可视情况采用不同的组合方式以满足不同时期的机场业务需求。通常，对于非关键数据的系统信息可采用远程登录的第一种方式获取；对于机场公司的航站楼旅客离港、安检、航班动态、内部运行管理信息等可利用数据库中间件集成（AODB/AMDB）的第二种方式；对于机场公司外部的系统（如航空公司、空管、油料、公安、联检、相关机场以及集团下属的成员机场等）可采用做统一的关键数据存储共享的第三种方式，当然，通过第四种方式进行阶段性的部署，可以作为第三种方式的过渡方案。对于非结构化数据的信息获取，现在通行的方案是通过数字编码器将远端的模拟或数字图像传送过来，根据指挥决策的要求进行集中显示。实际上，随着安防技术的进步，监控和视频资源的联网化、标准化进程的不断发展，以及需求的深入，指挥中心最终将形成一个包括成员机场乃至相关机场在内的全范围的联网、全互通的非结构化资源体系。

只有高度互通的系统，才是快速响应的、高效的系统。应急指挥 IT 系统绝不是一堆 IT 设备的物理堆砌，而一定是基于一个统一的硬件平台架构，通过分层和标准接口上下衔接，实现软件分步建设的业务目标。必然的结论是：越统一的底层平台，越有利于数据共享和业务分阶段建设；越标准的技术和管理架构，越有利于功能的发挥。

架构决定价值。万丈高楼平地起，从起点开始，就要牢牢地把握住数据信息的共享这一本质。指挥中心 IT 系统，说到底追求的是在业务实现上不同数据的横向互通、不同通信手段的横向互通、不同链路的冗余互通。

大型枢纽机场联合指挥中心的规划建设是一个特别需要长远规划的课题，并应注重在规划中的管理制度与技术手段的交织互动。因此，建设中唯一正确可行的做法就是规划在前、远近结合、从简入繁、由浅入深、循序渐进、逐步叠加。

中国航油致力于建设总部一个统一的指挥平台，大型枢纽机场建设所在机场的运行控制中心，在北方和南方选择地理位置重要的枢纽城市建立区域性运行指挥中心，实现总部统一调配、地区运行管控、重要节点运行控制的网状运营控制格局，逐步实现中国航油科学、系统和优化的智慧管理网络。

2.6 智慧航油管理

2.6.1 智慧安全管理

近年来，随着物联网、大数据、云计算、人工智能、虚拟现实等新兴信息技术的产生、创新和融合发展，社会建设的变革和创新也面临着新的机遇。2017年7月8日，由国务院印发的《新一代人工智能发展规划》对我国新人工智能发展的总体思路、战略目标和主要任务、保障措施进行了系统的规划和部署，提出人工智能会提高社会治理的能力和水平，具有维护社会稳定的作用。在大数据智能技术快速发展及广泛应用的背景下，中国航油安全管理正朝着智能化的方向发展，"智慧安全管理"不仅是"智慧航油"建设的子系统，也是中国航油安全管理改革和发展的大趋势。

1. 智慧安全管理的含义

"智慧安全管理"是智慧航油重要部分和有机组成。近年来，虽然学者对智慧安全管理的研究不多，但是有不少学者对智慧管理提出了不同的见解，主要表现在是将"智慧"作为管理的手段还是管理的对象，即"智慧管理"和"管理智慧"。中国航油认为智慧管理通过智慧管理云平台对外界需求进行智能处理，实现智能决策，提高智能化水平。这是将智慧作为管理的手段和方法，实现管理的智能化，如"智慧城市""智慧校园""智慧警务"等都是运用信息技术作为管理的手段。通过对智慧的资源、能力和运用等的管理，提高智慧在决策管理中的作用。这是将智慧作为管理的对象，通过对智慧的管理来提升智慧使用的效能。

在前人研究的基础上，结合中国航油安全管理的特点及安全管理发展的趋势，认为"智慧安全管理"是对物联网、大数据、云计算、人工智能等先进信息技术进行综合应用，实现管理信息的共享、管理机构的整合，构建智能、人性化、具有效能的管理应用体系，使航油安全管理与服务更加信息化、现代化和智能化。

2. 智慧安全管理的特征

1) 智能化。智慧安全管理是以智能化为标志，为安全管理提供准确、快捷的信息参考。与传统的依靠经验的安全管理相比，智能安全管理更加依靠科技，利用物联网、互联网、大数据、人工智能等信息技术为依托。管理者通过信息技术比依靠经验获取的信息要更加便捷和准确，运用新技术可大大提高风险防控的精准性。

2) 开放性。智慧安全管理是以大数据开放共享、创新驱动的思维模式为核心，打破了传统封闭的安全管理结构和运行机制，建立动态的数据采集机制、普适的数据共享机制、高效的数据整合机制、深度的数据分析机制等先进的管理理念。数据资源作为越用越增值的非消耗性资源，只有高度开放共享，才能实现价值最大化。

3）效能性。智慧安全管理是对中国航油安全管理模式的一次变革，通过对管理资源整合、管理流程变革、管理成本降低，实现管理效能的最优。对安全管理的智能化变革，实质上是推动中国航油安全管理模式由人力密集型向科技密集型、由数量规模密集型向质量效能型转变，在以信息技术为核心的高新技术支撑下，构建以"精准的风险防控、科学的指挥决策、迅速的行动处置、有效的治理恢复"为目标的安全管理模式，实现安全管理的"小成本，大效能"。

4）人性化。智慧安全管理是以"一切为了安全"为导向，围绕员工安全的需要，提供更贴心的人性化安全服务。例如，推出智能办公平台，精准地向员工传递安全信息培训；推出智能安全培训平台，构建包含智能学习、交互式学习的新型教育体系，提供精准推送的安全知识服务。通过安全管理的智能化建设，向员工提供更加便捷、个性的服务，促进安全管理由"管制型"向"服务型"转变。

2.6.2 智慧财务管理

随着互联网经济迅猛发展，大数据、人工智能等新技术不断创新应用，利率市场化全面推行，金融企业正面临前所未有的深刻变革。在这样的大背景下，银行业也正在全力破局，探索未来银行的蜕变之路。为了满足未来银行转型的管理要求，智慧财务体系应运而生。

新冠肺炎疫情期间，银行业面临了更多严峻考验。如贷款业务规模缩水，存款期限结构向长期转移，资产收益率降低，利差收窄，不良资产率上升等。这对银行家们精准经营分析、快速决策响应提出了更多挑战和更高要求。

因为上述外部环境的剧烈变化，金融企业开始寻求财务管理转型的方向，主要体现在：财务组织如何设计、财务模式如何选择、如何运用金融科技为财务体系赋能等。因此，想要在未来的市场中取得竞争优势，金融企业的财务部门必须深刻理解如何通过智慧财务体系的搭建来支撑未来的数字化变革。

在未来，财务的"智慧"体现在采用最新的自动化与分析技术为财务部门提供关键见解，指引业务决策，引领创新，主要体现在五个层面：业财融合、前瞻分析、高自动化、精准预测、人才创新。

第一，智慧财务将模糊财务与其他业务职能间的边界，使组织间的运营模式更加敏捷。财务将通过运营模式转型，推动与业务部门的合作，使财务组织更多地扮演业务伙伴的角色，参与业务决策，促进业财间的融合。智慧财务将不再局限于企业中后台的定位，而是能够直接在前台给业务团队提供及时有效的支援，缩小信息差和缩短时间差。

第二，智慧财务更强调财务对于分析与见解的预测性和规范性。财务分析将不再是简单地衡量过去已发生的业绩，而是应该能够提供前瞻性的预测，基于价值管理和盈利管理，指引业务决策，提升解决问题的速度、准确性和有效性，协助提升企业价值。在一定情况下，智慧财务还应当摆脱过往业绩的桎梏，大胆展望未来、勇于创新，为企业新业务、新模式提供可量化的预测分析架构。

第三，自动化也是智慧财务关注的重要主题。通过夯实数据基础，实现从业务发生到财务分析的全流程数据管理自动化，一方面可以减少冗余的人力成本，另一方面也可以让具备专业知识的财务人员从烦琐的低价值交易流程活动中解放出来，逆转知识结构，从而更加专注于高附加值的战略活动上，提升人均产出，使财务人员能以更快的速度为企业增值。与此同时，高自动化降低了关键人风险，标准化的自动流程处理避免了因员工个人习惯不同或人员流动而带来的磨合期。

第四，智慧财务将会更加关注资源配置的精准预测。财务将基于大数据、人工智能、BI 等工具和技术的应用，通过更好的数据收集、数据管理和数据应用，对企业的投入产出进行动态预测，实现对于企业资本的动态配置、动态管理，支持资源配置在核心领域和新兴领域间实现平衡，在收益与风险间实现平衡，从而做到企业整体效益最大化。鉴往知来，通过搭建财务预测模型并不断提高模型的精确度，智慧财务能帮助管理层从更高更远的角度展望企业未来发展方向。

第五，财务人员也会在智慧财务的浪潮中迎来前所未有的转型。财务人员将围绕"专家型财务、业务型财务以及操作型财务"的三级财务模式进行技能转型。对人才吸引、人才培养和人才保留采取不同策略，从而确保财务部门能够在未来获得所需的复合型人才。智慧财务需要提前计划并储备稀缺技能人才，预测劳动力如何随着时间的推移而发展，而不是被动地招聘人才以应对需求。成功执行未来的财务计划需要应用多种技能，但这些技能很少都存在于同一个人身上。因此，组建跨职能团队，将具有不同专精专长的个人搭配在团队中，也是未来队伍搭建的趋势。

2.6.3 智慧审计管理

智慧审计是传统审计、数据化审计的高级阶段，主要是利用大数据、人工智能、云计算等新兴技术实现审计作业方式与价值输出模式的再造和升级。

为什么会出现智慧审计呢？因为随着大数据时代的到来，传统审计方法已经不能满足审计的需要，尤其是在面对海量数据时，只能望而却步。

传统审计主要有以下几个痛点：

1）存在机械式查错纠弊倾向。

海量经济信息搜寻、挖掘与分析能力较弱，对价值链全业务、全流程、主节点的把控不佳，过于侧重财务收支审计，对企业价值贡献十分有限。

2）内部审计质量与效率失衡。

数据要素驱动不足，滞后效应明显，"咨询"价值体现不充分，内部审计与客观数据的"二元"分置，造成了内审工作低效。

3）内部审计成本持续增加。

现审计工作过多依赖人工，对内部审计工作亦存在边际递减效应，造成内部审计成本不断增加；激增的经济业务面前，人工审计出错率高、效率低而成本难以下降。

4）风险管理建设有待完善。

巨量信息在很大程度上影响着内部审计的运行基础，风险识别不足概率大大增加，以往预警模型难以满足当下风险管理需求。

相比之下智慧审计则具有以下优势：

1）快速实现海量数据探查。

比人工更快实现全盘审计数据筛查与分析，实现进行数据探查发现未知的规律与信息，帮助审计公司更直观了解全局状况。

2）精准定位数据问题。

比人工更精准定位到高风险业务模块，通过精准深入分析各项数据之间的关联性，提供更有效的关联性，提供更有效的风险预警与结果预测。

3）性价比高。

没有边界约束，成本远远小于无形累加的人工，可轻松应对快速的业务发展，还可以将问题规则化并固化到系统中，以便于计算或判断问题发展趋势。

为深入贯彻党中央、国务院关于建设"网络强国、数字中国、智慧社会"的决策部署，中国航油深入探索审计智慧化的发展。

大数据审计体现了审计的最新发展趋势。对于大数据审计，有的人认为是利用大数据分析手段从事审计，有的人认为大数据审计是一种工作模式。随着大数据审计的推广运用，学界正逐步认同大数据审计作为一种新型的审计工作模式，而不仅是辅助审计的手段。大数据审计服务审计全覆盖目标，其特点是数据先行、核查在后，颠覆了传统审计边收集资料、边抽样核查的工作模式。还有一种观点认为，大数据审计是随着大数据时代的到来，以及大数据技术的发展而产生的一种新的计算机审计方式，其内容包括大数据环境下的电子数据审计和大数据环境下的信息系统审计两个方面。

大数据审计有力驱动了审计工作创新，有效促进了审计发挥常态化"经济体检"作用，主要体现在以下两个方面。一是明显提升审计工作效率，显著扩大审计覆盖面。相较于传统审计工作模式，大数据审计大幅缩短现场审计时间的同时，提升了审计工作质量，推动审计全覆盖效能提升，助力实现有深度、无盲区、高质量的审计全覆盖。二是有效提升审计揭示问题的精准度。大数据分析技术使得跨行业、跨领域、多维度、多层次审计得以实现，促进审深审透。审计人员基于各行业数据，运用关联分析、模糊匹配、趋势分析等方法，通过对业务数据与财务数据、单位数据与行业数据，以及跨行业、跨领域数据的综合比对和集中分析，能够更快更精准地发现疑点问题，有效提升审计监督精准性。

智慧审计可以理解为基于人工智能的审计，是一种智能化的审计工作模式。人工智能来源于数据、算力、算法。由此推导，智慧审计是基于全覆盖的数据采集、强大的运算能力、丰富的数据分析模型上的智能化审计模式。如果以此为标准，目前的大数据审计已具备了人工智能的数据、算力、算法三要素，但是现有的数据采集和管理、现有设备所提供的算力、现有的数据分析模型均处于较低层次，目前的大数据审计至多可以称为智慧审计的低配版。随着数据、算力、算法三个方面的不断进步，大数据审计的深度广度不断拓展、智慧化程度不断提升，未来大数据审计会迎来量变到质变的转变，过渡为智慧审计将水到渠成。简而言之，"智慧审计"是智慧城市和数字政府建设的组成部分，是以数据资源管理为基础，以专业人才队伍为保障，融合人工智能、5G、云计算、大数据等新一代信息技术的现代化智慧化工作体系。

"智慧审计"的作用主要体现在以下两个方面。一是及时预警和揭示经济运行中的风险隐患。利用大数据、云计算等技术手段，从海量信息中提取相关信息，在此基础上构建风险分析模型，实现主动发现风险、评估风险、判断趋势、及时干预等目标，并建立预警机制，更好发挥审计的"防未病"作用。二是更大程度地发挥审计的建设性作用。依据全方位的审计情况、各类数据资源和新一代信息技术手段，对经济运行中常见的违纪违法问题和苗头性、倾向性问题的发展趋势、产生原因等进行多维度分析，深度挖掘其背后蕴含的问题线索，从更高层面为决策机关、主管部门及被审计单位完善制度、加强管理提供依据，更好地服务宏观决策和制度建设。

从大数据审计到智慧审计，需要的是不断积累。当前我们要加强信息化建设，要为智慧审计提供算力（硬件设施）和算法（数据管理和数据分析模型或系统），数据采集也要同步跟上。在硬件准备方面，数据存储容量要更大，数据连接要更快捷，数据分析要提供更强算力；在软件准备方面，数据调用要更加方便，数据分析要有更多维度，现场核查反馈要更加高效。数据采集、数据分析模型或系统构建是一个长期过程，算力提升是一个与时俱进的过程。

随着大数据审计智能化水平的提升，审计人力资源配置也将会发生改变。传统的审前调查将增加更多数据需求调查和数据整理的工作，审计项目实施之外也增加了更多的数据采集和标准化构建的工作。但这些工作是推进大数据审计工作的必由之路。数据的采集、标准化是开展大数据审计的基础，可以帮助我们利用各地基于标准化数据共享出来的大数据分析模型实现审计思路共享，节省数据分析方面的人力投入。审计人力资源将更多地向数据采集分析、审计现场核查前后两端倾斜。这对审计人员能力提出了复合型的要求，既要具备现场核查的能力比如会计基础，又要掌握数据分析技能，能看懂和修改审计模型，具备很好的数据处理能力。

在大数据审计向智慧审计的演变过程中，数据处理支撑部门扮演了重要角色。数据处理人员要为大数据审计提供支撑，要求大家不仅能维护信息系统，还要能根据业务需求，对数据进行整理和标准化，并参与模型编写和数据分析工作。

总而言之，通过人工智能技术构建内部控制和各类风险知识图谱，搭建决策引擎、风险模型工厂，构建实时、精准、严密的端到端智慧审计体系，从"人审"为主向"机审"为主转变，降低审计风险，实现实时审计，从定期的离线式到准实时的流式预警是必然趋势。

第 3 章

技术层：智慧航油的骨骼

竭诚服务全球民航客户，保障国家航空油料供应安全是中国航油作为央企所肩负的社会责任。面对民航高质量发展需求和日益严苛的航空油料保障要求，如何搭建一套安全、稳定、高效、智能的数字化系统成为中国航油发展新阶段必须解决的课题。

　　本章主要从系统技术路线规划选择、系统稳定性建设、系统架构扩展性、系统高效性、系统安全性及系统智能化建设的角度，介绍中国航油智慧航油系统的技术路线选择和运行管理历程。

3.1　合理统筹数字技术规划

　　随着国家网络强国、数字中国战略思想的提出，数字化建设受到各行各业的高度重视。近年来我国的数字经济蓬勃发展，数字化建设技术日新月异。企业数字化管理人员更需要立足企业自身业务特点，选择适合业务需求和公司发展的数字化建设路线，以构建企业数字化核心竞争力。

3.1.1　数字化系统技术规划合理性概述

　　数字化系统的技术规划是指企业进行数字化建设时，充分结合自身业务特点以及战略发展，对企业数字化建设过程中需要应用到的诸如系统承载方式、开发语言、部署模式、开源项目选择、开发管理模型等从全局角度进行统筹设计，制定适合企业自身的数字化系统技术规划。

　　数字化系统技术规划的合理性直接影响企业数字化系统的建设进程，以及系统上线后的运行使用效果，所以企业需高度重视数字化系统技术规划工作。数字化系统的技术规划合理与否，将对系统产生重要影响。

1. 数字化系统建设过程组织形式

　　数字化系统开发模式、开发语言选择等直接决定了企业数字化建设过程中可行性论证、需求调研、研发、测试等最关键的建设环节的组织形式。技术规划设计选择不当会使系统建设过程与企业业务特点不相适应，将会导致数字系统建设过程组织混乱、项目建设进展缓慢、建设成本高昂等情况。

2. 数字化系统建设成果

　　数字化系统的承载形式、开发语言使用、部署模式等技术规划的选择，会对系统用户体验、系统稳定性以及安全性等产生重要影响。技术规划设计选择不当会造成系统与业务使用场景不适应、系统业务处理能力差等情况，直接影响数字化系统建设成果。

3. 数字化系统建成后续工作开展

　　数字化系统的部署模式、开源项目引入等技术规划的选择，会对系统上线运行后业务扩展的成本、系统运行维护工作的开展产生重要影响。技术规划不当会造成系统上线运行后无法根据新的业务需求进行扩展、系统运行维护工作成本高等情况。

由上可见，数字化系统技术规划对系统从建设到运行的全生命周期产生重大影响。因此，数字化系统技术规划需要在系统论证期，根据业务现状、行业发展趋势、用户人群等客观因素，对系统的承载形式、开发语言、部署模式、开源架构、开发模型等进行规划设计，以实现业务与数字化技术两者协调适配的目标。

3.1.2 数字化系统承载形式规划

承载形式是指数字化系统建设完成后，以什么形式提供给系统用户进行使用。企业数字化管理人员推动数字化建设的表述通常是："我们要建一个销售订单网站、我们要建一个客户服务 App、我们要建一个企业（微信）公众号……"在表述数字化建设需求时，首先被想到的是数字化项目承载形式。基于业务场景，设计承载形式是数字化工作人员的首要工作。

1. 各类承载形式的特点

企业的数字化建设承载形式主要有 PC 网站、移动端网站、移动端 App、微信公众号、微信小程序等形式，具体每种建设方式都有自身的特点，适用不同的使用场景（如表 3-1 所示）。

表 3-1　承载方式比较表

承载方式	特点	功能复杂度	适用场景
PC 网站	开发成本高，升级维护工作量少	高	业务逻辑复杂的专业系统
原生 App	开发成本高，升级维护工作量较大，用户体验好	中	有移动接入场景需求、交互性能要求高的系统
Web App	开发成本高，升级维护工作量较大	中	有移动接入场景需求、业务升级变更频繁的系统
公众号小程序	开发成本低	低	业务功能简单的系统

2. 中国航油建设经验

在智慧航油数字化建设的过程中，设计人员针对航空公司一线加油员、调度员，机关工作人员等系统干系人群特点，结合各个板块业务模式，对业务板块进行划分。

智慧航油系统承载形式采用 PC Web 网站+Web App+专用防爆 Pad 原生 App 的混合模式。中国航油智慧航油系统是一套融合航油加注调度、航油销售结算、航司客户服务等业务板块于一体的新型应用。

针对作业调度、销售结算、客户服务合同管理等模块功能复杂、业务环节众多的特点，相关业务的承载形式采用 PC Web App，以便调度员、客户服务人员、结算工作人员等能够快速高效地工作。针对航油加注这一典型移动应用前端加油信息查验、加油结果签单确认等业务，采用防爆 Pad 原生 App 的形式，以保障航油加注操作环境下系统抗爆使用安全及加油员操作便捷性。针对全球航空公司机组、工作人员众多、人员组成复杂的特点，航空油料订单、通用航空航油销售等业务采用 Web App 的形式实现。

中国航油智慧航油系统目前已经交付国内 200 余个机场加油人员与调度人员、国内外 20 余家航空公司机组与财务结算人员、银行、空管等单位工作人员使用，各方反映良好。经实践结果验证，中国航油智慧航油系统采用 PC Web 网站+Web App+专用防爆 Pad 原生 App 的混合承载形式，能够适应中国航油实际业务需要。

3.1.3　数字化系统开发语言规划

数字化系统开发语言规划是指明确采用哪些高级程序设计语言进行企业数字化系统编程实现。数字化系统软件开发语言技术路线选择，直接影响着数字项目的方案设计、项目成本、建设周期、使用体验、运行维护成本等方方面面。作为企业数字化管理人员，数字化项目的开发语言路线选择，是数字化项目立项可研初期需要仔细考量的一个问题。

1. 开发语言路线技术特点

开发语言比较（如表 3-2 所示）。

表 3-2　开发语言比较表

开发语言	特点	微软支持	开源支持	适用场景
J2EE	重量级，体系完备	中	很好	大中型 Web 网站
.Net	入门容易	好	差	依赖微软技术体系的项目
PHP	轻量级，开发周期短	差	中	中小型 Web 网站

2. 语言路线选择依据

设计人员进行系统开发语言路线选择时，需要综合分析企业数字化系统自身业务特点、原有数字化项目整合问题及企业数字化工作人员技能，综合判断。

（1）数字化系统自身业务特点

如果数字化项目本身涉及微软生态，比如业务系统与 Office 文件编辑、Windows 本地文件存取操作等高度相关时，选用 .Net 体系内的语言开发，对上述功能的支持更加贴合。

如果数字化项目的建设高度依赖于某些开源技术，则应优先使用对开源项目支持比较好的开发语言体系。引入好的开源项目，能够大大地减轻企业数字化项目的建设工作量，避免重复工作，缩短企业数字化建设的实施周期。拥有良好社区生态的开源项目，其技术更新迭代优于企业自行研发的闭源项目，同时也能够减少企业后期对项目的升级维护工作。

（2）企业原有数字化项目整合问题

评估考量企业原有数字化项目整合问题，如果需要与原有数字化项目整合，则应尽可能选择与原有数字化系统统一开发技术体系的开发语言，这样更有利于新系统与原有系统的业务功能整合、数据共享交换等。如果忽视了与原有系统的兼容运行问题，会导致新项目开发工作增加、数字化系统间数据交换共享困难，形成数据孤岛，新旧数字化系统运行维护成本增加、新老数字化系统运行不稳定等一系列问题。

（3）企业数字化工作人员技能

考虑本企业数字化工作人员技能储备情况，尽可能选择与企业自身数字化工作人员数字化技能相匹配的数字化实施技术路线，这样更有利于企业数字化项目建设管理、项目风险管控、后期运行维护等工作的开展。如果忽视了自身企业数字化人才技能储备，将会导致项目实施周期无法掌控、增加适应新技术体系的成本无法长期有效地实施本企业的数字化战略、运行维护工作失控等问题。

3. 中国航油建设经验

基于以下关键因素，智慧航油系统开发语言技术路线采用的是 J2EE 体系。

（1）系统的稳定性

智慧航油系统是面向机场、航空公司、银行等单位的跨行业综合型数字化系统，涉及航空油加注、结算等业务，对数字化系统稳定性有极高的要求。J2EE 体系广泛用于企业级应用系统，其系统的稳定性受到各行业长期实践检验。

（2）系统的扩展性

中国航油将数字化建设作为公司长期发展战略，未来将会有越来越多的业务不断融入智慧航油系统当中，系统建设的语言路线需要一个持续更新的技术体系。其中涉及新老业务兼容、保障已有业务不中断情况下进行系统扩展等问题。

. Net 体系是微软自己维持主导的技术体系，对新理念、新技术的引入往往较为滞后。J2EE 体系是众多开发语言当中，开源社区支持最好的技术体系，各开源社区是行业新理念、新技术的倡导者与引领者。

3.1.4 数字化系统部署模式规划

数字化项目的部署结构，直接影响着数字化项目硬件投入成本、运行稳定性、可扩展性、运行维护工作成本等方面。因此，在数字化项目建设筹备阶段就应根据企业数字化系统自身特点，基于每种部署模式的利弊做出适合系统自身建设需要的规划选择。

1. 主要部署模式介绍

目前数字化系统部署模式主要有集中式部署与分布式部署两种模式。它们各自主要特点（如表 3-3 所示）。

表 3-3　部署模式比较表

部署模式	特点	适用场景
集中式部署	资源利用率高，维护成本相对较低，系统高可用性保障要求高	单体计算资源成本高，需要共享复用计算资源的应用场景
分布式部署	并发支持好，系统可靠性高，维护成本高	具有高并发、高可靠性要求的应用场景

集中式部署模式适合于单体计算资源成本高，需要共享复用计算资源的场景。分布式部署模式适合于对系统并发要求较高的数字化系统建设场景。

（1）分布式部署优缺点

采用分布式部署架构的数字化系统，其运行的物理硬件基础是在多台独立的计算设备，形成多个功能不同的子系统。数字系统采用该种部署结构具有以下优缺点：

1）系统并发支持好。由于采用分布式部署结构的数字化系统，其每个子系统相互通信协作，因此当系统因高并发访问而出现性能瓶颈时，可以针对瓶颈子系统进行横向复制扩容，从而实现对高并发访问的处理能力。

2）系统整体可用性高。采用分布式部署结构的数字化系统，系统的功能模块分布在独立的运行环境中，不会出现某个节点的网络或者系统故障，导致系统整体不可用的严重故障情况。

3）系统维护成本高。由于分布式部署结构复杂，其运行维护工作量更大更复杂，需要投入更多的运行维护人力资源以确保系统正常运转，因此采用分布式系统的后期运行维护成本更高。

（2）集中式部署优缺点

采用集中式部署架构的数字化系统其运行的物理硬件基础是一台或多台主计算机组成的中心机房节点，系统的所有业务处理模块以及业务数据集中保存在中心机房。数字化系统采用该种部署结构具有以下优缺点：

1）系统资源利用率高。集中式部署系统所有的业务都集中在中心机房服务器运算资源中，能够避免分布式系统各个子系统模块间的资源闲置浪费，能够充分发挥数字系统的计算资源使用效率。

2）系统维护成本低。集中式部署系统由于集中于一地，通常只是基于数台运算能力强大的服务器，无须像分布式系统那样考虑各个模块间的相互通信与协作，因此采用集中式部署架构的数字化系统其运行维护工作量更小更简单，需要投入更少运行维护成本更低。

3）系统高可用性保障要求高。集中式部署系统由于算力和数据都集中于中心机房，因此当出现网络中断、服务器硬件损坏时，其对业务所造成的影响范围更广、持续时间更长。因此，为达到系统高可用的目标，采用集中化部署架构的数字化系统通常需要采用异地双活、同城双活等技术建设容灾中心，其建设投入成本通常较高。

2. 中国航油建设经验

智慧航油系统目前采用的是前端加注系统分布式部署、后端结算、客户服务集中化部署的混合模式。

基于以下因素智慧航油系统采用混合部署模式：

（1）前端加油系统的运行环境

智慧航油系统是服务全国 200 多个干支线机场一线加油员、调度员使用的生产业务系统。目前国内机场机坪网络覆盖基于 1.8G 移动网络和运营商 4G/5G 网络实现，受机坪环境、航站楼等大型构建筑物的遮蔽、飞机雷达和导航雷达信号干扰等影响，部分机位存在网络信号弱或无信号的情况。

然而电子加油单发送与确认是一个实时性要求较高的业务环节，为避免数字化系统原因造成航班延误。智慧航油系统以分布式部署到各干线机场的方式，缩短油单上传的网络链路，减少了由于网络原因导致信息交互失败的情况。

（2）前端加油系统的高可用性要求

集中式部署架构的最大缺点在于，一旦总中心出现不可用情况，会导致全局性故障。影响航油加注和航班准点运行属于重大安全生产事故，必须坚决杜绝数字化系统故障引发的航油保障秩序混乱。

前端加油系统采用分布式部署到各干线机场的方式，以干线机场为中心辐射周边支线机场，各干线机场加注系统功能独立、完备，确保某一机场出现单点故障时，不会对其余干线机场的业务造成影响。各干线机场配备专业驻场运维人员，保障航油加注系统出现故障时，能以最短的时间对系统进行修复，从而提升系统的可用性。

（3）后端智慧航油云平台数据利用

中国航油智慧航油系统数据涉及国内200多个民用运输机场，客户服务、商务结算等工作需要将汇总全国数据。

以结算业务为例，中国航油针对某一结算周期内、全国所有机场、所有航空油料加注订单进行结算，如果将结算功能分布式部署在每个机场，既不符合业务模式，也无法体现数字化系统建设效益；因此从业务开展的角度，就要求全国所有数据必须进行统一汇总。其次，客户服务与销售结算业务的时效性要求，相对前端航空油料加注业务较低；销售结算业务只需要在结算周期内，准确无误地完成结算扣款即可。

后端智慧航油云平台采用集中式部署，不但利于客户服务、销售结算业务的实现，而且能够充分发挥数据中心的计算性能。

3.1.5 数字化系统开源资源规划

数字化系统开源资源规划是指明确系统建设所需引入的开源项目，以缩小项目的建设规模，加快项目建设进度，提升项目建设质量。在企业数字化建设过程中，开源项目的引入与应用是一个绕不开的话题。引入好的开源项目，能够帮助企业快速完成数字化建设，为企业核心业务赋能升级。

在进行企业数字化顶层规划设计时，需要根据企业自身业务特点与企业长期发展需求，分析思考如何在企业数字化应用当中引入开源项目，应该选用什么类型的开源项目，什么样的开源项目才是安全可靠的。

1. 开源发展

（1）开源运动起源

开源思想的起点目前众说纷纭，没有一个公认的观点。大多数人认可的观点是1980年万维网的试验计划UserNet是第一次正式向公众提出一起开源共建一个数字化网络系统，这在当时引起了很大的反响，这就有点类似于共产主义思想的提出所引发的社会思考，该思想引起计算机科技界对于数字化技术合作的无限遐想。

1983年，理查德·斯托曼发起GNU计划，第一次从版权、法律、资金来源、技术等层面提供了完整的解决方案，该计划提供的GPL授权协议系列一直使用至今，GNU计划真正开启了数字化开源时代。

（2）开源运动快速发展期

1991 年，林纳斯·托瓦兹创建了 Linux 操作系统开源项目，这是一个真正的广泛认可与支持的开源项目，该项目成了支持数字化系统基石，一直支撑着计算机世界的运转。受到 Linux 项目大获成功的鼓舞，开源数据库 MySQL 项目、开源网络中间件 Apache、开源浏览器项目 Mozilla 等日后彪炳开源运动史册的项目相继横空出世并获得巨大成功，开源思想真正深入人心，开源运动迎来了快速发展的新阶段。开源运动从此蓬勃发展，不断催生出一个个优秀的开源项目，滋养着计算机科技界的各类数字化项目，使各类数字化项目起步于"巨人的肩膀之上"，能够快速形成项目价值。

（3）开源运动现状

截至 2021 年 9 月，全球开源项目已超过 2 亿个（来源：中国信息通信研究院 2021 年 9 月版《开源生态白皮书》），GitHub 公布显示其开源项目注册开发人员已达到 4000 万以上，知名的开源组织有自由软件基金会、Linux 基金会、Apache 基金会。知名的开源项目不胜枚举，Apache 系列、Spring 系列、Android、Chrome 一个个优秀的开源项目，成了开源运动中的璀璨明星，推动着开源运动蓬勃向前。开源运动也催生出新的开源商业模式，激励着越来越多的人员加入开源运动大潮中，从开源运动的受益者，逐渐成为开源运动的参与者、建设者和领导者。

2. 开源项目的意义

（1）精简数字化项目建设规模节约建设成本

数字化系统的最大价值，是运用数字化手段代替重复的劳动。引入开源项目，可以使数字化人员专注于本项目自身业务特色的软件设计实现，摆脱与业务无关、没有行业特色的通用组件的研发工作，软件开发行业称为"不重复设计轮子"。比如要设计一辆管线加油车，引入开源项目后，就不用再重复设计车轮、方向盘、车门、底盘、发动机等通用零部件，只需专心解决地井输油管线接驳、油品化验仪器承载、加油订单数字化传输等与本行业特色相关的核心业务问题。所有的"通用零部件"设计问题交给开源项目实现，企业只需要解决承载自身业务"特色零件"与开源项目的"通用零件"之间的承载适配问题。

（2）减少企业数字化系统运营维护成本

数字化系统投入正式运行后，出于系统安全、业务更新调整等原因，需要对数字化系统进行持续的更新维护工作。引入开源项目，可以减少企业数字化项目的维护规模与更新维护工作量。开源项目是面向全球公众开放的，好的开源项目能够得到全球开源运动参与人员的持续广泛支持，能够集所有参与人员的力量不断对开源项目进行优化迭代。

（3）增加企业数字化项目的安全性

开源项目是面向公众开放整个项目源代码的，相当于所有人拿着设计图纸来找开源项目的问题，使开源系统能够得到大量的曝光检查，减少其中 Day0 漏洞的存在，开源项目新的漏洞公布出来后，所有开源项目参与者一起制定漏洞解决方案，也能够缩短系统漏洞的解决周期，为快速修复数字化系统漏洞找到完善的解决方案。

3. 开源精神

开源精神内核驱动力是开源项目的所有参与者都可以从中受益。开源项目分享者将优秀的数字化项目分享出来得到开源社区的广泛支持后，优秀的开源项目在数字化技术领域会变成类似于国际标准与"数字化基础设施"的存在。该开源项目的发起者将在一定程度上主导开源项目的未来发展路线，进而形成对开源项目发起者有利的技术生态圈。使用开源项目的开源项目参与者，则能在优秀开源分享项目的基础上快速形成在该领域的数字化技术力量，并随着自身的数字化业务发展对开源项目进行优化迭代，进而对开源项目进行技术反哺。正是基于此迭代循环的机制，开源项目所有的参与者都能从中受益，开源运行也就日益蓬勃发展。

4. 开源项目选择依据

企业数字化建设在企业数字化项目中引入开源项目前，应该从开源项目发起组织、开源项目发展历程、开源项目在本企业数字化中所承担的作用等多个角度综合进行分析，评估其中的利弊得失后，作出一个符合本企业数字化发展规划需要的选择，不能盲目拒绝开源项目，阻碍公司数字化工作发展；更不应该盲目引入开源项目，给公司数字化建设带来潜在风险。

（1）项目的发起组织

Apache 基金会、Spring 基金会等是在开源界内享有盛名的基金会，其所推出的开源项目通常能够获得大批开发人员的支持，项目的后续技术支持与持续的项目版本升级迭代工作也更加完善。

（2）项目的发展历程

熟悉项目的发展历程能够了解开源项目的过去与现状，企业数字化管理人员可以依此判断开源项目的发展前景，进而判断引入此开源项目是否会给系统带来潜在的技术隐患。

（3）项目的计划用途

项目自身的定位描述能反映该开源项目的规划用途与企业自身的数字化建设规划要求是否符合，以及符合程度是否高度匹配。

5. 中国航油建设经验

关于开源项目引用问题，出于自身航空油料业务高安全性要求的行业特性，中国航油以安全、稳定、高效为原则，进行开源项目的筛选引用工作。

中国航油智慧航油系统在开发建设过程中，根据项目建设需要，主要引入了有关微服务管理、消息机制、数据缓存、负载均衡等方面的开源项目。

开源项目的引入，大大加快了中国航油智慧航油系统的建设进度，也使系统建设过程中能够集中研发力量，针对企业自身业务需要进行数字化建设。开源项目的引入，也降低了系统的开发规模，节约了企业数字化建设的研发投入。同时，由于引用的开源项目是经过业界充分应用检验的成熟开源项目，也在一定程度上提高了系统的稳定性与项目建设质量。

3.1.6 数字化系统开发模型规划

企业数字化建设的开发模型，是数字化项目建设采用什么类型的软件生命周期模型去推进数字化系统的建设工作。数字化系统开发模型的选择要结合项目的业务特点、实施建设周期等因素作出综合的考量。

1. 开发模型特点比较

（1）瀑布模型

瀑布模型是指将软件生命周期划分为计划、需求、设计、编码、测试和维护六个基本活动，按照固定顺序相互衔接、逐级下落，如同瀑布流水，以严密的实施步骤完成项目开发。瀑布模型适用于业务规则清晰，需求明确的项目。

瀑布模型的优点是在开发过程中会形成完备的技术文档，有利于系统投入使用后的运行维护工作开展。瀑布模型的缺点是整个开发过程是线性递进的，如果数字化系统需求反复变化，将会造成较大的变更成本。

如果项目选择瀑布模型，那就是要清晰制定每个阶段的目标以及里程碑，检查阶段成果，及时提出调整意见，严密管控变更。

（2）敏捷模型

敏捷模型是指基于迭代开发的软件开发方法。敏捷模型将任务分解为较小的迭代单元，明确定义迭代次数，每次迭代的持续时间和范围的计划。

敏捷模型适用于建设进度直接影响企业对市场的占领、商业模式的形成等，时效性要求较高的项目。

（3）快速原型

快速原型适用对业务需求不明确的数字化项目。快速原型法核心理念是针对项目核心干系人的需求，以较少的成本快速开发出一个小型的原型系统，用以确认业务模式。快速原型能够以最直观的方式，帮助干系人迅速确定系统是否满足自身需求，适合在项目初期快速引导干系人确定需求。

2. 中国航油建设经验

智慧航油系统的开发模型选择的是敏捷模型。智慧航油系统采用敏捷模型，是出于以下因素的考量。

（1）业务模式新颖没有先例可以参考

智慧航油系统建设构想之初，所要建设的是融合机场、航空公司、银行、金税、空管等民航上下游产业链的跨行业应用形态，这在民用航空领域尚属首次，没有先例可以参考。系统业务开展模式、各单位间数字化业务合作形式、系统对接方式等，需要在系统建设推进过程中，与民用航空领域所有上下游单位进行沟通协商。业务实现方式在系统立项之初无法确定，系统需求的规格说明书也无法准确描述系统功能。

（2）业务人员数字化建设经验不足

参与智慧航油系统建设的客户、财务、加油站等业务单位，为首次主导参与到公司数字化系统建设当中，对数字化系统的建设规律等没有全面、客观、系统的认识，很容易对数字化系统在其往后的业务开展工作中所起的作用认识不清，提出的系统功能需求与数字化业务开展形式与实际生产需要脱节等情况。

针对以上客观现状，为应对业务开展模式的不确定性与系统业务功能的潜在变更需求，智慧航油系统开发模式采用了敏捷模型。

秉承开放共赢的态度，以加油数据为核心要素，打造了跨产业链数字化生态协同平台中国航油智慧航油系统。该平台融合了机场、航空公司、银行等多家主体，数据的共享和互通强化了各关联单位的合作，促进彼此信息化水平提升，实现互利互赢，共同发展。

3.2 提高数字化系统稳定性

企业数字化系统的运行稳定性，是衡量数字化系统使用价值的重要指标，也是数字化系统建设者所追求的目标。数字化系统的稳定运行已成为支持企业正常经营所必要的条件。如何保障中国航油数字化系统的稳定运行，成了困扰中国航油数字化管理人员的难题。

中国信息通信研究院云计算与大数据研究所 2022 年 3 月发布的《信息系统稳定性保障能力建设指南》指点出，"信息系统稳定性的三个关键要素为人员、管理、技术"，从技术角度进行系统稳定性建设是最大的难点，本节将从围绕技术角度阐述企业数字化系统稳定性建设。要达到企业数字化系统投入使用后能够持续稳定运行并支持企业核心业务高效运行的目标，需要围绕数字化系统的整个生命周期，从数字化系统设计、数字化系统研发、数字化系统测试、数字化系统部署、数字化系统运行维护等全方位、多角度进行周密的设计与统筹部署，以系统工程学思维指导推进企业数字化系统建设工作。

3.2.1 数字化系统稳定性概述

1. 数字化系统稳定性建设目标

数字化系统稳定性保障通常来讲是指保障系统在运行维护过程中，即使面对各种极端情况或突发事件仍然能够提供持续的，可靠的服务能力。比如出现机房级故障或城市级故障，数字化业务访问量峰值暴增，系统服务器故障，依赖数据库故障，环境数据改变，依赖系统故障等。

信息技术行业使用服务级别协议 SLA 来评价数字化系统的稳定性，服务级别协议将数字化系统稳定性主要分为以下四个级别。

全年数字化系统可用时间达到99%以上，要求全年服务用停用时间低于5256分钟：$365×24×60×(1-99\%)=5256$ 分钟，约为 3.65 天。

全年数字化系统可用时间达到99.9%以上，要求全年服务用停用时间低于525.6分钟：$365×24×60×(1-99.9\%)=525.6$ 分钟。

全年数字化系统可用时间达到99.99%以上，要求全年服务用停用时间低于52.56分钟：$365×24×60×(1-99.99\%)=52.56$ 分钟。

全年数字化系统可用时间达到99.999%以上，要求全年服务用停用时间低于5.256分钟：$365×24×60×(1-99.999\%)=5.256$ 分钟。

2. 数字化系统稳定性建设需要解决的问题

（1）访问高峰处理机制

保障数字化系统在访问量暴增的极端情况下，仍能正常工作，杜绝出现因为访问洪峰导致数字化系统服务宕机、请求无响应等服务停用情况。需要应对访问高峰问题，解决消息排队削峰、业务访问加速、数据库连接管理、进程管理等问题。

（2）业务正确性保障

保障数字化系统最终业务逻辑符合最初的业务需求目标，在出现系统错误输入、业务执行过程中异常中断等情况时，系统业务逻辑仍能按照需求设计方案预定的方案执行，系统的数据完整性、可用性、一致性能够有效保障。要达到以上目标，需要解决系统代码质量检测、系统功能验证等问题。

（3）业务持续上线

数字化系统技术架构能适应未来业务发展及系统功能扩展，确保系统投入运行后进行系统功能升级完善时，保障企业核心业务的正常进行。要达到以上目标，需要解决运算资源横向扩充、数字化系统新旧模块整合、数字化系统新功能热部署上线等问题。

（4）容灾机制

制定数字化系统容灾机制，应对机房失火、城市级网络中断、服务器硬件及存储设备损坏等极端情况。要达到以上目标，需要解决数字化系统异地多活、数据冗余备份、单点依赖等问题。

3.2.2 高稳定性数字化系统设计

数字化系统稳定性设计是指企业数字化系统设计阶段，通过遵循科学、合理的数字化系统设计原则，并全局考虑系统需求调研、功能开发、上线部署、运行维护等系统全生命周期各个阶段的技术要求，可使数字化系统具有稳定的系统架构与可靠的技术底座，进而达到建设高稳定性数字化系统的目标。

1. 高稳定性系统设计原则

数字化系统设计架构工作，经过行业近年来大量数字化项目建设实践与经验总结，形成了一系列优秀的数字化系统设计原则，能够有效提升系统的建设质量以及系统建成后的使用效果，对于企业进行高稳定性数字化系统设计具有良好的指导意义。

（1）高内聚低耦合原则

高内聚低耦合原则，指的是系统单个模块功能高度内聚，尽可能减少对模块外功能的依赖。高内聚低耦合的系统模块功能单一明确，能够抽象出与业务无关的通用逻辑，从而实现系统功能模块的复用，避免不同模块间相似功能的重复建设。

（2）开放封闭原则

开放封闭原则，指的是系统对扩展变化开放，对修改封闭。其基本理念为用抽象构建系统框架，用具体实现系统功能。当系统业务需要功能发生变化时，不对旧有的实现模块进行修改，而是通过扩展引入新的实现模块来实现新的业务需求。

（3）依赖倒置原则

依赖倒置原则，指的是系统的高层不依赖低层，高层通常指的是系统的调用层，低层通常指的是系统的实现层。

这个原则使用最广泛的一个场景是系统接口与实现类。系统开发人员在设计系统架构时，通过定义一系列的接口、虚基类等明确了功能调用的规范，系统的低层实现层引入接口并实现接口中定义的方法；配合依赖注入等技术，从而避免了调用层对实现层的依赖。

该原理还可进一步扩展到数字化系统硬件架构等方面，目前云计算中引入大量虚拟化技术，也使系统摆脱了对直接物理设备的依赖。

（4）技术选型稳中求进

企业数字化系统设计阶段，在进行系统技术选型工作时应选用成熟稳定的技术路线以及经过使用验证的技术版本。新技术、新版本通常会有设计上的缺陷，需要经过一段时间不断地发现问题并进行升级修复，技术才会逐渐趋于稳定可靠。过度引入新技术、新版本将会为系统引入大量的技术风险，导致系统在使用过程中不断暴露相关技术缺陷导致系统稳定性降低，影响系统持续稳定使用效果，进而影响企业核心业务的正常开展。成熟稳定的技术以及技术版本是经过业界众多项目建设的检验与持续优化，并在技术的运用过程中将已发生的主要缺陷进行修复处理，从而保障采用该技术路线以及技术版本的系统能够持续安全稳定运行。

2. 高稳定性系统设计建模

企业数字化系统设计阶段，采用建模工具对系统的功能界面、系统流程、业务状态变化规则、系统角色与功能的关系等进行详细设计是进行数字化系统设计工作的稳健方式，同时对系统进行设计建模也是一项企业承建方为减少系统人力成本、加快项目建设周期等而经常被忽略或简化的工作。然而数字化系统建模工作对于提升系统的建设质量、保障系统投入使用后的运行维护工作，进而构建高稳定性系统具有十分重要的意义。

以面向对象建模思想、领域驱动建模思想等主流数字化建模思想为指引，以 UML标准建模语言为实现手段，对系统进行设计建模对高稳定性数字化系统具有重大意义。首先，对系统进行设计建模，可以厘清业务流程和优化设计思路。其次，借助现代建模工具，能够直接生成初级代码。设计与开发代码工作完美衔接，避免了设计与现实脱节的情况，设计能够准确反映系统的实现情况。最后，可以形成一套能够直观反映系统设计关键的完备设计文档，方便后期系统运维查阅。

3. 高稳定性系统运维设计要点

企业数字化系统设计阶段，需要对系统建设完成上线运行后的维护工作进行前置设计，对系统上线运行至最后停用的整个生命周期所面临的基础数据维护、业务数据备份、系统功能升级上线、硬件设备故障检修、核心计算资源热扩容等系统运行维护问题。

（1）数字化系统数据维护操作

1）基础数据更新维护。在数字化系统设计阶段，需要提前考虑数字化系统基础数据更新维护方式。系统开发商出于研发成本的考虑，有可能会弱化基础数据的配置维护手段，直接将基础数据配置于某个文本文件甚至是程序代码中，没有为用户提供配套的基础数据维护手段。

在系统运行之初，因为基础数据变化较少且通常处于系统质量维保期内，由系统开发商原班人员进行数据维护。系统开发人员可以凭着自身对系统的熟悉到配置文件与程序中更新系统数据，但系统维保过期后基础数据维护工作交到企业数字化管理人员手上，他们无法像系统开发人员一样去对系统基础数据进行维护，其结果往往是修改格式不符造成系统崩溃或者无法对系统基础数据进行维护而导致系统功能无法正常使用，导致系统的可用性逐渐降低，直至最终弃用。

为避免上述情况的出现，企业数字化管理人员需要在数字化系统设计阶段对系统全生命周期内基础数据的维护需求进行全方位的评价，在系统设计阶段将相应工作统筹考虑在内，为系统运维阶段的基础数据更新维护工作提供便捷高效的维护手段。

2）业务数据备份。在大数据时代，企业数字化系统的业务数据重要性已经越发凸显，业务数据已经成为企业最重要的数字化核心资产。为应对各种可能的系统灾难，需要定期对业务数据进行容灾备份。数字化系统无论是采用分布式系统架构还是有巨量数据的集中化部署架构，企业的运行维护阶段都面临着巨大业务数据备份工作压力。在系统设计阶段，需要为系统业务数据备份工作提供安全高效的操作手段，避免因为系统的数据备份工作导致系统长时间停机或者缺乏有效的数据备份保障系统业务数据的备份工作正常开展等情况的出现。

（2）数字化系统升级维护操作

企业数字化系统的上线运行，往往只是系统主要的集中建设工作完成，并不意味着该系统建设工作的终结。系统原有的功能在使用过程中，会逐渐暴露与业务开展不符以及存在安全漏洞等问题而需要进一步开发完善。随着企业各项业务的持续发展需要，数字化系统的功能边界需要不断地进行扩大，以支撑企业新业务的开展。

系统的功能上线升级工作往往需要在用数字化系统停服更新。然而企业数字化系统上线使用之后，停服更新会使企业正常业务无法开展而造成经济损失。

因此在数字化系统设计阶段，需要统筹考虑数字化系统上线使用后的系统赋予持续高效稳定集成的能力，保障系统升级维护期间，系统各项核心功能正常运作，核心业务持续开展而不出现中断情况，达到类似于给"飞行中的飞机安全更换发动机"的效果。

（3）数字化系统硬件维护操作

数字化系统硬件维护操作是指对数字系统的硬件运行基础设备进行维护，以最大限度地确保各项硬件设备正常运行，避免因系统硬件故障进而导致系统出现故障无法使用的情况，从而提升数字化系统稳定性。企业数字化系统的运行基础是服务器、磁盘阵列、路由器、交换机等硬件设备，然而商用硬件设备都是有使用寿命限制以及发生故障的概率存在，需要采取有效措施应对硬件故障对系统正常运行的影响。

在系统设计阶段，需要解决数字化系统的单点依赖，所有的依赖环节都具有功能完全相同的热备设备。当系统的某些硬件设备出现故障无法正常使用需要维护时，另外一台热备设备可以毫秒级的速度完成主备切换，从而保障数字化系统的稳定运行。

（4）日志体系与故障诊断排查

数字化系统故障诊断排查是指系统在设计及建设阶段对系统的故障诊断以及排查工作进行充分细致的考虑，为企业数字化系统上线运行后提供高效的故障诊断排查手段，以便能够及时准确定位系统故障原因、及时修复相关系统缺陷并恢复系统的正常运行，避免因为缺乏有效的故障诊断排查手段，导致系统故障无法确定、问题无法及时修复等情况的出现，从而保障系统的稳定运行。

系统上线运行后必然会出现各种故障，系统存在故障必须对系统进行分析与故障排除工作。系统故障诊断是故障排除中最重要的一个环节，而问题定位则是故障诊断的最关键环节，问题定位主要依靠的手段是系统日志分析。系统日志会详细记录系统每一项操作的发生时间、输入参数值、执行过程、输出结果值、系统代码故障位置、系统故障类型等，对于系统故障的诊断与定位具有重要的指导与参考意义。因此，高稳定性数字化系统设计阶段，需要为数字化系统配置建设数字化系统日志记录体系，以确保系统出现故障时能够及时诊断定位问题，提升系统运行稳定性。

4. 中国航油高稳定性系统设计经验

（1）智慧航油微服务架构体系

智慧航油系统根据自身航空油料业务高安全性、高稳定性运行保障要求的特点，基于高内聚低耦合、开放封闭、依赖倒置等设计原则，采用 Docker 微服务架构体系，对系统的各个模块功能进行归类划分。每个模块功能各自高度内聚，实现了系统功能的高效复用，避免了不同业务相似功能的重复开发。各个功能模块能够不依赖于其他模块而独立运行并为系统其他各个功能模块提供服务，避免因为某个功能模块出现故障而导致系统整体瘫痪无法使用的情况出现。

（2）智慧航油面向对象建模体系

智慧航油系统设计建模采用 UML 面向对象建模思想，对系统设计进行了全面细致的设计建模。以例图的形式，厘清了加油员、调度员、客户服务人员、航空公司机组、财务结算人员等众多系统干系人与系统功能之间的关系；以活动图、状态图、时序图的形式，显示航空油料加注作业、加油调度、客户服务、商务结算等系统关键业务的业务逻辑、业务流程、状态变化关系、业务与业务间的组合关系等核心关键信息；以组件图、包图、类图的形式，规划了系统总体架构、组件关系、实现类关系等具体实现细节。

借助 UML 面向对象建模体系，中国航油智慧航油系统在设计阶段厘清了核心业务流程规则，规划了系统由宏观架构到具体实现细节的技术设计，为高稳定性数字化系统的搭建提供了完备的设计文档。

（3）智慧航油开发运维全流程体系

智慧航油系统在进行技术选型、总体架构等之初，已将系统运行维护工作进行全盘的前置考虑与技术规划设计，基于 DevOps 开发运维全流程一体化发布体系，为系统运行维护期间的系统升级维护发布工作提供了高效稳定的系统功能部署发布机制，使系统的开发工作与运维工作能够无缝衔接。

由于智慧航油系统采用的是敏捷开发模式，因系统功能快速迭代而需要进行高频次部署，且系统分布于全国 50 个干线机场这样广阔的物理空间，这就使系统的运维工作面临巨大的压力。

系统建设之初引入 DevOps 体系，开发环境、测试环境以及真正投入使用的生产环境能够实现技术标准的统一，避免了因为运行环境异构所带来的潜在漏洞，提高了系统建设质量。开发人员与测试人员能够同时使用同一个环境进行工作，加快了系统开发进度。同时基于容器云的 DevOps 体系，还能够对系统运行环境整体做成一个个的快照，能够在系统出现故障时利用之前的镜像备份快速恢复系统的正常运行。自系统于 2018 年上线以来，已进行了上百个系统版本、200 多个机场、200 多台服务器应用服务的发布更新工作。中国航油智慧航油系统基于 DevOps 体系的技术赋能，成功应对系统运行维护部署工作。

（4）智慧航油基础数据运维体系

智慧航油系统在设计之初，高度重视系统上线后的基础数据运维工作，将基础数据运维作为系统的四大功能模块之一，对系统上线运行后整个生命周期潜在需要调整修改的基础数据进行分析整理，将系统的航司、客户、银行、飞机、航线、机场、洲际、国家、省份、城市、币制、语种、用户、权限、角色、组织机构等 16 大类系统基础数据运维作为系统功能的一部分，为数据基础运维提供了高效简便的运维方式，使系统的基础数据能够及时、准确、高效地得到维护，确保系统各项功能适应业务内容变化发展，及时准确作出适应性调整，避免了修改配置文件或修改代码错误导致系统崩溃的情况出现，保障了中国航油智慧航油系统稳定运行。

3.2.3 高稳定性数字化系统开发

企业数字化系统开发阶段，通过制定系统的技术规范等约束数字化系统的开发工作，可提高数字化系统的开发工作质量，减少开发过程中的风险漏洞引用，从而达到建设高稳定性数字化系统的目标。

1. 高稳定性数字化系统开发工作要点

（1）编制技术原型规范

技术原型规范是统一系统建设标准与质量要求，指导各项技术工作的重要标准。可以规范开发人员技术应用的步骤与流程，使各功能按照统一的标准进行建设，减少因开发人员技术使用不规范而导致的系统漏洞。

企业开展数字化系统建设前，应先制定系统技术原型规范，统一开发环境、技术路线、系统版本、代码示例等的标准。

（2）编制项目知识库

项目知识库是归纳总结系统开发过程中所形成的知识体系的有效手段，包含业务需求规则、系统关键技术、系统漏洞解决方案等在项目开发建设过程中形成的各类知识。

项目知识库可以统一项目干系人对系统建设各环节重要知识的理解，提升项目建设效率与建设质量。企业应积累和编制适合自身的项目知识库，对项目建设过程中所形成的知识进行提炼，并向所有的项目建设人员开放共享。

（3）编制项目代码规范

开发人员会迫于进度压力，降低代码规范性，这将增大漏洞风险、降低代码可读性、增加团队协作难度。

企业应组织内部技术力量对系统开发的阶段成果进行代码审查，及时发现问题，及时整改，并根据项目建设需要定期组织项目规范培训，使项目规范成为每一位开发者心态上认可、技术上掌握的项目开发指导标准。

（4）落实项目代码审查

企业数字化管理人员要组织企业内部技术力量对系统开发的阶段成果进行代码审查。项目开发人员会因为项目开发进度压力，认为规范中的要求过于烦琐而采取自我风格的技术规范与代码风格，这将会给代码引入漏洞风险以及降低代码的可读性，增加团队协作难度。所以企业数字化管理人员要组织企业内部技术力量对系统开发的阶段成果进行代码审查，及时发现项目中与规范不符之处，进行及时的整改与纠正，并根据项目建设需要定期组织项目规范培训，使项目规范标准成为每一位开发者心态上认可、技术上掌握的项目开发指导标准。

2. 中国航油高稳定性数字化系统开发经验

智慧航油系统开发建设期间，组织企业内部技术人员编制《智慧航油系统技术原型规范》《智慧航油系统代码规范》等各个方面项目开发建设技术规范，并安排企业内部技术管理人员参与到开发团队中审查各项技术规范落实情况，对发现的不符合要求的事项责成开发商进行整改，确保规范要求落实到位，保障项目建设质量。汇总归纳需求分析、项目开发、漏洞排查等项目建设期间所形成的各类项目知识，使项目建设规范要求得到全体开发人员的接受与掌握并付诸项目建设工作当中，切实提高项目开发建设质量，提升数字化系统稳定性。

3.2.4　高稳定性数字化系统测试

企业数字化系统测试阶段，通过单元测试、集成测试、系统测试等由小到大、层层递进的测试工作，及时发现与排除系统中的风险漏洞，从而提高数字化系统的建设质量，达到建设高稳定性数字化系统的目标。

1. 测试理论概述

企业数字化管理人员需要掌握基本的数字化系统测试理论与概念，方可积极主动地组织开展系统的各项测试工作，明白各项测试工作的关键环节与目标，方可针对性地进行测试工作质量把控与监督管理。

（1）测试分类

按测试的技术分类，数字化系统测试技术可以分为黑盒测试与白盒测试。

1）黑盒测试。黑盒测试指的是把软件看作一个无法看穿、只能看到表面的黑盒子，测试者无须知晓掌握软件系统的详细设计细节以及实现过程，只对系统暴露在外的部分进行测试，该测试技术通常用于系统的功能测试工作。

2）白盒测试。白盒测试指的是把软件看作一个对测试者而言是透明的、可看到内部结构的白盒子。测试者熟悉系统的详细设计以及实现过程，根据代码的参数变量类型、控制逻辑边界条件等制定针对性的测试用例，对系统进行深入的测试。该测试技术是系统技术测试的主要方式，常用于测试各个阶段，测试内容涵盖功能逻辑、性能、安全性、稳定性各个方面内容。

（2）测试阶段

按测试的工作阶段划分，数字化系统测试技术可以分为单元测试阶段、集成测试阶段、系统测试阶段。

1）单元测试阶段。单元测试阶段是指对系统最小单元进行内部测试，通常针对某个方法、实现类、组件等系统单元进行，其侧重点是排查解决系统单元内部的漏洞与质量问题。

2）集成测试阶段。集成测试阶段是指把系统的各个单元模块组合在一起时的测试工作，该阶段的系统单个功能已基本完成开发，集成测试是对每个功能的正确性以及单个功能的各项性能指标进行测试。

3）系统测试阶段。系统测试阶段是指系统的集成工作已完成，针对完整的系统进行功能、性能、安全、压力、容灾等综合测试，该阶段的完成通常标志着数字化系统主体的开发建设工作基本完成，系统建设工作进入收官阶段。

（3）测试内容

按测试的内容划分，数字化系统测试内容包括功能测试、性能测试、压力测试、安全测试、容灾测试等。

1）功能测试。其主要内容是按照系统的需求规格说明书，验证系统的各项功能是否满足系统的业务需求。该部分测试内容系统的开发人员与系统的目标用户都会分别进行。系统目标用户因其对具体的业务逻辑理解更加细致，目标用户的测试意见会作为系统功能调整优化的依据。功能测试主要解决的问题是系统的正确性问题。

2）性能测试。其主要内容是评估系统的各项性能指标，其中包括功能业务的响应时间、系统单位时间内的吞吐量、系统的资源消耗等，性能测试是技术验收的主要内容之一。用直观的话来说，性能测试主要解决的是系统使用起来"快不快"的问题，主要影响的是用户的使用体验。

3）压力测试。其主要内容为系统在大量用户集中访问、各类业务同时集中并发处理的系统高负载、高资源占用、高业务保障压力状态下的运行能力测试，压力测试也是系统技术验收的主要内容之一，通常与系统性能测试配合进行。压力测试主要解决的是系统业务处理上限能力验证问题。

4）安全测试。其主要内容为对系统网络安全防护、核心业务数据加密保护等各项安全防护措施进行验证，会对系统的各项安全防护设备的配置使用情况进行验证，甚至是对系统进行模拟攻击入侵，以排查系统潜在安全漏洞，填补系统安全短板为测试目的。压力测试主要解决的是对系统的保护能力问题，通常会配合系统等级测评工作同步进行。

5）容灾测试。其主要内容为系统应对核心计算资源损坏、机房失火、网络中断、数据资源丢失等极端情况时的恢复能力。

2. 高稳定性系统测试原则

企业数字化系统测试工作的开展，需要进行细致周密的工作，才能及时、准确、广泛地发现与排除系统中的各类漏洞，提升系统建设质量，从而达到建设高稳定性数字化系统的目标。

企业数字化系统测试工作原则主要有以下几个。

（1）测试时间宜早不宜迟

企业数字化系统测试宜早不宜迟，主要有以下两个原因。

首先，像单元白盒测试、性能测试等很多测试工作，需要基于对系统实现过程有着清晰掌握的基础上进行。若测试工作不配合系统的开发工作同步进行，则开发人员需要花费更多的时间去查阅设计文档与系统代码分析系统的具体实现过程，造成系统测试工作需要花费更大的人力成本。

其次，尽早进行系统测试工作，可以及时发现系统实现代码中的漏洞与缺陷，减少缺陷代码复用造成不良影响扩大至其他模块，造成各种漏洞组合在一起的情况。相比而言，单个系统漏洞修复是比较简单的，若多个漏洞组合在一起极易造成漏洞间相互干扰，增加系统漏洞原因诊断的难度与工作量。

（2）测试内容宜多不宜少

企业数字化系统的测试内容，功能测试、性能测试、安全测试、容灾测试、压力测试等每部分测试内容都是检验与保障系统建设质量不可或缺的一部分，缺失了其中的任何部分，都将为系统埋下严重的隐患，并在系统上线运行维护过程中逐渐暴露出来，造成系统无法稳定运行，进而影响企业核心业务的开展，为企业造成难以承受的经济损失。由于系统测试工作的缺失短期内不易察觉出其后果，系统开发商由于系统建设进度压力、系统建设经费短缺等原因而缩减系统测试工作中的技术力量投入，特别是对于由外单位承担建设的数字化系统，企业数字化人员应加倍重视系统测试工作。

（3）测试工作需要专职人员负责

企业数字化系统测试工作，应设置专责人员负责相关工作。主要有以下几个原因需要考虑。

首先，设置专职测试人员可避免开发人员隐瞒问题。系统开发人员由于面临工作任务的进度压力，个人主观上是不愿意花费大量时间在已开发功能的测试上的，因为系统测试需要花费大量的时间，而无法体现在开发人员的工作成果上。

其次，设置专职测试人员更容易发现系统问题。系统开发人员由于是代码的编写者，很容易在程序编写过程中形成思维定式无法跳脱出来，进而形成各类逻辑漏洞而不自知。由专职测试人员进行系统测试工作，可以避免思维定式的出现，敏锐发现系统各类潜在漏洞。

最后，设置专职测试人员工作效率往往更高。随着数字化系统测试技术的不断发展，系统测试工作已不再是原来点点鼠标，试用一下功能的简单工作，数字化系统测试工作已成为一个高技术含量的工作。近年来数字化系统自动化测试技术以及各类测试辅助工具的不断演进，系统测试时需要编写大量的测试脚本，各项测试工作也需要凭借工作经验的积累，分析排查系统潜在漏洞。

3. 中国航油高系统定性系统测试经验

（1）智慧航油测试人员组织

智慧航油系统项目组协调由各业务部门组成的系统功能测试组，负责功能测试工作，验证系统的各项功能是否符合需求规格说明书要求，针对系统中存在的业务流程不合理、操作不方便、不适于业务开展等问题提出优化改造意见，减少系统需求变更所带来的额外建设成本，提高数字化系统与实际业务的适用性与使用价值。由数字化管理部门技术人员、系统承建商开发测试人员、等级保护测评单位联合组成的技术测试小组，联合开展系统的性能测试、安全测试、压力测试以及容灾测试，确保系统各项技术指标达到国家等级保护三级要求，各项性能指标以及容灾能够应对业务访问需要，保障系统在极端情况下能够快速切换恢复正常运行。

（2）智慧航油测试方案制定

中国航油项目组协调组织使用单位与技术人员联合制定项目测试方案，明确项目测试的目标、测试方法、测试范围、测试步骤、测试要求、测试环境准备、测试人员、测试时间进度、测试数据、测试预期结果、测试记录要求、测试潜在风险等，并组织系统测试人员进行培训学习，使得所有测试参与者都清楚自己负责的测试任务的具体要求以及测试操作步骤，保障测试任务有序完成，确保系统各项功能均经过充分有效的测试验证，提升系统上线运行后的稳定性。

（3）智慧航油测试安全保障

智慧航油系统测试期间，高度重视系统测试安全。按照生产系统角色互斥性等要求，严格控制系统测试人员访问权限。进入系统的航司客户信息、航空煤油销售数据、结算数据、银行账号信息等初始化数据均进行脱敏化处理，保障系统数据安全，系统的测试用例、测试内容和测试结果均进行保密处理，避免结果外泄造成潜在的系统入侵风险。测试人员输入的测试数据进行恢复还原，保障测试任务之间互不干扰，确保测试工作安全有效。

（4）智慧航油测试工作核查评估

智慧航油系统项目组对测试工作形成的测试记录进行核查，测试记录详细记录测试项目的完成过程、测试输出结果、发现的系统问题，以及问题出现的环境状态等。项目组对项目测试记录进行核查，确保测试工作按照测试方案要求按质按量完成。项目组还会对测试结果进行核查评估，分析每个功能出现的问题数量与问题类型，评估测试方案的有效性并对测试方案进行及时的调整优化，确保测试方案能够有效发现系统潜在安全漏洞与功能问题，从而保障系统建设质量。

3.2.5 高稳定性数字化系统部署

数字化系统部署工作是一个上承系统开发测试、下接系统运行维护的关键环节，是系统上线以及功能变更的标志性里程碑。系统的阶段性建设成果是否达到预期目标，会在系统完成部署后整体显现。正是由于系统部署工作是承上启下的中枢环节，因此很多系统问题会在部署阶段集中出现。企业数字化管理人员需制定各项保障措施，确保系统部署上线工作平稳、高效运行，从而实现提高系统稳定性的目标。

智慧航油系统建设过程中，积极探索实践数字化系统部署运维工作方法，总结积累了以下部署运维工作经验。

1. 高稳定性系统部署工作要点

（1）部署上线模拟验证

1）测试环境部署验证。企业数字化系统上线部署生产环境前，应参照生产运行环境搭建系统测试环境，并将经过系统测试的部署包发布在测试环境中进行模拟验证。首先，在测试系统环境进行部署验证，可以使部署人员提前验证部署升级操作，验证系统总体发布流程及操作，避免出现操作错误、操作遗漏等情况。其次，测试环境能够最大限度地近似模拟生产运行环境的逻辑结构、物理结构、业务流程、系统模块间数据流交互等各项系统真实运行情况，提前暴露部署包程序与生产环境不符的情况并进行及时修复，减少避免系统上线后出现重大故障，从而达到提升系统稳定性的目标。

2）差异环节分析。在测试环境中，无法百分百模拟真实生产环境。首先，搭建一套与生产环境一模一样的测试环境代价过于昂贵，仅用于测试验证工作也是对计算资源的浪费，所以测试系统的物理环境必然与生产环境存在差异。其次，测试环境无法百分百模拟真实的用户操作、业务数据、请求并发等情况，真实的系统运行具有业务特点。所以在模拟验证阶段，要分析甄别测试环境与生产环境的物理差异、业务差异，针对差异情况进行分析与技术论证、测试，减少因环境、业务差异而造成的系统故障。

（2）部署上线管理制度

系统部署上线不单是技术问题，该工作涉及公司所有的系统使用单位，因此企业数字化管理人员应当制定系统部署上线管理制度，协调公司各部门，确保系统部署上线工作稳步有序推进。

1）部署上线审批流程。系统部署上线工作需设置部署上线审批流程，确保系统上线前各项前置准备工作已完成。系统部署上线前需要通过技术部门核验系统指标是否符合要求、业务管理部门核验系统各项功能已通过功能测试、系统使用部门知晓系统部署上线工作的影响范围并根据上线安排调整好自身各项业务工作，协同公司各部门业务调整等，确保全公司各部门应对系统部署上线准备工作已准备到位，避免因系统部署上线导致公司核心业务在无准备状态下突然中断。

2）部署上线操作流程。系统部署上线工作应设置操作流程规范说明，确保系统上线操作人员各项部署操作按照规范要求进行。

① 上线前网络状态、服务器运行情况、软件系统运行状态等系统运行检查记录工作。记录相关情况，可以提前发现生产环境异常并研判对部署工作的影响，可以避免上线前的系统告警与上线后告警混淆，干扰告警诊断排除。

② 系统部署上线涉及的账号、口令授权准备工作。系统部署上线前，确认所需要的各项账号、口令已授权到位、涉及人员已全部到岗，避免部署升级过程因授权、人员缺席等情况导致系统部署上线工作无法正常开展。

③ 系统部署上线网络访问策略调整工作。系统部署上线前应确认部署上线工作是否涉及网络调整，应将相关调整工作前置进行，避免出现部署包已发布而网络调整未完成的情况。

④ 运行状态备份。系统部署上线前应对系统当前运行状态下的应用程序、数据库状态、系统配置等进行备份，以应对系统部署上线失败需要回滚系统状态的情况。

⑤ 系统部署包发布操作流程。制定系统部署包发布操作流程，使系统部署操作过程手册化、检查事项清单化。操作人员按照预先制定好并在测试环境中进行过预演的部署发布流程逐条事项进行，对照检查设置每一个参数，避免人为因素操作失误导致系统发布失败，从而提升系统部署上线工作稳定性。

⑥ 系统部署上线操作记录工作。系统部署上线工作过程中，操作人员需记录自身的操作过程以及完成操作后的系统的运行情况以防出现操作漏项，并为系统部署更新失败后出现故障需要进行复盘分析时，提供过程日志以供分析排除故障原因。

⑦ 系统部署上线检查验证工作。系统部署发布操作执行完成后，需要根据之前的操作记录以及对照发布操作流程进行复盘，确保各项操作均已按要求完成、各项参数均已配置完毕，系统部署上线各项工作均已按预定要求执行完毕。

（3）持续跟踪监控

系统部署上线操作结束后，需要持续监控系统运行状态。系统部署发布人员需持续监控系统的网络状态、计算资源占用情况、接口响应情况、主要功能访问使用情况等，确保系统部署上线后能够反映系统运行正常的各项指标均处于正常状态。为达到此目的，在系统设计研发过程中需要提前分析确定能够反映系统运行状态的各项参数指标，并提前设定各项参数指标的数据收集监控方法，确保部署上线完成后及接下来的运行维护阶段，可以具备有效手段持续跟踪监控系统运行状态，保障系统持续稳定运行。

（4）应急处置预案

应制定配套的系统部署上线应急处置预案，应对部署升级失败及意外事故的系统恢复处理工作。系统部署上线失败，需要以最快的速度排查故障原因。故障原因不清或者故障排除所需时间过长，则应按照预先制定好的系统恢复流程进行系统的回滚恢复。为避免恢复过程人员操作失误，需要提前制定回滚操作手册并进行人员操作培训，确保出现紧急情况时能够快速高效地执行系统回滚恢复操作，避免因布置失败而导致系统长时间中断无法使用的情况。为保障备份程序及备份数据的有效性，在进行应急演练操作时，应对相关程序及数据的有效性进行完整的验证，确保各项应急措施能够有效保障系统在紧急情况下的及时有序恢复。

2. 中国航油高稳定性系统部署经验

智慧航油系统针对自身行业特点，制定了系统的各项部署管理制度、保障措施、监控机制、应急预案，确保系统部署工作稳步有序进行。自 2020 年 5 月上线运行以来，未发生因系统部署和升级工作失误导致系统长时间中断无法正常运行的安全事故。

（1）搭建智慧航油部署上线验证环境

智慧航油系统采用与生产环境同批次、同型号的服务器、存储、交换机、路由器、KVM、防火墙等计算机网络设备，搭建与生产环境相同的测试环境，且测试环境与生产环境物理隔离互不干扰。系统功能需要部署上线前，在测试环境中进行部署验证。系统用户在测试环境中进行功能测试及培训学习，系统部署人员在测试环境中进行部署工作预演，提前暴露部署程序与生产环境不符的情况并进行及时修复。

（2）制定智慧航油部署上线管理制度

项目组协调组织核心业务功能所涉及的业务与技术关键人员，对系统部署上线过程进行评估分析，明确上线工作前必须完成的人员组织、业务作业调整、功能以及技术测试、业务以及技术审核等一系列系统部署上线前置工作，设置相应的上线审批流程以及管理制度，确保各事项按预定要求执行到位，保障系统部署上线工作平稳有序开展。

（3）落实智慧航油运行状态监控机制

智慧航油系统设计阶段已明确系统计算资源、网络运行环境、业务功能使用情况、系统接口调用情况系统技术人员在完成系统部署上线工作后持续跟踪系统各项运行指标，确保系统部署上线完成后各项功能稳定运行。

（4）细化智慧航油部署应急处置预案

分析部署上线工作中可能出现的，部署包发布后无法正常运行、计算资源及网络设备异常、数据资源缺失等各类应急情况，并制定相应的预防措施及系统回滚应急机制，确保系统部署上线异常后能快速有序地排除系统故障、减少系统异常对公司业务开展带来的不良影响。

3.2.6 高稳定性数字化系统运维

数字化系统的运维工作主要是指在系统运行后对系统正常运行所需的各程序、硬件、数据资源等进行日常性维护，以确保系统能够持续稳定运行为目标。数字化系统的运行维护阶段在系统的全生命周期中所占的比例往往是最大的，通常占比都超过80%。用飞机的生命周期来做个比喻，数字化系统的设计、开发、测试、部署阶段就像是飞机的制造阶段，数字化系统的建设阶段好比飞机的制造阶段，通常只有几个月至2年时间不等。数字化系统的运维阶段就像是飞机的飞行使用阶段，制造阶段都是在为使用阶段做准备，数字化系统运行使用阶段通常都是5年、10年甚至20年以上。要保障数字化系统的高稳定性运行，系统的运行维护工作质量起着直接决定性作用。

智慧航油系统建设过程中，积极探索实践数字化系统运维工作方法，总结积累了以下运维工作经验。

1. 高稳定性系统运维工作要点

（1）构建一体化运维管理体系

打通系统运维工作与系统设计、开发、测试、部署等建设环节间的人员管理组织、技术衔接、工作流程审批、制度规范等各个运维管理工作断层，从系统全生命周期平稳有序运行构建人员融合互信、技术标准兼顾、流程统筹高效、制度完整合理的一体化运维管理体系。将系统建设与运维人员机构进行整合搭配，做好系统建设与运维技术环节文档交接与技术培训。贯穿业务、技术、管理等板块搭建系统，快速完成运维事项审批流程，确保系统各项运维工作统筹高效执行，保障系统持续平稳运行。

（2）打造标准化自动化运维支撑体系

融合DevOps开发运维技术体系，将系统建设与运维相关的系统项目管理、集成构建、代码存储、依赖包管理、自动化测试、问题跟踪、部署交付、运行监控等智能化、标准化、自动化技术引入系统建设运维工作之中，提高系统运维工作效率、打通运维工作与建设工作之间的技术断层过渡，打造系统标准化、自动化运维支撑体系。

（3）落实全覆盖检查监控工作

系统运行维护期间，需要定期检查系统各项运维工作落实情况，持续监控系统运行状态。企业数字化管理人员需要定期检查系统的各项运维工作记录，监督运维人员日常是否按照系统运维规范要求执行落实，收集相关单位对系统运行维护工作情况评价与意见，对系统运维工作进行持续优化改进。系统运维人员需按照相关运维要求，持续监控系统的网络状态、计算资源占用情况、接口响应情况、主要功能访问使用情况等能够反映系统运行情况的各项技术参数，确保系统各项指标均处于正常状态，保障系统持续稳定运行。

（4）严抓安全应急处置工作

系统运行维护期间应制定配套的系统运行维护应急处置预案，针对应对恶意攻击、网络中断、系统崩溃、异常访问洪峰、数据丢失、硬件设备故障、机房失火等重大运行事故，设立应急处置组织，明确事故处置人员组成，确保应急小组能在事故发生的短时内完成集结到岗处置事故；制定事故处置预案，明确事故信息报告流程、事故应急处置网络环境检测、系统参数校验调整、热备系统切换、灾备数据恢复等详细步骤与要求，确保事故处置过程有序进行，以最短的时间诊断故障原因并恢复系统正常运行，减少系统事故对企业核心业务开展所造成的冲击。

2. 中国航油高稳定性系统运维经验

（1）智慧航油一体化管理体系

智慧航油系统上线运行前召集业务、技术、管理等工作人员，研讨分析系统运维工作与建设环节间的人员管理组织、技术衔接、工作流程审批、制度规范等各个运维管理工作断层，从系统全生命周期平稳有序运行构建人员融合互信、技术标准兼顾、流程统筹高效、制度完整合理的一体化运维管理体系。将系统建设与运维人员机构进行整合搭配，做好系统建设与运维技术环节文档交接与技术培训。贯穿业务、技术、管理等板块，搭建系统快速完成运维事项审批流程，确保系统各项运维工作统筹高效执行，保障系统持续平稳运行。

（2）智慧航油标准化自动化运维支撑体系

中国航油智慧航油系统基于 DevOps 开发运维技术体系，融入 Maven、Qube、Jenkins、CI/CD、JIRA、Junit 等开源技术框架，系统项目管理、集成构建、代码存储、依赖包管理、自动化测试、问题跟踪、部署交付、运行监控等智能化、标准化、自动化技术等工作均已实现了标准化与自动化辅助，系统运维工作高效有序平稳。

（3）智慧航油全覆盖检查监控体系

基于 Hystrix、Zipkin、ELK、JWT、Grafana 等开源技术，实现对智慧航油系统计算资源、网络运行环境、业务功能使用情况、系统接口调用情况等各项系统运行监控指标进行全方位的实时动态监控。系统出现异常错误、可疑访问、资源占用异常等情况时，系统运维人员可以及时发现潜在安全隐患，及时排除异常警报并对系统进行安全升级加固。系统故障发生后，详细清晰的日志记录为技术人员排查定位错误原因提供完整的依据，确保系统故障能够快速排除，恢复系统正常运行。

（4）智慧航油安全应急处置体系

智慧航油系统项目运行维护管理组根据系统运维工作需要，结合系统高可用等业务要求，制定系统运行维护应急处置预案，针对应对恶意攻击、网络中断、系统崩溃、异常访问洪峰、数据丢失、硬件设备故障、机房失火等重大运行故障，设立中国航油智慧航油系统应急处置小组，由公司数字化业务分管领导、公司数字化归口管理部门与业务使用部门、子公司数字化管理部门、系统承建商管理及技术人员组成，确保系统故障发生的短时内完成应急处置人员集结到岗处置故障。制定系统故障处置预案，明确了故障信息报告流程及详细步骤与要求。公司每年组织系统应急处置小组、运维技术人员、系统业务使用部门进行一次以上的系统事故应急处置演练，确保处置小组掌握故障处置流程、运维技术人员熟练掌握各类系统故障处置步骤、系统业务人员有序切换公司加油作业、油车调度、商务结算、客户服务等核心业务运行应急方案，确保系统故障处置过程有序进行以最短的时间诊断故障原因并恢复系统正常运行，减少系统故障对公司核心业务开展所造成的冲击，确保航空油料加注业务与商务结算等业务能够平稳有序开展。

3.3 增强数字化系统扩展性

企业数字化系统扩展性是衡量系统能否持续适应企业核心业务发展运营需要的重要指标。企业对数字化建设的需求是随着业务的发展而不断增长的，数字化业务系统需要根据业务开展以及与其他合作单位的数字化合作不断加深，而进行不断的迭代升级与功能扩展。如何搭建一套符合中国航油业务模式特点以及自身业务发展需要的数字化系统，成了中国航油数字化建设管理人员需要解决的问题。

3.3.1 数字化系统扩展性概述

数字化系统扩展性是指系统技术架构应对功能持续扩展集成并保障系统各个功能安全、高效、平稳运行的能力。企业数字化系统的扩展性主要涉及系统算力扩展、系统业务扩展、系统模块整合三大主要问题。为达到企业建设高可扩展性的数字化系统的目标，企业数字化管理人员需要基于企业自身特点以及未来企业发展需要，提前进行系统功能、性能等方面扩展规划设计，使数字化系统技术架构具有优良的可扩展性，以应对系统因业务需求扩展而需要对系统功能不断进行扩展集成的需要。

世界著名软件设计师提出的扩展立方体理论很好地描述了企业数字化系统的扩展问题。他将企业数字化系统扩展比作一个立方体，可分为 X 轴、Y 轴、Z 轴三个方向。X 轴横向扩展，即将系统业务模块复制成相同的副本后由负载均衡设备将访问请求分配到各个副本，实现对高并发访问的算力扩容。Y 轴纵向扩展，即将系统业务模块根据业务功能、使用单位等逻辑进行纵向拆分，使拆分后的每个模块高度内聚，提升系统进行业务扩展的灵活性以及所需要付出的变更成本。Z 轴扩展类似于 X 轴扩展但又有所区别，与 X 轴扩展是将系统完整复制扩展不同，Z 轴扩展是将应用按数据集、服务地理区域等进行服务负载划分。

3.3.2　高扩展性系统算力扩展

系统算力扩展，指的是数字化系统服务器、存储等运算存储资源可以随着系统的持续扩大以及计算量需求的不断增加，在系统原有算力资源与技术架构下进行系统算力扩展的能力。数字化系统的算力资源建设很难在系统建设阶段彻底充分考虑未来十多年系统运行阶段所需的算力资源，过度超前的算力资源投入容易导致算力资源的浪费，增加企业数字化系统建设投入成本。数字化系统只需具备良好的算力扩展能力，即可在系统算力资源不足以满足系统业务功能运行需要时及时进行算力扩展工作以保障系统高效平稳运行。

1. 系统算力扩展技术概述

近年来，随着数字化建设的稳步推进，云计算、大数据、分布式系统等技术的快速发展，数字化算力扩展技术也迎来了快速迭代升级，数字化系统进行算力扩展的工作复杂度以及成本投入已大大降低，数字化系统算力扩展后的系统运行稳定性显著提升。目前数字化系统进行算力扩展的主要方式有公有云租赁、私有云搭建、混合云三种形式。

（1）公有云

公有云是指企业租用由阿里巴巴、腾讯、百度、华为等第三方云计算服务提供商的计算资源，将企业自身的数字化系统部署其中，基于互联网向企业本单位以及合作单位提供数字化系统服务。

由于公有云的建设规模相比于企业自建私有云要大很多倍，且计算资源在所有租用企业间实现资源共享，所以企业租用的公有云因业务发展需要进行算力扩容时，第三方云计算运营单位可以十分快速地从其庞大的计算资源池中划拨出新的计算资源供租用企业使用，企业得以通过较低的成本投入实现算力的扩展，且由于公有云提供商会配套提供云计算资源的运维与防护服务，因此也节约了企业数字化系统计算资源运维成本。

公有云是运营在第三方机构手上且公有云是通过互联网提供服务的，因此公有云模式适合对企业数据以及网络安全没有严格保密要求的数字化系统。

（2）私有云

私有云是指企业基于 OpenStack 等开源云计算协议、VMWare 等虚拟化技术、微服务容器技术以及 Kubernetes 容器管理技术等形成完整的企业算力资源技术体系，将自行采购服务器、存储资源、负载均衡设备、安全防护设备以及网络通信设备等有机地组合在一起，形成资源高效共享、运行高效稳定的企业计算资源私有云。

近年来由于微服务、虚拟化、容器化技术的快速迭代发展，企业自行构建私有云的技术难度大大降低。微服务容器化技术针对虚拟机技术的高资源占用、资源分配独享、运行效率低、部署操作过程复杂等缺点，基于宿主操作系统 Namespace 隔离技术对系统进程进行直接调用，避免了另行安装虚拟操作系统等造成额外资源消耗，提升了微服务间资源共享效率，减轻了算力扩展所需的工作难度。

企业搭建的私有云是掌握在自己公司的数字化技术团队中，因此企业能够针对性地根据企业自身的服务需要对私有云的硬件配置进行针对性的建设以适应企业自身数字化业务发展需要。同时企业私有云无须放在互联网上，也不依靠第三方进行维护，因此私有云的数据安全性更高。

首先，由于企业私有云是本单位自行建设使用，因此在进行算力扩容时需要自行采购计算资源进行扩容，建设周期较长，无法像公有云那样以极短的速度实现算力扩容。其次，因企业内部自身业务模式的趋同性企业私有云的访问高峰相对集中，企业为应对访问洪峰需要投入大量算力资源，而在非高峰访问时段算力资源无法得到有效利用，因此私有云存在计算资源使用效率相对较低、成本投入高、算力扩展时效性差等缺陷。

（3）混合云

混合云是指企业通过同时依托公有云、私有云的形式，将企业安全要求、数据价值以及数据敏感度较高的核心业务放在自身能够完全掌控的私有云中运行的同时将安全要求以及数据敏感度较低的业务模块部署于公有云资源中。

企业数字化系统采用混合云的形式进行建设，既实现了对高价值、高敏感的安全掌控又减轻了算力资源压力，既节约了算力资源建设的投入又增加了企业数字化系统算力资源应对访问洪峰的能力，既缩短了数字化系统算力投产周期又增强了企业数字化系统算力扩展的灵活性。与此同时由于混合云虽要同时整合私有云以及公有云，这也增加企业数字化系统架构设计、运行维护以及数据整合等工作的难度。尽管如此，由于兼具私有云与公有云的优势，混合云建设方案越来越受到各方企业的支持，成为未来发展的趋势。

2. 中国航油算力扩展建设经验

智慧航油系统是涉及全国两百多个机场航空油料加注安全、每年上千亿元油款结算的新型数字化应用，系统安全是中国航油生产经营的基础。因此在构建企业数字化系统算力架构时系统安全是放在第一位的，安全因素是中国航油系统算力架构选择的决定性因素。正是出于把系统安全牢牢掌握在自己手上的考量，智慧航油系统算力架构基于虚拟化以及容器化技术体系，构建系统智慧航油结算专属私有云与航油加注系统分布式运算的企业级混合算力体系。

（1）基于虚拟化技术进行算力整合

智慧航油系统基于分布式计算技术体系在全国 50 个干线机场分布式部署了数百台服务器支撑智慧航油航空油料加注模块业务日常运行。这是由于智慧航油系统业务覆盖全国 200 余个机场，现场作业的高可用要求在系统建设之初通过互联网 VPN 网络环境是很难得到保障的。为此，智慧航油的航空油料加油系统采用了分布式运算体系，确保每个机场可以在网络中断的情况下仍然可以独立支撑智慧航油系统航空油料加注模块的正常运行。

智慧航油系统基于 OpenStack、Docker、VMWare 虚拟化技术体系十多台高性能服务器算力资源搭建了中国航油私有云服务器集群支撑智慧航油商务结算、客户服务、数据对接等模块运行。这是由于商务结算、客户服务以及数据对接天然地具有集中性处理的业务特点，其对系统的高可用程度较航空油料加注等生产业务相对要低。

自 2018 年系统投入运行以来，中国航油智慧航油系统航空油料加注模块以及智慧航油云平台未发生因系统及网络原因导致航空油料加注、油款商务结算、航空公司客户服务等业务中断的情况，系统分布式算力架构设计达到了预期效果。

（2）基于容器云技术进行算力扩展

智慧航油系统基于 Docker 微服务技术以及容器云管理技术，将每个业务模块根据业务访问量复制为多个完全相同的微服务副本，通过 Ribbon 负载均衡策略分流处理业务访问请求。当某个业务模块访问请求过高处理压力较大时，可直接通过复制增加相应模块的微服务副本，实现智慧航油系统该业务模块的算力扩展。

智慧航油系统中的每个微服务模块都是高度独立内聚的模块，每个模块负责专项业务功能，每个模块通过预设的 API 接口以规范的调用标准向外提供服务。当某个模块因为微服务的吞吐量和性能要求需要进行算力扩展时，可以针对特定微服务模块进行动态扩展、限流、降级等算力扩展，提高了系统算力扩展的精准性，避免了整个系统整体进行算力扩展所带来的业务冗余以及算力资源浪费。微服务技术有效降低了智慧航油系统算力扩展的技术难度与操作复杂程度。

智慧航油系统算力体系自 2018 年投入使用以来，系统算力体系已平稳、高效地支撑完成累计达数以百万架次的航空油料加注业务保障以及油款商务结算业务，有效保障中国航油各项核心业务的平稳有序开展。

3.3.3　高扩展性系统业务扩展

数字化系统业务扩展性是指系统技术架构应对业务扩展需求的能力，在原有系统需求与技术架构的基础上融合扩展新的业务需求时，能够保障新旧系统业务模块之间的数据能够高效交互，不同业务模块的业务数据能够汇聚整合。数字化系统在完成需求调研以及系统详细设计后，在系统开发建设过程中以及上线运行之后，因为需求调研不准确、业务模式变更、新业务开展需要等情况，数字化系统需要进行持续的扩展升级。为确保数字化系统具有良好的业务扩展性，当系统功能边界需要进行扩展升级时，系统可以在原有的基础上以相对较少的开发成本完成新增业务模块的功能扩展，新增进来的功能模块能够与原系统达到功能兼容、性能高效、运行稳定的目标。

1. 系统业务扩展技术概述

目前企业采用的主流业务扩展架构方式是通过微服务技术体系实现系统具有业务高可扩展性的目标。微服务架构是一种云原生系统架构技术，是一种把系统封装设计思想，系统功能通常被封装为一个个相对自治的模块，通过标准化 API 接口与系统其他组成部分进行通信协作，极大地降低了系统的模块业务复杂性。

（1）模块扩展

Docker 是目前应用最广泛的微服务实现技术，针对虚拟机技术的高资源占用、资源分配独享、运行效率低、部署操作过程复杂等缺点，Docker 自行实现了与宿主操作系统 Namespace 相似的隔离技术对系统进程进行直接调用，现实了微服务之间的资源访问相对隔离，保障了系统微服务模块之间相对独立性。

系统需要扩展新的业务功能模块时，新的业务功能模块只需要调用原有系统模块通过 API 接口调用原模块功能即可实现与原系统业务模块业务功能整合。

（2）模块管理

随着服务和容器的激增，对大型容器进行编排和管理很快成为关键挑战之一。Kubernetes 已经成为世界上最受欢迎的容器编排技术之一，因为它做得很好。

2. 中国航油智慧航油系统业务扩展建设经验

智慧航油系统基于云容器的中台体系部署的技术路线，Docker 解决了应用运行环境整体打包的问题，确定了分层镜像格式，简化了开发运维流程。Kubernetes 作为一个容器编排工具，解决了应用生命周期管理框架的问题，使得分布式运行更加容易，资源分配更加灵活，管理方式更加便捷，同时提供了服务发现、负载均衡等功能，用户更多专注于镜像的交付和应用的构成。

智慧航油使用 Kubernetes 对云资源环境进行管理。Kubernetes 是 Google 开源的一个容器编排引擎，它支持自动化部署、大规模可伸缩、应用容器化管理。在生产环境中部署一个应用程序时，通常要部署该应用的多个实例以便对应用请求进行负载均衡。

在 Kubernetes 中，我们可以创建多个容器，每个容器里面运行一个应用实例，然后通过内置的负载均衡策略，实现对这一组应用实例的管理、发现、访问，而这些细节都不需要运维人员去进行复杂的手工配置和处理。

Kubernetes 可以提高计算资源的利用率和服务的弹性扩展能力。业务容器镜像一次构建，可运行在多种环境，配合自动发布应用可大幅提升研发效率。此举可以消除本地依赖，迁移成本低，解决服务商锁定问题，实现运维自动化。

智慧航油项目中使用容器技术对各服务节点进行管理。Docker 是一个开源的应用容器引擎，让开发者可以打包他们的应用以及依赖包到一个可移植的镜像中，然后发布到任何流行的 Linux 或 Windows 机器上，也可以实现虚拟化。容器是完全使用沙箱机制，相互之间不会有任何接口。

由于容器不需要进行硬件虚拟以及运行完整操作系统等额外开销，Docker 对系统资源的利用率更高。无论是应用执行速度、内存损耗或者文件存储速度，都要比传统虚拟机技术更高效。因此，相比虚拟机技术，一个相同配置的主机，往往可以运行更多数量的应用。

3.3.4 高扩展性系统模块整合

数字化系统进行扩展的一个前提是原有系统可以与旧系统整合在一起，相互之间的系统业务可以高效顺畅地连接成一个整体。要达到此目标，就需要为数字化系统进行模块整合设计，为系统模块间定义通信的消息以及提供消息接口调用方法。

1. 模块消息

（1）XML 技术介绍

XML 可扩展标记语言。

SGML 标准通用标记语言。

HTML 超文本标记语言。

HTML 的设计思想继承于 SGML，认为文档表示应该是一个标准化的格式，所以它的标签元素是一个由 Head、Body 等子元素组成的固定格式。

（2）HTML 介绍

1）HTML 的优点。HTML 是数字化技术发展的一个重要里程碑，提供了一个多媒体数据的解释展示解决方案，第一次实现了超文本内容的传输与展示。由于它的格式是固定的，简化了浏览器解析展示多媒体内容的难度，其提供的数据展示标准也一直沿用至今。

2）HTML 的缺点。HTML 其设计思路只注重于数据的展示，没有考虑数据本身的逻辑结构校验检查等问题。

HTML 数据的展示与数据的传输存储是耦合在一起的，结构混乱，数字化建设以及维护工作量大。

XML 是为了克服 HTML 在数据传输存储上的缺陷，对 Web 的数据内容提供了通用的处理方法。XML 提供了用户自定义标签的机制，配备了数据结构定义技术 DTD 以及 XSD。

（3）XML 的意义

使数据存储从 HTML 中分离出来，HTML 只需要负责数据展示和用户交互响应。

XML 已成为一个被最广泛接纳的数字化系统间数据交换传输的国际标准，它是与软件语言、硬件系统、平台无关的数据标记语言。

2. 模块通信

（1）微服务接口

微服务调用的主要机制是每一个微服务首先在 Eureka 等微服务发现管理框架，存储所有的微服务节点信息，各微服务定时向 Eureka 发出心跳信息表明微服务状态正常。Feign、Ribbon 等负载均衡框架将访问请求与微服务进行匹配，从而将微服务的调用者与微服务提供者整合为一体。

（2）消息队列

消息队列的主要机制是在系统服务调用模块与服务实现模块中间引入消息队列作为缓冲，使系统模块之间实现解耦。在消息队列机制中，服务调用模块称为消息消费者，服务实现模块称为消息生产者。

3. 中国航油系统模块整合建设经验

智慧航油系统针对与民用航空上下游单位系统的数据直连对接需求，基于 XML 技术，制定了系统通用数据交换协议。

3.3.5　中国航油高扩展性架构经验

中国航油致力打造融合航空油料产业链全要素、全流程、全场景的智慧航油生态圈，整合炼厂、国内外各大航空公司、各类型金融机构、各运输航空以及通用航空机场、解决与各单位对接，消息标准统一问题。

智慧航油系统是面向生产、服务航司客户、承载着航油公司核心业务的关键数字化系统。提供一个可跨平台、适配航空油料产业链各单位数字化系统差异的数据交换传输标准，成了中国航油必须去解决的一个数字化系统建设任务。

1. 智慧航油系统设计原则

为实现系统预定建设目标，结合航油保障业务高安全性、高可靠性的要求，中国航油系统设计过程中，遵循以下设计原则。

（1）规范性

由于系统需要与民航产业单位进行系统数据直连共享，为达到与航油产业链上下游单位实现高效协同作业，系统涉及航空油料、银行、客户等多方系统的对接。由于涉及的单位众多且各单位之间的技术结构差异较大，因此系统的接口设计需要具有规范性的要求，向各对接单位提出明确的对接要求指引，以实现各方数字化系统的直连对接。民用航空业具有浓厚的行业特色，相关的行业法律法规要求较多，中国航油自身出于安全生产与经营管理需要，也出台了完备的规章制度。因此系统的架构设计规范需要统筹考虑国家标准规范以及公司内部的规范标准要求。

（2）先进性与成熟性

智慧航油系统是面向生产、服务航司客户的大型数字化平台，前端业务对系统提出了高度的业务支撑能力要求。为提升系统对于业务的支撑能力，因此系统采用了中台技术。大型中台建设需要耗费企业大量的人力成本和资金投入，且中台一旦建成将作为企业数字化的底座而长期使用，需要保证系统架构具有一定的先进性，能够保证中国航油未来数字化建设发展需要。

航空油料保障业务对系统也提出了高可靠性的要求，所以智慧航油系统选用技术架构时要同时兼顾技术的成熟性。成熟的技术是经过长期实践检验的，绝大部分缺陷与局限性已被发现与排除，可以有效避免因为技术架构过于超前先进而影响系统的稳定运行。再者，各大开发商对成熟技术相关产品的兼容性更好，可以保障系统各项技术之间具有更好的兼容性。

（3）安全性和可靠性

安全性对于智慧航油系统集成的运行和持续建设是至关重要的，系统的技术架构需要统筹考虑通信网络以及应用软件的安全性。

智慧航油系统服务于全国 200 余个机场，业务量十分庞大，所以系统架构设计还需要考虑系统的可靠性，以确保系统可以长期不间断地运行及交换。

（4）经济性和易用性

智慧航油系统立足于赋能中国航油核心业务、服务全球民航客户，目标是以数字化手段增强公司的生产、经营管理水平，从而加强公司的盈利能力。所以系统的架构设计需要满足经济性原则，避免因为数字化建设成本过高而使公司投入负担过重，进而影响数字化建设进度和效果。此外，智慧航油系统使用用户面向中国航油生产一线员、机关职能部门以及机场、航空公司等单位员工，用户组成复杂，人员数字化系统应用能力高低分布不均，为保证智慧航油系统的使用效果，系统的架构设计还需要满足易用性要求。

2. 智慧航油系统整体架构

（1）系统总体架构

智慧航油系统的应用架构，按照"中台"理念设计，对客户服务、商务结算、数据应用、基础管理和系统对接等功能进行统筹设计，建立可沉淀共享的微服务功能，构建中台体系，提供给航油公司一套成熟、可靠的中台架构，以及基于该架构实现的上述各项业务应用。

智慧航油系统建设以云计算、大数据、人工智能、智能算法、中台技术等数字化技术为核心，遵循各项技术规范及要求。通过构建涵盖公司客户服务、销售、商务结算全流程业务的一体化云平台，支持建立有效降低经营风险、全面提升运营效率、显著提升客户服务水平的生态化运营体系。同时，沉淀数据资产，建立连接航油公司资本、资产与资源的赋能平台。在系统建设方面，需要与航油公司现有的结算系统和客户服务系统相结合，同时在系统集成方面，需要与多个内外部系统无缝对接。为方便部署，系统需要具备良好的扩展能力、快捷的部署能力，并提供标准化的数据接口、通用化的业务模型，以及灵活可配的系统策略。

设计要点：

1）微服务核心技术支撑。智慧航油系统以微服务为支撑，利用微服务技术架构进行设计和拆分，通过模块化、组件化的方式可快速开发、高度复用，支持微服务产品灵活配置，实现系统的快速迭代和更新。

2）"小前端、大中台"设计原则。智慧航油中台体系建设以小前端、大中台的原则进行高阶设计。前端具备高度创新与灵活多变的优势，实现快速设计与迭代，中台强调总体设计的协调性，突出各业务特性。"小前端+大中台"的策略可快速响应客户特殊需求，支持业务快速变革。

3）权限配置下放。以高效、科学为管理理念，将权限配置下放至各部门，支持各部门业务高效运作。

最后智慧航油系统基于集成设计原则进行系统集成，为覆盖面广、复杂的信息系统进行集成，将容错、恢复、弹性、监测、性能管理能力等作为集成时重点考虑的内容，改善业务过程。

（2）容器部署架构

智慧航油系统采用微服务架构，该系统架构传统的本地应用程序扩展到最佳的 SaaS 应用程序，标准协议和数据格式可使互操作性更加便利。在应用的集成"层"，包括企业服务总线等，会桥接起各个传统的应用程序和数据，服务间的通信必须通过网络远程调用。在 CCF 云服务架构下，通过 Restful API 和可靠消息队列来集成服务提供给其他微服务，这些集成服务也部署为微服务，并都以相同的方式作为新的业务服务，使用消息队列实现异步通信。

智慧航油系统容器服务的大部分 Web 服务还是使用 OMAD 自动部署平台使用构建机器构建并远程部署至目标机器。容器具有快速轻量的优势，容器的启动，停止和销毁都是以秒或毫秒为单位的，并且相比传统的虚拟化技术，使用容器在 CPU、内存、网络 IO 等资源上的性能损耗都有同样水平甚至更优的表现一次构建，到处运行。当将容器固化成镜像后，就可以非常快速地加载到任何环境中部署运行。而构建出来的镜像打包了应用运行所需的程序、依赖和运行环境，这是一个完整可用的应用集装箱，在任何环境下都能保证环境一致性完整的生态链，特别是 Docker 镜像的设计，完美地解决了容器从构建、交付到运行，提供了完整的生态链支持。

在本地更新部署模式下如果想更新环境就需要 ssh 登录到多个目标机器上更新，另外部署完的模块不能根据需要迁移目标机器，这些问题在最近几个迭代中线下环境的联调环境以及测试环境进行了改进，即转变为集群管理更新模式。所谓集群管理更新模式是指将目标机器分别独立去使用 Kubelet 监控管理转变成注册到 Kubernetes Master 上去管理。在 Dashboard 上调用创建 Deployment 来启动对应微服务的部署与更新，可以可视化地查看部署进度和状态，以及可以动态地指定服务部署的目标机器，以便于一台目标机器宕机快速地从另外一台目标机器上拉起服务的场景。

（3）大数据架构

智慧航油系统大数据技术架构以 Hadoop 技术生态圈为基础，根据数据采集、数据整合、数据处理、数据存储、数据消费和数据管理的要求，选择主流、稳定的功能组件进行整合，实现大数据的整体架构。

根据功能架构主要由数据集成框架、数据存储框架、数据计算框架、数据应用框架、平台管理组成。

数据集成框架是大数据框架用于整合各种数据源的技术解决方案，根据数据源的存储格式、产生方式、生成时效、消费方式等不同，通过数据采集组件、消息组件、日志采集组件和流式数据组件满足各种场景的需求。

数据存储框架是大数据架构的底层功能，实现从数据接入数据消费整个环节的数据存储功能，为满足数据整个处理流程和数据应用性能需求，结合数据存储的分层设计，数据存储框架分为数据湖组件、数据仓库组件和数据集市组件。

数据计算框架是实现数据应用的解决方案，根据数据处理的环节、数据存量的级别、数据增量的级别、数据形态格式、数据应用场景和深度等因素，将数据计算框架分为批量数据处理、流式数据处理、应用编程模型和数据分析模型。

数据应用框架是为数据应用的终端用户提供功能服务，实现数据的展示、分析，同时架构提供 JDBC 接口，支持第三方的 BI 开发工具实现数据的应用开发，如 FineBI、Tableau、宇动源 BI 报表和自由页面。

截至 2022 年 6 月初，智慧航油系统已与空管、南航、东航、海航、厦门、圆通、汉莎、酷虎等二十余家航空公司，50 座干线机场航显系统，中、工、农、交、平安五家银行系统的数据共享和业务互动，构建了涵盖航空油料产业链的数字化生态圈。

智慧航油系统采用虚拟容器为基础，以微服务架构为框架，采用 MQ 消息通信机制。针对智慧航油系统需要与民航生态圈航空公司、商业银行、炼厂、各地机场、空管局等单位对接，各单位的系统异构程度高，制定了一套能够适应各种场景的基于 XML 技术的数据交换标准，实现中国航油智慧航油系统的高可扩展性。

3.4　优化数字化系统高效性

近年来随着云计算技术推广普及，企业单位算力成本投入逐年下降，微服务与容器技术的成熟与应用，企业数字化系统的业务集成整合难度也大幅下降，企业进行数字化系统性能瓶颈对业务开展的制约程度下降了。但这并不意味着企业数字化系统建设过程中不需要考虑系统的运行高效性问题。

企业数字化系统的运行，往往面临着业务数据不断积累，业务功能不断增多，用户人群不断增大等发展因素困扰，数字化系统在进行技术架构设计时就需要提前对相关问题进行考虑设计。忽视数字化系统高效性建设，会使系统算力成本扩容成为企业的数字化负担，影响系统使用体验，极端情况下会出现系统核心业务响应时间过长而导致系统无法正常使用而最终被迫弃用的情况出现。如何保障数字化系统持续高效、流畅运行，仍然是企业数字化管理人员需要解决的问题。

3.4.1　数字化系统高效性概述

企业数字化系统的高效性是通过响应时间、业务吞吐量、资源使用率、访问并发数等具体的技术指标展现，系统的高效性表现情况直接影响着系统用户的使用体验。

为达到使数字化系统具有良好的性能表现与用户体验，系统建设需要在系统缓存机制、并发处理、资源池化、数据库架构等多个方面进行性能调优工作。

衡量数字化系统高效性的指标主要有以下几个。

1. 请求响应时间

请求响应时间是指从用户发起请求到用户看到请求结果的整个交互过程所耗费的时间。请求响应时间由客户端请求数据准备与发送时间、服务器接收请求数据与返回数据准备、客户端请求结果接收与展示三个时间段组成。客户端请求数据准备与发送时间以及客户端请求结果接收与展示两个阶段，主要的影响因素是网络的稳定性以及数字系统的并发吞吐量，数字化系统高效性的主要工作是在服务器接收请求数据与返回数据准备这个系统业务处理环节，因此系统高效性建设重点也是针对在该环节存在的性能问题而展开。

2. 吞吐量

数字化系统吞吐量主要表现为请求并发处理能力、单位时间事务处理能力（TPS）、网络数据承载能力。并发数主要的制约条件是操作系统的进程数、句柄等资源制约，对应的性能优化技术是进程资源池化等技术。事务处理能力主要反映的是系统数据库业务处理能力，比如同时进行某项业务的查询、修改操作，所对应的性能制约因素是与数据库的套接字连接资源以及其他具有事务完整性、一致性要求的如数据接口等系统事务处理资源。网络数据承载能力主要是反映系统的网络资源对于数据信息的传输保障能力，特别是当系统存在大量的文件上传与下载操作时，网络的数据信息传输能力往往会成为制约数字化系统吞吐量的短板。

3. 资源占用率

数字化系统的运算资源占用情况将会影响系统高效性表现，如中央处理器运算时间、内存、磁盘存储资源、网络带宽等。资源占用率是衡量数字化系统资源使用情况的重要指标，当系统资源出现高占用状态时应及时分析系统资源占用原因，由于公司业务发展而带来的数字化业务增长，应该及时对系统资源高占用原因进行分析并进行相应的优化工作。

3.4.2 高效性系统响应时间优化

1. 响应时间优化技术介绍

数字化系统的响应时间表现具体体现在用户请求响应时间由客户端请求数据准备与发送时间、服务器接收请求数据与返回数据准备、客户端请求结果接收与展示三个时间段的时间消耗。要达到响应时间的高效性，需要利用高速缓存技术、数据库分库分表优化等对系统的各个环节进行性能优化。

（1）高效系统缓存机制

高效系统的缓存机制是一个多级的缓存机制，由浏览器缓存、服务器中间件缓存、业务数据缓存等多重机制组成。

浏览器缓存可以把重复加载的图片、系统界面样式、系统公共脚本等资源进行缓存，从而减少系统功能加载时所消耗的响应时间。

服务器中间件缓存机制是利用前端变化频率小的特点，将前端资源进行缓存以减少页面加载所消耗的计算资源。目前主流的服务器中间件缓存技术有 Nginx 本地缓存技术。目前主流的业务数据缓存技术体系有 Redis、Memcached 等缓存技术。

（2）数据库结构优化

数字化系统的数据库随着使用时间的增长，其所存储的数据也会不断递增，因此需要对数字化系统中未来使用周期内数据增长情况进行一个评估分析，针对数据量特别大、使用频率特别高的数据进行分库分表处理。

如像存储业务数据记录的表格，每年都以百万、千万条的速度增长，其单库单表数据库操作所花费的时间必然会随着系统投产使用时间的增长而成倍增长，系统的响应时间、吞吐量、并发量等性能指标将会持续下降。对核心业务数据表按照 id、日期等规则进行分表操作，可以使业务库业务查询表现不会随着系统投产时间的延长而持续扩大并保持相对稳定。对系统数据库进行分库处理，可以有效解决单库访问性能瓶颈问题，优化系统数据库并行访问能力。

数据分库分表处理的使用也会带来数据一致性等问题，需要配合读写分离、主从同步的数据库优化措施同步实施。

（3）数据库读写优化

1）表索引。针对以读操作为主且较少进行写操作的数据库表，可以对数据库表建立索引。索引可以极大地加速表数据查询读取速度。

2）存储过程。数据库存储过程技术具有一次编译、多次运行的特点，能够避免 SQL 注入等安全漏洞的出现，具有较高的安全性与高效性，适用于重复调用的表查询、大批量数据读取、计算量较少的数据库应用场景。

（4）文件读写优化

1）文件预加载技术。文件读写瓶颈的形成原因主要是磁盘等传统数据持久化存储设备的过低，导致文件读写进程需要长时间等待数据持久化设备的读操作与写操作完成而出现进程中断等待。系统可针对合同模板文件、示例图片文件等高频读取的特点，提前将相关文件加载到内存之中。

文件预加载技术可分为前端预加载以及服务器端文件预加载。前端预加载是指浏览器、App 等将客户端需要频繁使用的文件进行预加载，减少系统客户端需要使用相关文件时所消耗的时间。服务器端文件预加载是指对系统服务器端中需要高频使用的文件资源提前从文件系统加载到系统内存资源中，减少系统服务器端需要使用相关资源时从缓慢的磁盘设备中加载相关文件资源所消耗的时间。

2）文件批量读写。文件读取过程中，会造成系统业务处理进程的频率中断。对于文件读写操作实时性要求不高的系统业务，可将相关的文件读取写操作进行定时的集中批量处理，这样可以减少文件读写导致的系统业务处理进程的等待，提高文件读写处理效率。

2. 中国航油响应时间优化建设经验

智慧航油系统基于 Redis、Hive 等技术体系，建立了高效的系统业务处理机制，保障系统响应时间表现。

（1）智慧航油系统高速缓存机制

智慧航油系统针对航油加注、商务结算高速响应的业务需求，采用浏览器缓存、移动端数据缓存与服务器中间件缓存相结合的模式，对系统响应时间指标进行针对性优化。

浏览器端对系统基础框架相关的 JS 脚本、图片、基础数据等进行缓存，配合数据版本检查机制，避免了高频使用数据的重复加载，从而提升了系统客户端响应时间表现。

移动端 App 在对 JS 脚本、图片、基础数据等进行缓存的同时，针对在移动端 App 进行的多为航油加注订单业务，因此系统移动端 App 提前主动批量加载相关航油加注订单信息，减少了移动端 App 在数据需要使用时才向系统服务器端发起数据使用请求所需要的数据加载时间消耗，从而提升了系统移动端 App 响应时间表现。

服务器端对高频访问的各公司航油加注订单信息等业务数据、航油加注总量等计算结果、油单文件字符串等进行缓存，避免了各类业务数据与文件重复从数据和文件系统中进行读取加载，避免了各类统计数据的反复计算，从而提升了系统服务器端对业务处理的响应时间表现。

（2）智慧航油系统业务数据拆分规划

智慧航油系统是一个服务于公司生产与运营的数字化系统，每天都会产生数以万计的航油加注记录、商务结算记录、客户服务记录等系统数据，投产以来已产生近千万条的核心业务数据，系统业务数据量庞大。

智慧航油系统将航油加注记录、商务结算记录等业务数据按照业务时间进行分表存储，解决智慧航油系统随着投产时间延长业务数据不断累积而导致数据库读取时间成倍延长的问题。系统还针对航油加注、商务结算、客户服务等不同业务板块业务，建立对应的数据库分库存储，进一步提升数据库存取性能表现。

（3）智慧航油系统数据库读写优化

智慧航油系统针对航油加注计划、客户服务信息、商务结算信息等以读操作为主且较少进行写操作的特点，对系统数据库相应表建立索引。表索引的建立极大地加速表数据查询读取速度。同时针对航油加注、商务结算等业务事务性较强且逻辑复杂的特点，系统将相关业务的处理逻辑编写为数据库存储过程，利用具有一次编译、多次运行的特点，有效提高相关业务数据库 SQL 语句解释与执行效率，避免 SQL 注入等安全漏洞的出现，实现系统数据库读写响应时间的优化目标。

（4）智慧航油系统文件读写优化

智慧航油系统针对合同模板文件、JS 脚本、图片文件等高频读取的特点，系统的客户端与服务器端分别对相关文件加载进行优化处理。系统将上述需要频繁使用的文件进行预加载到客户端中存储，减少系统客户端加载相关文件时所消耗的时间。系统服务器端处理程序提前将相关文件预加载到系统服务器内存资源中，减少系统服务器端频繁从缓慢的磁盘设备中加载相关文件资源所消耗的时间。

系统针对航油加注确认单文件标准化处理、银行结算回单文件归档处理等业务数量大、实时性要求不高的特点，将相关业务文件处理操作设置为定时触发的文件读写批处理任务，将相关文件读写操作进行集中连续批处理，提高了系统处理相关文件的效率，减少相关文件读写导致的系统业务处理进程的等待而造成系统业务处理进程的频率中断问题。

系统通过以上措施避免了文件读写进程长时间等待数据持久化设备的读操作与写操作完成而出现进程中断等待的问题，实现了系统文件读写响应时间的优化目标。

3.4.3 高效性系统高吞吐量机制

1. 高吞吐技术介绍

（1）数据库读写分离

数字化系统关系型数据库为确保数据的完整性，当数据库进行写操作时会对相应的表以及数据记录加上他性的写锁，当数据库进行读操作时会对相应的表以及数据记录加上可共享其他读操作而阻塞写操作的读锁。由上可知，关系型数据库的读、写操作是会相互干扰的，因此对数据库进行读写分离将会大幅提升数据库的性能表现，当数据库出现性能瓶颈时，进行读写分离也是非常有效的解决方案。

数据库读写分离处理原理是把数据库架构为具有主从关系的数据库存储结构，数据读操作在从数据库中进行，数据写操作在主数据库中进行，主数据库数据进行修改后将新的数据同步到从数据库中，从而避免了数据库读写操作之间相互干扰，提升数据库读写性能表现。

（2）系统业务模块拆分

数字化系统进行业务模块拆分，把系统业务模块设计为高内聚、低耦合的功能模块。依托于微服务、虚拟化容器等技术架构，当某个业务模块出现高并发访问而产生性能瓶颈时，可以对特定模块进行业务算力扩容，从而保障系统业务的高并发处理能力。

（3）负载均衡机制

数字化系统业务吞吐能力的一个重要体现就是对系统用户业务请求的负载处理能力，数字化系统中运用负载均衡技术能够将系统业务请求动态分布到企业数字化业务运算处理设备集群中的各个服务器进行处理，避免单个或局部服务器业务达到性能瓶颈后业务请求无响应等情况出现，从而达到提升数字化系统业务吞吐量的目标。

数字化系统的负载均衡实现方式主要通过负载均衡硬件设备或负载均衡软件程序实现。通常采用 F5 等负硬件设备来进行负载均衡其稳定性以及效率更高，但设备价格较为昂贵。近年来，随着 Nginx 反向代理等软件负载均衡技术的发展成熟，采用软件形式进行系统负载均衡已能满足大多数数字化系统需要，因此以 Nginx 反向代理为代表的软件负载均衡技术成为目前的技术主流。

（4）文件存储

数字化系统的文件访问环节很容易成为制约系统业务吞吐量的性能瓶颈，根据具体的业务场景采用针对性的文件存储架构，可以提高系统文件存储读写性能，从而达到高业务吞吐量的建设目标。目前主流的文件存储技术有 HDFS、FastDFS 等。

HDFS 是 Hadoop 开源项目开启并对外开源的文件存储架构，它由命名节点与数据节点组成，其主要原理是将文件分割为多个数据块，适用于大文件存储。

FastDFS 是由阿里巴巴发起的开源存储架构技术，它由跟踪服务器与存储服务器组成，很好地解决了文件大容量存储以及文件访问负载均衡问题，适用于 4kB 至 500MB 范围内的中小文件存储。

以上文件存储架构技术都实现了良好的并发访问处理机制，可以根据业务需要增加数据副本数量，从而提升系统业务吞吐量。

2. 中国航油高并发处理建设经验

中国航油基于 Docker、Redis、Kafka 等数字化系统实现技术，成功打造数字化系统高吞吐量、高并发业务处理机制。

（1）业务数据读写分离

智慧航油系统航班信息、客户信息、银行信息等都有一次写入就基本不作不再更改的特点，系统各业务人员会对相同的数据进行反复查询。

系统根据以上业务处理特点，对相关数据存储采用一主数据库、三从的数据库读写分离的数据库架构，以一个数据库作为主数据库，将系统所有的写操作都通过主数据库进行，当数据库出现写操作时，从数据库通过查询主数据库日志等方式发现数据发生变更后，再将主数据库的数据同步至从数据库。系统通过将数据写操作都集中定位到主数据库、将查询业务都集中定位到了从数据库的方式实现数据库读写分离，避免了写操作与读操作因为数据资源竞争而造成数据库访问堵塞的问题出现，从而大幅提升了系统数据库读写性能表现，达到扩大系统数据库业务吞吐量的目标。

（2）系统模块拆分

智慧航油系统基于 Docker 微服务与虚拟化容器架构技术，将系统拆分为航油加注、商务结算、客户服务等微服务模块。智慧航油系统的微服务云原生管理平台可以根据各业务的负责情况，动态调整微服务副本个数，避免因为服务器端业务模块业务处理能力达到性能瓶颈而影响系统业务吞吐量。比如当航空煤油加注高峰时段，系统前端中用对微服务的航油加注及航空油料订单商务结算的业务请求大幅增加即将无法及时有效处理相应系统业务时，系统容器云管理平台会自动将相关模块进行复制扩容增加相应模块的业务处理能力，使系统能够平稳应对业务高并发访问情况，当该业务峰值时段过去时系统容器云管理平台会停用之前增加的微服务副本模块，释放出相应的运算资源与存储资源给其他系统业务模块进行使用，从而达到扩大系统业务处理能力吞吐量的目标。

（3）负载均衡机制

智慧航油系统需要实时并发处理航油加注、油车调度、客户服务、油款结算、油款订单下达等。当系统航空煤油加注高峰时，系统需要高效稳定地应对全国 200 多个干支线机场数以万计的航空煤油加注订单请求以及商务结算业务处理请求。

智慧航油系统基于 Nginx 反向代理、Zuuls 网关等技术，实现了系统业务负载均衡。系统的所有用户请求并不直接访问实际服务器而是指向 Nginx 反向代理服务器，Nginx 反向代理服务器不作处理转发至微服务 Zuuls 网关，Zuuls 网关根据系统各个微服务的负载情况动态调度各个微服务实时对用户业务请求进行处理，并将处理结果返回至 Nginx 反向代理服务器后返回给发起业务请求的用户。在 Nginx 反向代理转发以及 Zuuls 微服务网关的相互协调配合，系统能够及时高效处理用户发起的业务处理请求，避免了因为系统算力不足导致系统业务无法及时处理造成系统业务堵塞排队，实现了系统业务负载均衡，达到了扩大系统业务吞吐量的目标。

（4）分布式文件存储

智慧航油系每天会产生数以万计的航空油料加油确认单、银行结算单等重要电子凭证文件，全国数百个机场每天需要同步并发向中国航油总部发送实时航油加注与结算凭证文件，传统的单节点服务器文件存储的方式已无法应对巨量的文件存储需要。

智慧航油系统基于 FastDFS 分布式文件存储技术，将油单冗余存储为三个数据副本，即使出现其中一个数据副本损坏的情况，系统仍能依靠其余两个数据副本将重要的航油加注与结算凭证文件恢复还原。采用 FastDFS 分布式存储技术存储油单、结算单等重要凭证文件，分布式存储中体系中的 Tracker Server 文件服务器可根据各个存储服务器的负载情况，进行文件读写请求操作分流协调，从而实现文件读写的负载均衡，智慧航油系统的油单、结算单读写吞吐量相较于单节点存储模式有大幅提升。

3.5 筑牢数字化系统安全性

数字化系统所形成业务数据是企业最有价值的资产，因此数字化系统的安全性，直接影响着企业的核心业务的正常开展。

智慧航油系统保存着数以亿万计的航空油料交易数据，保障中国航油数字化系统的业务数据安全，直接关系到中国航油的生产经营安全。

3.5.1 数字化系统安全性概述

数字化系统安全性建设的目标是确保系统的业务功能与业务数据按照系统授权设置给予指定用户按照既定方式使用，系统功能使用过程中系统数据不被篡改、监听外泄。

要达到以上数字化系统安全性目标，系统安全性建设需要解决以下问题。

1. 用户访问安全

数字系统的访问过程分为用户发起请求信息、服务器进行业务处理、服务器将处理结果返回给用户三段组成。其中用户向数字化系统发起访问请求以及服务器返回处理结果的过程是经过网络传输的，在数据传输的过程中很容易由于网络被监听、数据被截流、数据被篡改而导致系统访问无法达到预期效果。因此，数字化系统安全性建设需要解决用户访问过程中的安全问题，对用户访问过程进行安全防护。

2. 数据安全

数字化系统在使用过程中会形成大量的业务数据，业务数据的收集、存储、加工、使用过程中都有可能因系统遭到入侵而被篡改或外泄，系统功能的正确性将无法得到保障，企业也会因为数据外泄而遭受巨大损失。比如管理制度的缺失，系统的运维人员由于具有较高的操作权限，往往很容易就能获得系统的完整数据备份。因此数字化系统安全性建设需要解决系统数据安全问题，保障系统在使用过程中数据完整有效无法被篡改，系统被入侵且数据被整体复制时也不会出现核心业务数据外泄的情况。

3. 授权控制

数字化系统业务功能的正常运行是依靠系统功能操作与系统业务数据两者相结合而实现的，而系统用户由于在业务中所承担的角色与工作职责不同，其所能进行的操作以及可查看的数据范围是截然不同的。比如一个库站的基层员工甚至是匿名访问用户可以直接查看甚至删除全系统安全性建设需要解决用户与系统功能操作以及系统业务数据授权范围问题，通过授权访问机制对系统用户的业务操作范围以及数据使用范围进行限制与授权。

3.5.2 数字化系统访问安全

1. 访问安全技术概述

（1）访问传输协议

1）http 技术原理。http 传输协议又称超文本传输协议，是一种被广泛使用的 Web 页面传输的访问传输协议。该协议由 WWW 万维网之父蒂姆·伯纳斯·李提出，它以简单高效的方式定义了 B/S 架构下服务器端与客户端之间发布和接收 HTML 页面的方法。由于其简单灵活的特点，该协议向公众发布后，受到互联网企业的热烈追捧，被广泛用于网络页面数据传输。

http 协议提出时，其定位侧重于网页信息的传输与展示，忽略了信息传输过程中的访问数据安全问题。该协议是直接以明文的形式进行传输，不对网站页面内容进行任何的加密保护。当网络中存在恶意攻击者将相关传输报文进行监听截取并进行篡改时，系统的传输内容将会外泄，甚至是被假冒用户通过篡改传输的数据报文入侵系统。因此，http协议不能用于传输金融支付、账号密码等具有保密要求的网页数据。

2）https技术原理。https传输协议又称超文本传输安全协议，是一种被广泛使用的计算机网络数据安全通信传输协议。https协议是在http协议负责进行网页数据传输与展示的基础上，利用SSL/TLS安全协议来加密数据包。运用https协议进行访问数据传输，能够对交换数据进行加密，可有效避免数据在传输过程中被监听截取的情况发生，避免访问数据传输过程中泄露的情况。基于SSL加密传输协议，客户端会对服务器证书进行校验，确保访问目标服务器为真实目标，不被第三方冒充身份。

3）访问安全技术比较分析。http协议由于是明文传输，其优点是协议简单，访问速度快。但在数据传输安全性上存在重大缺陷，不能用于具有保密要求的访问数据传输。

https协议是密文传输，其优点是安全性相对较高，能够避免访问数据过程中被监听。但由于存在数据加密以及SSL信道建立等环节，其传输效率要低于http协议。且由于加密过程中需要用到数字证书，因此企业需要付出额外的成本以及人力维护管理系统的数字证书，以确保证书有效可用。

（2）访问代理机制

数字化系统的服务器地址如果直接对外界暴露，很容易成为网络病毒、黑客等入侵、浸透、攻击、破坏的目标。出于系统安全防护需要，数字化系统的访问IP地址往往不是系统真实IP地址。

访问代理是指系统的真实IP地址不对外公开，系统所有用户请求并不直接访问实际服务器而是指向诸如Nginx等反向代理服务器，反向代理服务器收到应用请求后不做处理直接转发至系统真实服务地址或者Zuuls等微服务网关去进行进一步的调度转发至系统各个微服务实时对用户业务请求进行处理，并将处理结果返回至反向代理服务器。

通过访问代理机制保护了系统的内部逻辑结构，外部入侵攻击只能涉及没有具体业务的反向代理服务器，无法直接攻击承载系统业务的服务器与数据库等核心资产，从而保障了系统访问安全。

（3）系统用户访问审计

数字化系统用户访问审计是指系统本身建立用户访问信息审计机制，通过实时统计分析用户的数据查询、数据修改、数据删除、文件访问等系统用户操作审计信息，分析用户可疑行为，以确保系统访问安全。

数字化系统由于能够更加详细、清晰地掌握用户的各种访问操作、授权情况、业务逻辑等情况，相较于网络行为审计而言，能够更加准确地判断用户访问行为的合法性。对于用户集中批量下载文件、删除业务记录、大批量集中查询等异常系统功能访问能够及时发现判断，向系统运维管理人员发出异常访问警报，并可根据预设的访问审计规则，及时制止可能的人为错误操作以及异常访问攻击对系统造成的破坏。

（4）系统用户身份认证

数字化系统需要识别访问系统的用户身份，确保访问系统的用户身份均是合法的系统用户，以避免未授权访问给系统应用安全带来隐患。

用户身份认证技术主要有账号密码认证、人脸与指纹等生物特征认证，CA 证书、IC 磁卡等物理介质识别等。

2. 中国航油智慧航油系统访问安全建设经验

（1）智慧航油系统访问传输机制

智慧航油系统用户组成多样，有公司各业务部门为主的内部用户，也有航空公司、机场人员为主的外部用户。系统应用网络通信环境也较为多样，用户可以通过互联网、内部网络、机坪网络等多种链路访问系统。基于系统人员组成复杂、网络环境多样，具体使用场景与业务需要的访问安全的防护要求不同，所以智慧航油系统访问协议采用的是 http+https 混合的模式。

智慧航油系统的公司内部使用人员，由于该部分用户是通过航油公司内网访问，网络安全情况具有安全保障，所以该部分用户通过 http 请求的形式，提升用户访问效率，减轻服务器计算压力。

智慧航油系统的公司外部使用人员，如航空公司、机场等用户，由于该部分用户是通过互联网访问，网络安全情况无法保障，所以该部分用户通过 https 请求的形式，对访问请求与返回结果进行加密，确保数据传输过程中不被篡改以及数据被监听捕捉而外泄。

智慧航油系统与各民航单位数字化系统建设两点直通的网络专线，采用 http 报文的形式进行数据传输，在保障系统数据传输安全性的同时也实现了数据传输的高效性。

（2）智慧航油系统 Nginx 反向代理机制

智慧航油系统是面向民航各个单位开放的服务型数字化系统，为避免系统因服务器地址直接对外界暴露而成为网络病毒、黑客等入侵、浸透、攻击、破坏的目标，系统采用反向代理机制对系统服务器地址进行防护。

（3）智慧航油系统用户访问行为审计机制

智慧航油系统已建立用户访问行为审计机制，在保障用户系统操作保密要求的前提下，通过实时监控分析系统内用户的访问操作对于用户集中批量下载航空油料订单文件、删除航空油料订单以及商务结算记录、大批量集中查询全国各地航空油料订单数据明细等异常系统功能访问能够及时发现判断，向智慧航油系统运维管理人员发出异常访问审计警报，及时制止可能的人为错误操作以及异常访问攻击对系统造成的破坏。

（4）智慧航油系统用户身份认证机制

中国航油已基于微服务技术体系，建成智慧航油系统统一身份认证中心。针对结算数据、客户合同等敏感操作，认证中心还会按照系统预设的检查机制，在认证系统用户身份的同时，检查来访用户所处的网络环境以及所使用的计算机设备等进行多重校验。

智慧航油系统统一身份认证中心的建立，使全平台各子系统的用户身份能够统一进行管理与授权，避免因人员变动造成用户授权变更不及时、各子系统认证逻辑不一致、用户认证授权安全管理混乱等情况的出现。结合网络与硬件设备设置的多重认证检测，确保敏感操作只能在特定网络环境、特定计算机设备、特定人员方可进行操作。

3.5.3 数字化系统数据安全

数字化系统的数据安全性主要依靠数据加密技术对高价值数据进行加密保护，通过访问权限策略控制数据的读写权限，再依靠数据安全管理制度实现对数据使用人员的管理约束，从而保障企业数字化系统数据安全。

1. 数据安全概述

（1）数据加密

数据加密算法主要分为对称加密算法以及非对称加密算法。对称加密算法是可逆算法，破解复杂度较低，安全性较低。非对称加密算法是不可逆算法，破解复杂度高，安全性也较高。

1）加密算法。加密算法主要分为加密、解密过程互为逆向操作的对称加密算法以及加密、解密过程不是逆向操作的非对称加密算法。

对称加密算法原理是把数据以密钥为算法加密变量按特定的加密过程进行数据重新混淆编码，使数据变为不可直接分辨阅读的数据。数据解密时依据相同的密钥采用与加密过程逆向的操作步骤还原出数据原文。著名的对称加密算法有 DES、3DES、AES 加密算法。

非对称加密算法原理是在数据加密前配对生成加密用的公钥以及解密用的私钥，以公钥为算法加密变量按特定的加密过程进行数据重新混淆编码，使数据变为不可直接分辨阅读的数据。数据解密时依据与公钥同步生成的私钥作为密文解密的密钥还原出数据原文。由于私钥生成后不对外传输，因此无法通过网络监听、报文截取、密文暴力破解等方式获得解密所必需的私钥，因此非对称加密算法的安全性比对称加密算法的安全性更高。著名的非对称加密算法有 RSA、SHA1、SHA256、SHA512 等加密算法。

2）加密设备。加密设备是指通过密码机等专业加密硬件设备对数字化系统数据进行加密、解密，以及对加解过程中需要的密钥、随机数等进行生成与存储管理的加密专用服务器。相对于通过软件程序进行系统数据加密，采用加密设备进行系统数据加密具有安全性高、处理速度快等优点。

专业的加密设备相比于数字化系统建设单位自行编写加密算法与程序，其本身所支持的加密算法种类更多，如 SM1、SM2、SM3、SM4 等国密算法，DES、3DES、AES 等公共对称加密算法，RSA、SHA1、SHA256、SHA512 等公共非对称加密算法，能够满足数字化系统各种不同业务数据加密保护场景需要。

专业的加密设备对数字化系统业务数据的加密效率更高。由于加密设备是通过针对加解密、数字签名、随机数生成等工作订做的，其对数字化系统业务数据的加解密处理速率可达到数十吉比特/秒，数字签名处理速率可达到数百万次/秒，针对金融、电信等对数据加密有行业特殊要求的领域，还有进一步的针对性优化技术可以提高设备处理性能。

国家针对加密设备的专业要求，制定了《服务器密码机技术规范》《服务器密码机检测规范》《签名验签服务器技术规范》以及《签名验签服务器检测规范》等一系列技术规范，确保数字化行业密保工作规范有序进行。

（2）数据访问权限控制

数据访问权限控制是指数字化系统对系统中的业务数据进行访问粒度的权限控制。用户发起的数据访问请求进行权限认证，通过判断用户是否具有所请求数据的访问权限，确保系统数据访问安全。

按数据访问权限的粒度分类，数据访问权限控制可分为粗粒度数据权限控制与细粒度访问权限控制。

目前主流的系统数据访问权限控制策略为基于角色的访问权限控制，该访问权限控制模型要求系统建立规定每一个系统所具有的角色以及每个角色所拥有的数据访问权限，当用户发起请求时系统权限认证模块对用户请求进行访问权限认证以确保系统数据访问安全。

（3）数据存储安全

数据存储安全是采取各项防护措施，应对机房失火、存储介质损坏等系统灾难与设备故障，确保数字化系统数据满足完整、有效、一致等数据存储安全要求。数字化系统可采取数据备份的形式，对系统数据进行容灾保护，保障数据存储安全。

数字化系统数据备份模式可根据系统数据库所处的业务状态分为热备份、温备份、冷备份三种模式。MySQL、Oracle 等不同的数据库厂商的具体备份方式会存在一定差别，以下以开源项目 MySQL 为例进行介绍。

热备份模式是保持数字化系统运行状态不变，对系统数据进行实时备份，当主系统数据出现损坏时可以快速顶替主系统数据，该种数据备份模式在备份过程中可使数字化系统保持正常运行业务不受影响，但要求采购相应的设备及软件，成本较高且容易在热备过程中出现错误。热备份数据系统通常与主系统网络相连，会发生数据热备系统与主业务系统同时受到网络攻击数据被破坏而造成数据丢失的后果，因此热备系统需配合其他方式的数据备份方式同时使用以确保系统数据安全。

温备份模式是保持系统数据库处于可读取不可写入状态对数据库进行备份，该种模式下系统所有的与写入操作有关的业务都无法进行，但该模式所需要的投入相对较少；与热备份方式相同，温备份同样存在数据热备系统与主业务系统同时受到网络攻击数据被破坏而造成数据丢失的风险，只是同时连接网络的时间比热备份的方式要短很多，因此安全性较热备份的方式要高。

冷备份模式是在系统数据库彻底停止数据读取与写入操作后对系统数据库进行备份操作，该种模式能够保证备份数据的完整性、一致性与有效性，且由于备份过程中主业务系统是处于业务中断的状态，因此可在主业务系统以及备份服务器都处于网络离线状态下进行，可以大大降低两套系统被同时攻击导致业务数据丢失的风险。正是由于备份过程中需要业务系统处于离线状态，所以其对企业系统业务的开展影响最大。

采用以上备份模式对业务系统数据进行备份，通常需要配合数据库厂商的备份软件使用。各大数据库备份软件开发厂商的备份软件对各种备份模式的支持情况也有所差异，例如 Oracle 数据库主流使用的有 RMan、Commvault 等备份软件，此类专用备份软件提供了诸如归档日志备份、即时增量同步等更加多样的数据备份方式，对数据的存储安全保障更完备、对系统的业务影响更低。企业数字化管理人在制定系统数据备份方案时，需要结合系统业务运行要求进行综合判断，在保障系统正常运行的同时，做好系统数据备份以确保系统数据安全。

（4）数据安全管理制度

系统数据安全是一个系统工程，除了通过技术手段进行安全防范，还需要建立企业数字化系统数据安全管理制度，明确数据安全人员组织机构、工作职责、数据应用审批工作流程、系统数据运维工作管理制度等，对系统数据安全进行全面细致的工作要求，压实系统数据安全责任意识。

2. 中国航油智慧航油系统数据安全建设经验

（1）智慧航油核心数据加密脱敏

智慧航油系统采用对称加密算法对加油量、航空公司客户数据、结算数据等进行加密处理，避免出现因后台系统被入侵、数据库外泄等造成的系统数据安全事故。对于油单 PDF 原件等结算核心数据采用 RSA 非对称加密算法进行加密，保障油单与结算单等高价值数据在传输及存储过程中不被篡改，保障系统商务结算数据安全。

系统的航空煤油订单结算数据采用与银行直连的前置密码机对商务结算等数据进行加解密，按照银行结算单位内部的加密算法对商务结算数据进行加密处理，确保数据在传输以及存储过程中不被监听破译以及篡改破坏，保障系统业务数据使用安全。

（2）智慧航油数据访问权限控制

智慧航油系统数据访问权限控制策略采用基于角色的访问权限控制。用户发起的每一个角色数据访问与修改请求，系统权限认证模块都会验证当前用户是否拥有该数据的增、删、改、查、下载等权限。对于不具有该数据访问权限却发起该数据访问请求的，系统会判断为潜在的入侵攻击进行异常访问记录。系统运维管理人员会核实异常访问记录情况，以防范潜在的数据入侵风险。

（3）智慧航油数据备份机制

中国航油系统采用 RMan、Commvault 等专业的数据库备份程序，制定整合定时全量备份、归档备份、即时增量同步相结合的备份方式，使系统的航空油料订单、商务结算等重要数据能够及时备份至异地数据中心。通过定时全量备份，能够避免归档备份、即时增量同步备份持续时间过长，当出现数据存储设备损坏、数据丢失等数据灾难需要进行数据的恢复操作时，其所依赖的归档日志备份、即时增量备份时间节以及数据分段过多，从而导致数据库数据恢复错误、数据恢复时间过长等异常情况的发生。

（4）智慧航油数据安全管理制度

智慧航油系统基于公司数字资源管理制度《中国航空油料有限责任公司数据资源管理办法》，针对系统数据安全管理工作需要编制了智慧航油系统数据安全管理工作制度。智慧航油系统工作管理制度从管理工作组织机构、人员职责、系统数据运维管理、系统数据应用审批管理、系统访问权限审批管理等工作对系统数据安全管理工作进行规范，确保系统数据安全管理工作有章可依、数据安全监督检查工作依法执行。

3.6 激活数字化系统智能性

企业数字化建设并不是简单地把原有的线下模式，机械地搬到线上、把纸质的变成电子的。把企业原有的线下业务线进行数字化可以提升原有业务的运行效率，但并不能对企业的业务运行效率、盈利能力及商业模式等产生根本性改变。

企业数字化系统智能性建设是在企业业务数字化的基础上，对传统业务通过智能化建设赋能升级，催生出新的业务模式，产生新的业务能力，从而根本上改变企业的业务运行效率、盈利能力及商业模式。

3.6.1 数字化系统智能性概述

数字化系统智能化是指运用智能算法、大数据分析、人工智能、深度学习等智慧化技术赋予数字化系统进行辅助作业、数据分析、决策判断等能力。推进数字化系统智能化建设，能够为企业经营发展产生以下重要价值。

1. 代替简单人工作业，提升业务运行效率

目前企业现实经营生产中很多工作只需要简单机械且处理逻辑固定的工作，此类工作占用了大量的人力资源，而且员工往往因为工作简单重复而疲劳厌倦，进而出现工作失误。数字化系统由于具备高速的数据处理能力，基于智能算法、人工智能、图像分析处理技术等，对客户知识问答、票据查验、人员身份识别等处理逻辑简单明了的业务进行高效处理。

2. 提供辅助决策依据，优化企业决策科学性

企业日常生产经营活动中会产生大量的业务数据，依靠人力进行汇总分析往往因成本高昂而受到限制，无法持续广泛对业务数据进行分析挖掘，企业经营决策无法基于准备全面的业务数据分析的基础上进行。数字化系统具有高效收集、分析、计算大量业务数据的能力，基于大数据、深度学习等智能化数据分析技术，能够实现对业务实现长时间、全样本分析并将分析结果以图形、表格等直观形式进行展现，为企业决策分析提供辅助依据，从而优化企业决策分析科学性。

3. 创新业务模式，增强盈利能力

在当今数字化、智能化时代，业务数据已成为企业最重要生产经营资产。企业通过数字化系统所积累的数据业务，能够突破原有业务限制对企业的业务模式进行开拓创新，为企业创造新的业务板块，从而增强企业盈利能力。

3.6.2 智能调度派工

1. 智能调度派工技术概述

智能调度派工是指数字化系统基于运筹学理论，根据匈牙利算法等计算调度算法，

从全局出发计算所有生产作业的时间、资源、人力等消耗，在以当前已有的保障资源保障生产作业能够高效完成前提下，最大限度地以保障资源、作业时间、人力投入的综合最优方案完成调度派工作业，实现系统调度派工作业自动化、智能化，从而提升企业生产作业资源的利用效率与经济效益。

（1）调度派工运筹学理论

1）运筹学发展概述。运筹学主要研究经济活动和军事活动中能用数量来表达的有关策划、管理方面的问题。当然，随着客观实际的发展，运筹学的许多内容不但研究经济和军事活动，有些已经深入日常生活当中去了。运筹学可以根据问题的要求，通过数学上的分析、运算，得出各种各样的结果，最后提出综合性的合理安排，以达到最好的效果。

2）运筹学基本原理。调度派工算法主要运用到了运筹学中的规划论和排队论。

① 规划论。数学规划即上面所说的规划论，是运筹学的一个重要分支，早在 1939 年苏联的康托洛维奇和美国的希区柯克等人就在生产组织管理和制定交通运输方案方面首先研究和应用线性规划方法。1947 年旦茨格等人提出了求解线性规划问题的单纯形方法，为线性规划的理论与计算奠定了基础，特别是电子计算机的出现和日益完善，更使规划论得到迅速的发展，可用电子计算机来处理成千上万个约束条件和变量的大规模线性规划问题，从解决技术问题的最优化，到工业、农业、商业、交通运输业以及决策分析部门都可以发挥作用。

从范围来看，小到一个班组的计划安排，大至整个部门，以至国民经济计划的最优化方案分析，它都有用武之地，具有适应性强，应用面广，计算技术比较简便的特点。非线性规划的基础性工作则是在 1951 年由库恩（H. W. Kuhn）和塔克（A. W. Tucker）等完成的，到了 20 世纪 70 年代，数学规划无论是在理论上和方法上，还是在应用的深度和广度上都得到了进一步的发展。

数学规划的研究对象是计划管理工作中有关安排和估值的问题，解决的主要问题是在给定条件下，按某一衡量指标来寻找安排的最优方案。它可以表示成求函数在满足约束条件下的极小值问题。

数学规划和古典的求极值的问题有本质上的不同，古典方法只能处理具有简单表达式和简单约束条件的情况。而现代的数学规划中的问题目标函数和约束条件都很复杂，而且要求给出某种精确度的数学解答，因此算法的研究特别受到重视。

这里最简单的一个问题就是线性规划。如果约束条件和目标函数都是呈线性关系的就叫线性规划。要解决线性规划问题，从理论上讲都要解线性方程组，因此解线性方程组的方法，以及关于行列式、矩阵的知识，就是线性规划中非常必要的工具。

线性规划及其解法——单纯形法的出现，对运筹学的发展起了重大的推动作用。许多实际问题都可以化成线性规划来解决，而单纯形法是一个行之有效的算法，加上计算机的出现，使一些大型复杂的实际问题的解决成为现实。

非线性规划是线性规划的进一步发展和继续。许多实际问题如设计问题、经济平衡问题都属于非线性规划的范畴。非线性规划扩大了数学规划的应用范围，同时也给数学工作者提出了许多基本理论问题，使数学中的如凸分析、数值分析等也得到了发展。还有一种规划问题和时间有关，叫作"动态规划"。近年来在工程控制、技术物理和通信的最佳控制问题中，已经成为经常使用的重要工具。

② 排队论。排队论又叫作随机服务系统理论。最初是在 20 世纪初由丹麦工程师艾尔郎关于电话交换机的效率研究开始的，在第二次世界大战中为了对飞机场跑道的容纳量进行估算，它得到了进一步的发展，其相应的学科更新论、可靠性理论等也都发展起来。

1909 年丹麦的电话工程师爱尔朗排队问题，1930 年以后，开始了更为一般情况的研究，取得了一些重要成果。1949 年前后，开始了对机器管理、陆空交通等方面的研究，1951 年以后，理论工作有了新的进展，逐渐奠定了现代随机服务系统的理论基础。排队论主要研究各种系统的排队队长，排队的等待时间及所提供的服务等各种参数，以便求得更好的服务。它是研究系统随机聚散现象的理论。

排队论又叫作随机服务系统理论。它的研究目的是要回答如何改进服务机构或组织被服务的对象，使得某种指标达到最优的问题。比如一个港口应该有多少个码头，一个工厂应该有多少名维修人员等。

因为排队现象是一个随机现象，因此在研究排队现象的时候，主要采用的是研究随机现象的概率论作为主要工具。此外，还有微分和微分方程。排队论把它所要研究的对象形象地描述为顾客来到服务台前要求接待。如果服务台已被其他顾客占用，那么就要排队。服务台也时而空闲、时而忙碌。就需要通过数学方法求得顾客的等待时间、排队长度等的概率分布。

排队论在日常生活中的应用是相当广泛的，比如水库水量的调节、生产流水线的安排、铁路分成场的调度、电网的设计等。

③ 运筹学主要应用。运筹学作为一门用来解决实际问题的学科，在处理千差万别的各种问题时，一般有以下几个步骤，确定目标、制定方案、建立模型和制定解法。虽然不大可能存在能处理极其广泛对象的运筹学，但在运筹学的发展过程中还是形成了某些抽象模型，并能应用解决较广泛的实际问题。随着科学技术和生产力的发展，运筹学已渗入很多领域，发挥着越来越重要的作用。运筹学本身也在不断发展，涵盖线性规划、非线性规划、整数规划、组合规划、图论、网络流、决策分析、排队论、可靠性数学理论、库存论、博弈论、搜索论以及模拟等分支。

运筹学有广阔的应用领域，它已渗透到诸如服务、搜索、人口、对抗、控制、时间表、资源分配、厂址定位、能源、设计、生产、可靠性等各个方面。

运筹学是软科学中"硬度"较大的一门学科，是系统工程学和现代管理科学中的一种基础理论和不可缺少的方法、手段和工具。运筹学已被应用到各种管理工程中，在现代化建设中发挥着重要作用。

（2）调度派工匈牙利算法原理

调度派工算法最常用的是匈牙利算法。匈牙利算法是 1955 年库恩利用匈牙利数学家康尼格的一个定理构造了这个解法，一种在多项式时间内求解任务分配问题的组合优化算法，并推动了后来的原始对偶方法。

2. 中国航油智能派工建设经验

（1）智慧航油系统智能派工过程

智慧航油系统智能派工算法，正是运用了上述运筹学与匈牙利算法原理，为实现加油车高效智能调度而设计研发的新一代智能派工算法。

1）派工模式。启用智能派工后的智慧加油系统将提供"混合"和"纯人工"两种派工模式，调度人员可根据实际情况对派工模式进行切换。

① 混合模式。在此模式下，"航班调度状态"为"正常"的航班由系统自动完成加油任务派发，"航班调度状态"为"特殊"的航班仍旧由人工处理。

② 纯人工模式。纯人工模式下，所有航班的加油任务派发都由人工完成，当航班派工出现大面积延误以及混合模式失效的情况下，调度员应将智慧航油系统派工模式切换为纯人工模式。

当派工调度作业出现以下异常情况时，就需要切换为纯人工模式以确保调度派工作业正常进行。首先，是出现航班大面积延误情况。在此情况下，由于系统无法及时获得航班的预计起飞时间，因此可能导致智能派工算法失效，此时需要通过大量的人工干预实现加油任务的派发。其次，是混合模式失效的情况。当智能派工因某种原因失效时，应切换到纯人工模式。纯人工模式也可以视为混合模式失效的应急手段。

2）加油员状态管理。加油员是航班加油任务的具体执行者，也是智能派工的"关键要素二元组"之一，另一关键要素是待加油的航班。如何设计能满足"效率优先，兼顾人性化"的加油员管理模型，就成为整体业务模型设计时必须重点考虑的问题。

加油员状态（如图3-1所示）。

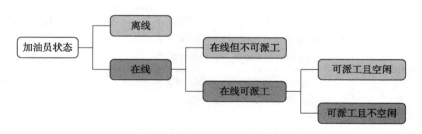

图3-1　智慧航油系统加油员状态图

智慧航油系统将"在线"状态细分为"在线可派工"和"在线但不可派工"状态，这两个状态的转换将由调度人员通过调度界面进行设置。

智慧航油系统针对加油员的人性化管理目标主观性比较强，很难进行量化管理。通过对加油员状态进行设计规划，使人性化目标与系统实现解耦，由调度人员根据加油员休息、吃饭等实际情况决定加油员在线状态下是否继续参与加油作业。

智慧航油系统加油员状态分为"离线""在线但不可派工""可派工且空闲""可派工且不空闲"四种状态类型，系统根据加油不同的类型以判断加油员是否可进行加油作业（如表3-4所示）。

表 3-4　智慧航油系统加油员状态表

状态标志	状态名称	说　明
●	离线	加油员的默认状态为离线状态，此状态下的加油员未通过 Pad 登录系统，因此无法与加油车建立绑定关系
●	在线但不可派工	此状态下加油员已通过 Pad 登录系统，并与加油车建立绑定关系，但由于某种原因处于无法执行加油任务状态
●	可派工且空闲	此状态下加油员已通过 Pad 登录系统，并与加油车建立绑定关系，且目前没有执行加油任务，处于空闲可派工状态
●	可派工且不空闲	此状态下加油员正在执行加油任务

3）航班管理。航班信息是加油业务的驱动剂，也是智能派工"关键要素二元组"之一（另一关键要素是加油员），因此，建立有针对性的航班信息管理业务模型，对航班信息进行必要的预处理是实现智能派工的关键。

① 航班状态。传统意义上的航班状态（航班信息的组成部分）并不完全适用于智能派工，为此，在本设计中，引入"航班调度状态"和"航班人工干预状态"，以实现与智能派工的适配（如表 3-5 所示）。

表 3-5　智慧航油航班调度状态表

序号	状态名称	说　明
1	正常+	（1）当从航班接口获取到非"延误、取消、备降、返航、非运营、复飞、滑回"等航班信息，以及明确的"预计起飞时间"和机位信息时，进入本状态 （2）针对处于本状态的航班，智能派工将在合适的时间进行派工
2	正常-	（1）当从航班接口获取到非"延误、取消、备降、返航、非运营、复飞、滑回"等航班信息，但没有收到明确的"预计起飞时间"或机位信息时，进入本状态 （2）智能派工将暂时忽略处于本状态的航班
3	特殊	（1）当从航班接口获得"备降、返航、非运营、复飞、滑回"等航班信息时，进入本状态 （2）智能派工将忽略处于本状态的航班。无论在混合模式，还是纯手工模式下，处于本状态的航班都将由调度人员人工处理
4	未知	（1）预留状态，比如当从航班接口获得"延误或取消"信息时，进入本状态 （2）智能派工系统将忽略处于本状态的航班

"航班人工干预状态"定义（如表 3-6 所示）。

表 3-6　智慧航油航班人工干预状态表

序号	状态名称	说　明
1	非暂停	（1）默认状态 （2）调度人员可以人工将处于"暂停"状态的航班恢复为本状态
2	暂停	（1）调度人员可以人工将某个航班设置为本状态 （2）智能派工系统将忽略处于本状态的航班

智慧航油系统智能派工系统是从"航班调度状态"为"正常+"，且"航班人工干预状态"为"非暂停"，且尚未派工的航班中查找待派工的航班。

② 航班预处理。所谓航班预处理是根据航班计划和航班变更对航班信息进行实时处理，将航班基本信息加工成便于智能派工使用的数据。

航班预处理的主要功能有以下几点：

第一，根据航班计划或航班动态中的航班状态信息计算"航班调度状态"；

第二，根据航班计划或航班动态中的"预起时间"预估"预计加油开始时间"和"预计加油结束时间"；

第三，根据相应规则判断航班是否为"过港时间过短航班"（"过港时间过短航班"在派工时具有较高优先级）。

4）报警管理。智慧航油系统智能派工的基本目标是追求最大化的自动派工，但这并不代表不需要人工干预。系统提供必要的报警机制，在出现异常情况时，提醒调度人员干预。

报警机制的设计应遵循及时性和预判性原则。首先，当系统发现当前可用加油员无法满足当前加油需求时，立即发出告警。其次，每个整点将未来一小时智能派工预计需要使用的最大加油员数以预警的方式提前通知调度人员（调度人员可设置提前时间），调度人员可据此安排加油员上线或离线，或修改在线加油员的可派工状态。

（2）智慧航油智能派工原则

1）效率优先，兼顾人性化。智能派工的核心目标是"借助技术手段，提升工作效率、降低成本"，同时兼顾加油员使用的人性化。

2）技术和管理并举。智能派工作为新生事物，除了在技术实现上需要创新突破，同时对传统的业务管理模式也会产生一定的冲击，这就需要在业务管理模式上进行相应的调整和创新，逐步探索出与智能派工相适配的业务管理模式。

3）自动为主，人工为辅。启用智能派工系统，对于正常航班以自动派工为主，但对于缺少自动派工所需关键信息的特殊航班，仍采用人工派工。

（3）智慧航油系统智能派工优势

1）缩短派工时间，提升派工效率，避免操作失误。

在航班高峰时段需要给多个航班派发加油任务，在传统派工模式下，需人工逐个航班下发加油任务，不仅耗时且易出现操作失误。智能派工可以在瞬时下发多个加油任务，既节省了时间又可以保证派工的准确性。

2）借助系统算力快速寻求最优派工方案。

当航班量达到一定数量时，人工很难在海量可选方案中选取最优解。例如，如果将12位加油员分配给12个航班，总分配方案为 $12! \approx 4.8$ 亿种。在综合考虑加油员效率、行驶距离、航班历史保障时间等多种因素的情况下，智能派工系统利用运筹学和人工智能的复合算法，借助系统算力，可快速找到最优派工方案，对于人工来说，这几乎是不可能的。

3）降低用车成本，提升加油效率，缓解加油人员工作强度。

自动派工可以在秒级时间粒度内从海量可选方案中甄选出总行驶距离最短的方案，一方面节省了燃油成本，另一方面也提高了加油车的使用寿命；同时，最大限度地降低了加油员用于任务切换的行驶距离和时间，提升了加油效率，较大幅度缓解了加油员的工作强度。

4）减少调度人员，降低调度人员工作强度。

在航班高峰时段，为了应对复杂的作业环境，人工模式下往往需要多名调度员参与，而在启用自动派工后，绝大多数加油任务由系统自动分派，只需一个调度人员监控自动派工过程，并关注特殊航班即可。

3.6.3　大数据应用

随着数字化系统建设工作的持续推进与应用，数字化系统运行过程中所形成数据资源已成为企业经营发展的核心资源。对于数字化系统数据资源价值的发掘，已成为企业赋能升级发展的关键问题。

1. 大数据技术概述

（1）大数据技术发展过程

大数据技术起源于 2004 年前后美国谷歌公司《分布式文件系统》《大数据分布式计算框架》《非关系型数据库系统》三篇论文的发布，该系列论文系统介绍了大数据存储、运算、分析等技术原理，为大数据分析技术开源运动奠定了理论基础。Doug Cutting 根据谷歌的论文先后开发出 Lucene 开源搜索引擎、Hadoop 大数据应用框架，美国雅虎公司开发 Hive 大数据应用框架进一步简化 Hadoop 的应用难度，使大数据分析应用门槛大大降低，大数据应用技术模型也随着以上开源项目的推出而逐渐成熟。全球各大行业的大数据分析应用迅速发展壮大，大数据分析所展现的对原有商业模式的改变逐步显现，大数据分析的理念深入各行各业。

（2）大数据分析原理

1）大数据分析理论。大数据分析的主理论基础为长尾效应、全样本分析理论等。

长尾效应是由美国《连线》杂志主编克里斯·安德森在 2004 年提出的数据现象。他指出随着仓储和物流成本的不断下降，企业应由只关注需求曲线头部集中热点需求转向关注需求曲线中的长尾部分的个性化、小众需求。

全样本分析理论正是针对长尾效应而采取的一种大数据分析方法。随着计算机存储介质以及计算机算力成本的持续下降，使得以较低的成本、极高的计算速度对海量数据进行全样本分析成为可行的方案。采用全样本分析理论进行大数据分析，将会对数字化系统中的所有数据等全体分析对象进行统计分析，基于数据分析模型进行数据分析处理，数据分析处理结果将会反映系统所有数据的完整特征，进而发现需求曲线尾端长尾效应中那些传统分析方法忽略的用户需求。

2）大数据分析过程。大数据分析过程主要包括需求识别、数据汇总、数据分析、数据应用四个步骤。需求识别阶段主要是明确大数据分析的目的。数据汇总阶段主要是对大数据分析所需要的原始数据进行收集汇总。数据分析阶段则是对收集上来的原始数据进行数据清洗、数据提取、数据加工计算等形成数据分析基础数据后，对数据进行分类、聚类、关联、预测等操作，从而发掘出原始数据中的潜在规律与数据价值。数据应

中国航空油料数字化驱动产业智慧发展

用阶段是对分析出来的数据规律与数据价值采用图表、文字等方式进行展示利用，为业务决策分析等工作提供依据。

（3）大数据技术应用意义

随着计算机数据处理技术不断发展，使高速、低成本处理海量数据成为可能。近年来，企业信息化、数字化系统的建设与应用，企业积累了大量的生产作业、公司经营、业务开展、市场营销等数据。采用大数据分析技术对企业积累下来的海量业务数据进行分析挖掘，将可为企业战略决策、生产经营、销售客服等提供数据支撑。

1）决策分析支持。大数据分析技术能够低成本、高效率地对企业海量生产经营数据进行高时效性的统计分析，为企业领导管理人员决策提供最直接可靠的生产经营数据，并对企业的未来发展趋势做出预测分析，从而为企业提供决策数据支持，提高企业决策的合理性与可行性。

2）经营管理优化。基于企业数字化业务系统运行所积累的海量生产经营业务数据，企业依靠大数据分析技术对生产经营数据进行全方位的数据挖掘与分析。通过对企业生产与经营各个环节的各类指标数据进行快速的汇总分析，分析每个环节的时间、成本、资源、流程等，优化每个环节的业务流程以减少时间、成本、资源等投入，提升企业生产经营效率。同时，通过横向对比不同业务单元间的生产经营业务效率，考核各个业务单元的工作绩效，并对每个作业单元的工作效率提升提出针对性意见。

3）市场服务开拓。企业采用大数据分析技术对企业的市场营销、客户订单等业务数据进行挖掘分析，针对性地发掘每个客户的需求特点，对客户需求进行归类提炼，把握客户需求的核心关切，从而发掘出新的客户需求。新的客户需求往往是市场上还没有竞争对手提供产品与服务的新需求领域，提供相应的产品与服务往往能够获得丰厚的利润。企业基于对客户的大数据分析结果，调整企业生产与向客户提供服务，针对客户个性化需求制定针对性销售策略，从而创新企业营销模式，提升企业销售盈利能力。

2. 中国航油大数据应用建设经验

智慧航油系统基于 Hadoop、Hive 等开源大数据技术框架建立了智慧航油大数据中台，对全国 200 多个机场汇聚上来的数百 TB 的航空油料加注、商务结算、客户服务等公司核心业务数据进行提取分析（如图 3-2 所示）。

智慧航油系统运用大数据分析技术，具有样本全面、时效性高、数据多样等特点。智慧航油系统每天会定时对系统内的全样本业务数据进行完整的数据提取、分析，从而保障提供给业务人员的参考数据具有良好的时效性，分析结果通过文本数据、图片、表格等直观形式展示给业务人员，为业务人员决策分析提供可靠的科学依据（如图 3-3 所示）。

（1）航空油料战略决策支持

智慧航油系统基于大数据分析技术，实现低成本、高效率地对企业自身海量生产经营数据进行高时效性的统计分析。基于对全国生产作业单元的生产经营业务数据分析，系统实时呈现全国所有生产作业单元的生产作业情况、经营管理情况等，并对企业的未来发展趋势做出预测分析，为企业领导管理人员决策提供最直接可靠的生产经营数据，并对企业的未来发展趋势做出预测分析，从而为企业提供决策数据支持，提高企业决策的合理性与可行性。

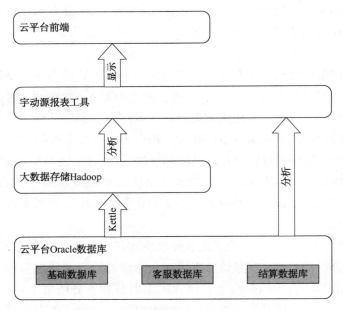

图 3-2　智慧航油系统大数据技术架构图

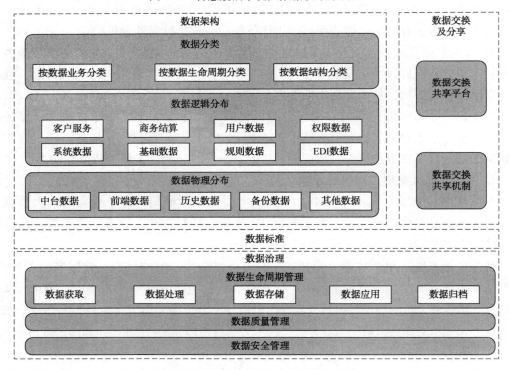

图 3-3　智慧航油系统数据架构图

系统实时汇聚分析全国 200 多个作业单元的航空油料订单情况、航空油料加注作业情况、航空油料油款回款情况、航空油料销售客户服务情况、各层级单位经营管理情况，通过图表等形式直观地展示公司的总体生产与经营情况，决策者能够基于大数据分析结果，从全局的角度精确把握实质业务开展情况，从实际出发制定符合实际业务需要的各项固定资产投资、人力、财务等战略决策，避免因为数据汇聚时间过长、汇聚工作量过大导致数据无法及时准确反映企业生产经营活动实际情况，进而导致决策缺乏实际业务数据支撑、决策不符合实际业务需要等情况的出现。中国航油智慧航油系统大数据分析应用大大减轻企业进行战略决策时数据分析与汇总工作难度，为企业生产经营战略制定提供了有力的实际业务数据支撑，提升了企业战略决策的可行性、合理性、科学性。

（2）航空油料生产经营优化

智慧航油系统通过对智慧航油加注系统、ERP 系统、银行结算系统等数字化业务系统运行所积累的海量航空油料生产、经营业务数据，结合 Hapdoop、Hive 等大数据分析技术对航空油料生产经营数据进行全方位的数据挖掘与分析。通过对航空油料生产与经营各个环节的各类指标数据进行快速的汇总分析，分析航空油料订单下达，油车作业调度，航油加注作业，每个环节的时间、成本、资源、流程等，优化每个环节的业务流程以减少时间、成本、资源等投入，提升企业生产经营效率。同时，通过横向对比不同业务单元间的生产经营业务效率，考核各个业务单元的工作绩效，并对每个作业单元的工作效率提升提出针对性优化意见。

智慧航油系统基于民航局民用航空发展计划，结合全国各大航空公司运输航班计划，全国加油记录进行分析，运用 ARMA-GARCH 时间序列算法加权测算与航空油料定价相关的十余项指标对全国航空油料需求进行分析预测，为中国航油航空煤油采购工作提供决策依据，大幅提升了航空煤油采购及库存管理的科学性与合理性，为中国航油航空煤油采购业务赋能升级。

通过大数据技术对航空油料采购、航油加注、油车调度、航油销售款项收取、客户服务合同签订等各项中国航油核心业务数据分析挖掘，中国航油持续优化自身航空油料供应保障能力。

（3）销售客服工作提升

智慧航油系统采用大数据分析技术对全国数百家通用航空、运输航空客户的市场营销、客户订单等业务数据进行挖掘分析。通过纵向分析航油加注过程中从客户合同签订、客户订单下达、航油加注、商务结算、账务处理等与航空客户密切相关的航空油料业务环节，提炼通用航空与运输航空业务场景特点，针对每个业务类型作出针对性优化。归类分析全国各地航空客户提出的服务合同条款、航油加油服务要求、油款结算方案等，利用大数据分析技术对海量已发生的航空油料订单数据、商务结算数据、客户服务数据进行分析，把握客户需求的核心关切，从为响应航空客户要求同时兼顾自身发展需要对航油客户服务业务进行优化升级，打造完善智慧航油生态圈。企业基于对客户的大数据分析结果，调整自身航油生产与向客户提供服务，针对客户个性化需求制定针对性销售策略，优化对航空客户航油加注服务能力，从而提升自身核心竞争力。

第 4 章

基础层：智慧航油的中枢系统

信息化基础设施在本书中将局限于承载信息化应用系统和各类数据的物理实体，即计算存储资源以及网络。计算和存储资源在本书中具象为服务器、硬盘等硬件设备，它们是应用系统生存的环境，也是数据存储的空间。网络实现的是连接，使计算和存储资源通过一种介质高速交换数据。按照国家提出的"新基建"的要求，5G 将作为一项创新应用技术融入中国航油信息化发展中去。本章将以企业网络架构与相关网络技术作为切入点，对公司网络规划与建设进行介绍，最后将讨论 5G 技术与双活数据中心内容以及相关应用场景。

4.1　企业网络概述

　　网络技术博大精深，市面上已经有大量数据讲解网络基础知识，本书将不再赘述相关内容。

　　对于企业网络规划设计者，他所需要思考的是如何在充分调研企业网络需求和未来发展后，设计出符合企业需要的网络并非局限于网络技术层面。所以说网络建设，首要是规划设计，其次是运维保障。

　　网络像人类的神经传导数据至每一个终端节点。人体神经系统是有详细划分的，每一类神经承担相应职责：例如，中枢神经系统和外周神经系统，外周神经系统又分为躯体神经系统和内脏神经系统。

　　网络同样可以被分为多种类型。

4.1.1　从业务流量划分

　　综合考虑信息系统性质、承载业务和使用主体等要素，企业网络可以划分为生产网、业务网、办公网和互联网四大类。

1. 生产网

　　生产网承载生产自控系统、视频监控系统和其他一线生产相关系统，主要承担生产单位一线场所作业过程的数据采集分析、生产过程监控，对系统的安全可靠、不间断运行具有特殊要求。

　　生产网连接现场生产作业设备和仪表，是物联网的关键网络。生产网介质多样，协议类型多样，但都是以保证数据传输稳定、安全为重要前提的。

　　为了保证一线生产安全，很多企业严禁生产网和其他网络连接，但是随着工业互联网的快速发展，越来越多的经营信息需要快速将生产指令下达至生产设备，同时，也需要一线生产信息实时上传至业务系统，以便于管理者及时调整经营生产策略。

　　需求催动了技术发展，生产网在进行完善的网络安全防护后，完全可以打通和其他网络的连接。

2. 业务网

业务网是业务应用系统运行的主网络，可以具象地理解为数据中心内的网络。服务器、存储等设备集中部署于业务网内，作为企业生产、经营信息汇聚和集中存储的数据中心，满足全企业办公用户业务应用访问需求。

业务网也不局限于企业总部级的大规模数据中心，事实上，只要是对外提供服务的系统都可以被称为业务网，都应当被认真对待。

3. 办公网

办公网包括企业总部、分支机构使用的工作网络等，内部人员通过办公终端访问企业总部核心网并可同时访问互联网，分支机构人员还可通过办公终端访问各级业务网提供的应用系统。

4. 互联网

互联网又被称为"外网"，是企业和外界沟通的桥梁。在互联网区，企业会部署邮件系统、集团外网网站、移动办公系统以及接入上下游相关方的共享信息系统。

4.1.2 从通信距离划分

企业的网络可以分为广域网和局域网。目前企业各个分支机构的局域网都已经日趋完善。为了加强总部和各分支机构之间的通信，广域网的建设正在如火如荼地进行。

4.2 企业广域网建设

广域网、局域网是两个相对的概念。一间办公室、一栋办公楼、一片园区都可以是一张独立的局域网，因为一个机构完全有能力在这片区域内独立布设网络。广域网指更大规模的网络，尤其是地理空间的更大范围，不仅只是跨工作园区，甚至是跨省市、国家等更大范围。

局域网建设方面，市面上已经有相当丰富的专业书籍进行论述，本书将不再涉及。本书将着重分享广域网建设的一些经验。

4.2.1 建设需求

广域网建设是任何一个大型企业，尤其是央企必须面对的重要课题，也是企业数字化发展必须实现的基础设施建设。

各个企业对于广域网建设的需求各不相同，但大致可以归纳为以下三类。

1. 系统访问的需求

系统访问的需求是企业建设广域网的根本驱动力。企业发展到一定程度，必然会向在异地投资分公司或子公司迈进。数字化作为企业经营管理的重要支柱和手段，必然会在企业的各个层面产生大量数字化应用系统建设需求，而总部以统一集中管控和降低建设成本为目的，也必然会加强数字化应用系统的统建统管。一旦大量应用系统在总部统一建设和部署，各个分、子公司为了能够更加方便、快捷、高效地使用这些系统，必然对网络提出了一定的要求。

这一类系统以 OA、邮件、内网新闻平台、合同系统、报销支付系统、采购管理系统、电商平台等为代表。统一的特点是：

1）以填报操作为主；

2）界面简单，静态内容居多；

3）有一定查询需求，但数据量不大；

4）以流程审批为主，实时性要求不高；

5）网络故障（几小时或几天）对业务影响不大；

6）有一定移动办公的需求。

2. 数据传输质量和线路稳定性的需求

数据传输质量和线路稳定性的需求是企业建设广域网的核心驱动力。当集团总部应用系统逐渐增多，数字化使用要求逐渐增大时，分布在各地方的分、子公司也会越依赖于线上系统进行办公，甚至是生产作业。当有更多员工需要在网络上处理业务，对网络的需求也就提出了更高的要求。这种需求体现在三个方面：第一，线路带宽：更大量的应用上线，更多人的使用，所以对广域网带宽提出了更高的要求；第二，线路稳定性和可用性：网络作为信息高速公路时刻保持畅通是用户使用的基本要求，是用户体验的关键因素；第三，线路质量：衡量线路质量有更丰富的指标，例如延迟、抖动等，特定生产系统会对线路的质量有较高要求。

这一类系统以视频监控、生产作业系统为代表。统一的特点是：

1）数据实时产生，数据量大；

2）用户对数据的连贯性要求高；

3）系统对线路质量要求高。

3. 网络安全方面的需求

由于网络安全事件造成的损失越来越严重，企业越来越重视网络安全建设，这对于网络的安全性和可管理性都有较高的需求。建设企业可管理的广域网是非常好的解决方案。

4.2.2 技术路线

对于大部分企业，广域网建设需要依托运营商的资源，尤其是跨省市的长途通信线路，一般企业不可能自行敷设光缆，因此运营商提供的解决方案就限定了企业所能选择的技术路线。

运营商现阶段推出的有线线路企业构建广域网的方式有两类，第一类是采用专线技术，即 MSTP 或 MPLS-VPN；第二类是采用互联网+VPN 的方式，即 SDWAN 或 IPsecVPN。

1. MSTP

MSTP 多业务传送平台基于 SDH，同时实现 TDM、ATM、以太网等业务的接入、处理和传送，属于二层（数据链路层）专线，一般也常常被称为"点对点"专线。

裸光纤和 MSTP 的实质区别是，裸光纤直接连接通信的两端，中间不经过任何网络和其他限流设备，裸光纤才是真正的物理专线。MSTP 是运营商提供的一类产品，运营商对 MSTP 专线提供带宽服务，这就意味着 MSTP 专线会经过运营商的服务器和其他网络设备，运营商会对它进行限流，线路质量也会比裸光纤稍差。

"点对点"专线这个名字也非常形象地描述了这种专线的特点，那就是非常适合点对点连接企业的两个分支机构。在目前运营商提供的专线形式中，MSTP 专线以其为用户提供近乎独占的线路而备受推崇。

运营商对 MSTP 专线的服务承诺和费用一般如下：

1）费用与带宽和传输区域相关，租用的带宽越大，费用越高，另外跨区域（一般是市级行政区划）的专线费用要高于同城专线费用。

2）误码率（在一个确定的测试期间，接收出现差错的比特数与总发送的比特数之比）$\leqslant 1 \times 10^{-9}$。

3）时延（端到端不丢包情况下的网络转发数据所用时间，包括传输时延和传输节点处理时延）：跨省、跨市时延：0.8ms（单向时延）；本地网内$\leqslant$10ms。

4）丢包率（在网络稳定状态下由于网络资源缺乏造成的不能转发的数据帧和总数据帧的百分比）：在正常带宽负荷下（负荷小于 70%）$\leqslant$0.1%。

误码率、时延、丢包率在理论上，都是各类专线里面最好的。

MSTP 非常适用于企业分支数量较少，且分支机构分布不广泛时采用。将企业流量集中至中心，往往将公司总部作为归集中心，便于网络统一运维管理，部署网络安全设备。

2. MPLS-VPN

MPLS-VPN 专线从技术层面属于三层（网络层）专线，有时候被称为"MV"专线。它和 MSTP 一样拥有灵活的带宽选择，同样可以实现跨地域、安全、高速、可靠的数据、语音、图像多业务通信。运营商提供的 MPLS-VPN 专线一般具有如下特点：

一、全网状网结构。MPLS-VPN 专线基于运营商骨干 IP 网络，因此该专线具有 MSTP 这类点对点专线所不能比拟的灵活性。这就意味着数据可以在该网络上总是以最近的距离在两点间进行传输，而 MSTP 必须经汇聚节点。

二、高可用性。构建于运营商骨干网之上的 MPLS-VPN 专线也就天然地具备了同等水平高可用性。运营商的骨干网络拥有很高的带宽和传输速率，一般带宽占用率平均低于 60%，且设备、线路和路由都有冗余保护措施，网络可用性能够达到 99.99%。MSTP 线路虽然拥有理论上比 MPLS-VPN 专线更好的质量，但是作为一种类似独占线路的模式，这类线路本身质量很可能低于运营商自己运营的骨干网络，所以在实际应用中有很大的概率能够发现 MPLS-VPN 专线比 MSTP 专线有更高质量的表现。

三、费用相对较低。MPLS-VPN 专线可以被分为两个部分的物理线路，第一是 CE 到 PE 段，这一段是由 MSTP 实现的；第二是运营商的骨干网络。所以用户对于 MPLS-VPN 专线的租用费用其实也被分为两部分，即市内 MSTP 线路租用费和运营商骨干线路租用费。因此，MPLS-VPN 专线的价格低于跨市 MSTP 线路，而高于 MSTP 市内线路。所以 MPLS-VPN 专线非常适合用于跨市、跨省的长途通信专线。

四、灵活的服务策略。在网络层的 MPLS-VPN 专线会比 MSTP 专线拥有更多的可管理性，运营商侧也可以提供更多的 QoS 供用户选择，线路质量不同，用户所需承担的费用也会有相应差距。因此用户可以根据自身的需要，灵活选择不同的服务种类。运营商提供的服务会从以下几个方面进行区分，如表 4-1 所示。

（1）时延（PE-PE 之间）

表 4-1 城市时延统计表

Qos 等级 位置	高	中	低
同一城市内	5ms	6ms	8ms
同一省份内两城市	20ms	25ms	30ms
跨省城市间	70ms	80ms	90ms

（2）丢包率

Qos 等级 位置	高	中	低
丢包率	0.1%	0.25%	1%

（3）网络可用率

1）双 CE 接入双 PE 节点。网络可用率（网络可用时间/统计期内的总时间）：99.99%。

2）单 CE 接入单 PE 节点。网络可用率（网络可用时间/统计期内的总时间）：99.9%。

（4）QoS 服务等级

QoS 保障策略是运营商骨干网的一个重要个性化服务，可根据客户的内部应用特点设置三级 QoS 保障机制，以满足不同应用的数据包时延和速率要求。

运营商骨干网 QoS 划分成高、中、低三个级别。一般使用 IP 包头中 TOS 字段的 IP Precedence 域（即 TOS 字段前三位），它一共可表示八个优先级。CE 设备对流量进行分类标识。产品 IP Precedence 取值与 QOS 业务对应关系，如表 4-2 所示。

表 4-2 业务关系图

QoS 级别	应用类型
高	时延敏感的应用（如 Voip 话音业务）
中	重要数据应用（如企业 ERP、视频业务等）
低	普通数据业务

1）高级业务。高级业务具有最高的流量转发优先级，采用 LLQ（PQ）优先队列进行调度，LLQ 是一种优先级别最高的实时转发机制，适合分配于语音等业务，能很好地满足语音业务对网络时延及时延抖动的要求。高级业务根据合同约定、双向分配预定的带宽，超过预定带宽外的数据包将被丢弃。

由于 LLQ 调度策略是一种绝对优先转发、优先占用带宽的策略，其对应的业务流量将不受限制地优先占用带宽、直至占满为其分配的带宽为止；因此，为高级业务分配的带宽应小于 VPN 业务带宽，否则高级业务流量可能占满整个 VPN 业务带宽，导致其他类型业务流量没有带宽使用。为此，高级业务最大带宽分配占比不能大于客户 CE 接入电路总带宽的 80%。

高级业务采用 LLQ 队列调度，超出所分配带宽的数据包将被丢弃，如果为其分配的带宽小于实际业务的带宽需求，将导致部分数据包被丢而影响中级业务流量的正常传送。因此，在为高级业务分配带宽时，要充分预估中级业务的带宽需求，合理设置带宽占比。

2）中级业务和低级业务。中级业务和低级业务，通过 CBWFQ 机制进行队列调度。CBWFQ 是一种按分配带宽的大小来实现"相对权重"优先级的队列控制机制。中级业务和低级业务通过分配不同的带宽来区分。

对于中级业务应用，需分配相对较大的带宽，以实现相对较高的优先级。对于低级业务（即不太重要的业务应用），分配相对较小的带宽，以实现相对较低的优先级。

3）流量控制。当接入电路没有拥塞时：高级业务流量始终可使用预先分配的最大带宽，但超出预定带宽的部分流量将被丢弃，即使此时接入电路还有其他多余带宽，高级业务流量也不能占用；中级和低级业务流量可以使用所有剩余的带宽。

当接入电路发生拥塞时：高级业务流量可使用预先分配的最大带宽，但超出预定带宽的部分流量将被丢弃；此时，PE 侧启用 WRED 策略，最先丢弃低级业务的数据包，以降低低级业务流量发送速度，从而尽量保证相对优先地传送中级业务流量。

从以上诸表也可以发现，运营商对于 MPLS-VPN 专线的质量承诺要明显低于MSTP。但是正如前文所说，在实际应用中确实会出现 MPLS-VPN 专线的时延低于 MSTP的现象。

MPLS-VPN 专线丰富的 QoS 可以为用户提供灵活的选择，助力降低信息化投入成本。用户甚至可以向运营商租用线路，即租用一条 20M 带宽的链路，其中 10M 采用"低"级服务，用于运行普通数据业务；另 10M 则采用"高"级服务，用于运行关键业务。

MPLS-VPN 专线的特性决定了它非常适用于大型企业。当一个企业拥有多家分支机构，且遍布全国的时候，MPLS-VPN 专线能够以更低廉的价格和更丰富的服务满足用户的各种使用需要。

3. SDWAN

SDWAN（软件定义广域网）是近年来开始逐渐流行的一种组网技术，目前各界对 SD-WAN 还没有统一的定义。SDWAN 是从数据中心的 SDN（软件定义网络）技术发展而来的，应用到企业广域互联场景中所形成的一种网络服务。依托统一集中部署的 SDN 控制器和与控制器适配的网络设备，这种网络服务具备广域网快速部署、简易配置、集中控制管理以及对外开放的特征。

SDWAN 本质上是一项网络技术，但是就同 MSTP、MPLS-VPN 一样，经过各类企业包装之后，形成了一系列产品或解决方案，主要包括两种情况：

（1）设备厂商

设备厂商会推出自己的 SDWAN 设备，包括 SDWAN 控制器和 SDWAN 网络设备。不同厂商之间会有一定的技术壁垒存在，使用同一品牌的控制器和网络设备则能达到最佳的契合效果。使用设备厂商提供的 SDWAN 解决方案可以利用现有网络资源，能够达到快速部署，迅速投入使用的效果。虽然各厂商会在 SDWAN 以外附加一些技术来提升网络质量，但是由于线路属于第三方提供，如果线路本身质量不高，SDWAN 本身无法达到质的改变。采用 SDWAN 方式部署广域网，有利于企业借助现有网络进行广域网快速部署，并达到加强网络集中统一管理的目的。

（2）运营商

运营商会把线路和设备整合成一个产品或者解决方案向用户推出。SDWAN 设备和设备厂商提供的其实完全一致。线路也会使用运营商的骨干网络，但是 SDWAN 和 MPLS-VPN 的最大区别在于 CE 到 PE 段的线路，SDWAN 使用的是互联网线路，而 MPLS-VPN 使用的是 MSTP 专线。

4. 其他 VPN 方式

其他 VPN 方式可以认为是 SDWAN 的弱化版本，缺少对网络的统一管理和运维能力，所以采用 VPN 实现的广域互联不能算是真正的企业广域网，但是由于 VPN 依靠互联网搭建虚拟专网，仅需要支付运营商互联网费用和相关 VPN 设备就可以完成部署，具有价格低廉、部署简单、接入灵活、建设快速等优势，且能较好地满足企业分支机构访问总部应用系统的需求。另外，VPN 还能提供软件客户端，实现员工远程办公，因此在许多企业仍然有大规模应用。

企业常用 VPN 技术主要有 IPSec VPN 和 SSL VPN。

1）IPSec VPN 是一项企业中应用最广泛，也最为重要的一种解决方案。它最大的特点是安全性高，体现在两方面：一是 IPSec VPN 隧道是要经过一整套安全参数协商，并需得到隧道两端共同认可后才能建立，对 VPN 隧道本身进行保护；二是在 IPSec VPN 中传输的数据不仅要经过加密处理，还支持数据完整性验证和数据源身份认证功能，通过加密和认证两种技术手段分别对隧道传输信息的私密性与完整性进行保障。IPSec VPN 在企业的实际应用中一般采用硬件设备部署的方式，这类硬件设备可以是专用的 VPN 设备，也可以是路由器或防火墙。总部和分支机构各自部署自己的 VPN 设备，两端经简单调试，即可建立稳定的 VPN 隧道，所以 IPSec VPN 使用场景是企业间或企业与分支机构间建立稳定安全的通信通道。

2）SSL VPN 可为基于互联网的通信提供安全保障。SSL（安全套接字层）使用的是最普通的 B/S（浏览器/服务器）架构，大大简化了客户端配置，另外通过加密和认证技术提供较高的安全性，可使客户端与服务器之间的通信不被攻击者窃听。但是 SSL VPN 建立的连接不如 IPSec VPN 稳定，所以一般为个人用户在远程登录企业内网所用。

5. 综合比较

前述四种方式基本已经覆盖了有线广域网的主要实现方式。每种线路类型都有其自身的特性，包括不少的优势以及无法避免的劣势，所以在选择部署方式的时候，必须根据企业自身需求进行谨慎周密规划，才能做到切合企业实际。本书将从多个方面对各类线路进行横向比较，通过一些分析以期能够得出一些有益结论。

（1）从线路质量角度

评价线路质量的指标，一般有时延、丢包率、抖动等。从四种线路质量来看具有较大差距。

1）MSTP 是二层专线，拥有最好的线路质量。数据在 MSTP 线路上传输，可以近似于在裸光纤上传输。

2）MPLS-VPN 是三层专线，线路质量较 MSTP 弱。且由于 MPLS 协议，在有效信息之外还有额外的标签封装信息，加大了对网络的开销。

3）SDWAN 线路较 MPLS-VPN 有更大差距，因为在 CE 至 PE 段使用的是互联网线路，线路质量难以得到保障。

4）其他 VPN 方式由于完全使用互联网线路，所以线路质量最低。

（2）从可用性角度

可用性是企业选择线路的重要参考指标之一，可用性事实上也和企业能够投入的成本有密切关系。

1）MSTP 线路的可用性是可以和运营商谈判的"商品"，可用性越高，企业需要付出的成本也越高，单条 MSTP 线路最高可用性可以达到 99.9%。即线路每年平均不可用时间不应超过 9 个小时。

2）MPLS-VPN 线路的结构中，CE 至 PE 段为 MSTP，其后就进入运营商的骨干网，由于运营商的骨干网可以几乎认为不会出现不可用现象，或者说即使出现不可用现象，运营商的骨干网也是拥有高冗余度的，当某一条线路故障时，能够迅速切换至可用线路，所以 MPLS-VPN 线路的可用性就是 CE 至 PE 段的可用性，也就是 MSTP 线路的可用性，因此 MPLS-VPN 线路和 MSTP 线路，拥有同样的可用性保障。

3）SDWAN 线路在骨干网段和 MPLS-VPN 线路拥有同样的可用性。但是它在 CE 至 PE 段是互联网线路。目前运营商对互联网线路很少有可用性承诺，所以 SDWAN 线路的可用性是没有保障的。

4）其他 VPN 方式全程使用互联网线路，如果在做全程信息传输时会比 SDWAN 线路的可用性更低，因为线路越长出问题的概率越大，所以其他 VPN 方式的可用性最低。

（3）从组网便捷程度

1）MSTP 组网前，运营商必须前往线路接入两端进行资源核查，以确保能够接入 MSTP 线路。在线路开通部署过程中，须同步部署通信设备、路由设备等，因此必须有专业工程师到现场开通。

2）MPLS-VPN 线路和 MSTP 线路一样，也需要资源核查和部署专业设备，开通难度相同。

3）SDWAN 线路借助现有互联网线路开通，所以省去了资源核查的步骤，在部署 SDWAN 网络设备后，总部需对该设备进行纳管，所以需要一定的工作量，但是目前各家厂商推出了网络开通、U 盘开通等便捷方式。

4）其他 VPN 方式同样不需要资源核查步骤，且如果现有网络设备具备 VPN 功能，也节省了设备采购费用和周期。以现在网络设备图形化操作界面的便捷性，VPN 完全可以由总部远程指导，进行线路开通，因此具有最高的便捷性。

（4）从成本角度

广域网建设永远绕不开成本问题，且企业所需建设的广域网规模越大，所需投入就越大，而线路类型的选择更会加大这种成本投入。

1）MSTP 线路有两类，即市内线路和跨市线路。市内线路成本比较低，而跨市线路的成本极高，这个比例大约达到 1∶5。

2）MPLS-VPN 线路相当于 MSTP 线路的市内价格再加上骨干网租用费，因此，大于 MSTP 市内线路价格，小于 MSTP 跨市线路价格。MSTP 市内线路、MPLS-VPN 线路和 MSTP 跨市线路价格比例大约为：1∶1.5∶5（此为经验数据，仅供参考）。

3）SDWAN 线路的成本同样由两部分组成，即 CE 至 PE 段的互联网租用费和运营商骨干网租用费。SDWAN 线路的成本应当低于 MSTP 市内线路的价格。

4）其他 VPN 方式则只是互联网租用费，拥有最低的价格。

6. 适用性分析

没有一种技术是完美的，关键看何种技术更贴近需求。显然需求引导网络设计者做出选择，而线路的特点又制约了选择。网络设计师必须综合衡量需求的多个维度，并考虑企业未来需求的增长和变化，做出在能够满足未来一段时间内符合企业实际的选择，其适用性如表 4-3 所示。

表 4-3　适用性分析表

线路类型	线路质量	可用性	部署便捷性	成本
MSTP	最高	高	较低	跨市：最高 市内：较低
MPLS-VPN	高	高	较低	中
SDWAN	中	中	较高	低
其他 VPN	低	低	高	极低

从以下几个方面进行适用性分析：

1）企业分支机构极小，或者不固定，经常性地搬迁或者快速诞生和注销，在这种场景下，成本是需要考虑的首要因素，其次是部署的便捷度。因此，企业可以考虑采用 VPN 部署方式，快速地实现分支机构到总部的广域网线路。

2）企业分支机构极多，且有一定的存续时间，而且对网络管理有一定要求：此类场景下成本仍然是一个必须重点考量的因素，但是因为分支机构有相对稳定的存续时间，且有网络统一管理的要求。因此，可以采用 SDWAN 线路组建广域网。

3）分支机构和总部在一个行政市内，且机构存续稳定，对线路质量和安全性有一定要求：此类场景中成本不是第一参考因素，建议采用市内 MSTP 方式进行组网，不但能够获得较高的线路质量，且比 MPLS-VPN 线路更加便宜。

4）分支机构不多，每个分支机构规模较大，对线路质量和网络安全要求较高：成本因素对此类场景的限制作用不大，建议选择跨市 MSTP 线路，线路质量最高，管理简单。

5）分支机构众多，每个分支机构规模不一致，但是都存续稳定，对线路质量和安全性有一定要求：此类场景建议选择 MPLS-VPN 以获得线路质量、成本等因素的平衡。

综上所述，做适用性分析，如表 4-4 所示，以供读者参考。

表 4-4 适用场景汇总表

线路类型	适用场景
市内 MSTP	分支机构和总部在同一行政市内，传输重要的生产经营数据
跨市 MSTP	分支机构数量少，且每个都规模很大、重要性极高，传输重要的生产经营数据
MPLS-VPN	分支机构数量多，规模不一，都具有稳定的存续期，传输重要的生产经营数据
SDWAN	分支机构数量多，具有稳定的存续期，成本敏感，传输一般办公数据，以及实时性要求不高的生产经营数据
其他 VPN 方式	分支机构数量多，不具有稳定的存续期，成本敏感，传输一般办公数据

4.2.3 拓扑结构

广域网的拓扑结构从物理上对数据传输的路由进行了限制，广域网建设前必须确定合适的拓扑结构。一旦在使用中发现了不尽如人意的情况，调整拓扑结构势必引起线路迁移，会导致费用和时间的增加。

1. 拓扑构型分析

广域网的拓扑结构有星型、树型和网型三大类型。

（1）星型

星型拓扑结构的特点是有唯一的主节点，所有子节点全部汇聚至主节点。

在星型拓扑结构中，所有子节点具有同等级别。这类拓扑构型简单，任意子节点损坏不影响网络整体运行。

但是这类构型也有明显的劣势：第一，主节点损坏，网络完全瘫痪；第二，子节点交换信息需要经过主节点。

所以这类构型有明确的适用场景，那就是在各子节点之间没有通信需求。因为，一旦两个节点要通信那就必须绕行主节点。

（2）树型

树型的核心思想就是分级汇聚，就像现在各种结构的组织层级一样，有树干、树枝和树叶。在这种构型下，每个分支构成小的网络，如果总中心故障，各分支可独立运行。

但是在这种构型下，分支主节点损坏，整个分支就不可使用。且在逐级汇聚中，浪费了大量网络资源，导致路由在空间范围内并非最优，终端节点在访问总部提供的服务时，效果难以保障。同时，完全仿照管理层级建设的树型结构，对于企业组织机构的扁平化变革没有任何好处。

（3）网型

网型构型无中心节点，各节点间均可互联。任意一点损坏，不影响网络正常运行，任意两个节点间可以直接传输数据。

同它的优势相对应，网型构型结构复杂，管理难度高，成本也高。

2. 适用性分析

拓扑结构需要和技术路线匹配起来，才能达到最优效果。

星型拓扑结构和树型拓扑结构，因为构型简单，所以可以使用 MSTP 和 VPN 方式构建。当然，MPLS-VPN 和 SDWAN 通过路由策略也可以实现星型和树型拓扑。

网型拓扑则只能由 MPLS-VPN 和 SDWAN 实现，因为如果用 MSTP 搭建网型拓扑，所需投入成本极其高昂，而用 VPN 实现则过于复杂。

星型拓扑结构适用于分支机构相对较少的场景，各分支机构不需要或极少数据交互，且总部具有绝对主导权，大量应用都由总部统一部署开发。

树型拓扑结构适用于管理层级分明的场景，同一分支最好空间距离相近。

网型拓扑结构各种场景皆能兼顾，但是必须建立在采用 MPLS-VPN 或 SDWAN 技术路线的基础上，且企业需具备较高的网络管理水平，才能较好地运行起整张网络。

三种网络拓扑整体对比情况如表 4-5 所示。

表 4-5 网络拓扑对比

拓扑结构	星型	树型	网型
描述	所有子节点同等级别，全部连接至中心节点	分级汇聚	无中心节点，各节点间均可互联
优势	构型简单，任意子节点损坏不影响网络整体运行	每个分支构成小的网络，总中心故障，各分支可独立运行	任意一点损坏，不影响网络正常运行，任意两个节点间可以直接传输数据
劣势	主节点损坏，网络完全瘫痪。子节点交换信息需要经过主节点	分支主节点损坏，整个分支不可使用	构型复杂，管理难度高，成本高
匹配的技术路线	适用于 MSTP 和 VPN，MPLS-VPN 和 SDWAN 也可以实现	适用于 MSTP 和 VPN，MPLS-VPN 和 SDWAN	由 MPLS-VPN 和 SDWAN 实现，MSTP 实现成本过高，VPN 实现过于复杂
适用场景	分支机构相对较少，各分支机构不需要或极少数据交互，且总部具有绝对主导权，大量应用都由总部统一部署开发	管理层级分明，同一分支最好空间距离相近	各种场景皆能兼顾，企业需要具备较高的网络管理水平

4.2.4 网络设备

广域网网络设备配备相比数据中心甚至是局域网都更要简单。因为它只需要考虑各分支机构最外层，连接广域网的出口网络设备。但是作为广域网和局域网的过渡设备，由于广域网规模大，物理空间距离远，承载统建应用系统的使用，任何一点疏漏都会被放大，对后期整改都是难以忍受的巨大问题，所以网络设备的选择同样应基于对企业需求以及一段时间的发展的充分研究。

1. 利旧还是新购

利旧还是新购是广域网出口网络设备选择需要面对的首要问题。

（1）利旧

之所以会有利旧的选项，首要因素在于成本。使用现有设备减少了投资，减少了设备采购的风险，没有采购周期自然缩短项目建设时间，不需要投入新设备的培训和适应时间。

企业广域网大概率是在各分支机构局域网建设之后才开始实施。各分支机构局域网中有大量网络设备，选择某一台或多台设备作为广域网出口网络设备从技术角度是完全可行的。同时，根据央企的资产和审计制度，部署在各分支机构的设备资产归属地所有，利旧也减少了资产处置的过程。

总之，利旧有相当多的优势，当各分支机构网络管理能力较强的时候，完全可以利用现有设备接入总部统一建设的广域网。但是，有利必有弊。利旧最大的弊端在于，当各分支机构的网络设备五花八门时，不利于总部对广域网的管理。广域网出口设备是广域网的一部分，只有总部能够纳管该设备，才能真正控制广域网的每条线路。

（2）新购

新购网络设备必然会导致广域网建设项目投资上升，这一点是最令人难以抉择的方面。但是新购广域网出口网络设备对于广域网建设具有关键性的好处。企业建设广域网最大的目的，必然是加强信息传递以及对分支机构的管理力度。新购网络设备可以统一设备类型，并利用最新技术，获得更好的功能，总部可以轻松地将连接各分支机构的广域网线路统一纳管，因此，短期的加大投资，从长期来讲却能令企业有更大收益。

2. 设备类型选择

广域网出口网络设备到底选择什么设备，选择哪些设备，这是需要谨慎对待的重要问题。

（1）路由设备

作为广域网和局域网的衔接设备，路由设备是必需的。

有一种思路是将广域网和局域网作为整体网络，只在衔接处设置交换机。这种建设思路可以减少网络配置，但是缺少路由设备无法进行很多的策略配置，所以这种思路是不可取的。

能够承担路由设备功能的可以是路由器或者防火墙。

1）路由器。路由器是专业的路由设备，衡量路由器性能的指标是转发性能。由于路由器会有多个 WAN 口和 LAN 口，所以交换容量也是一个较为重要的指标。除此之外，建设者应当关注路由器端口数量，包括光电端口的具体数量。

随着 SDWAN 技术的成熟与应用规模的逐渐扩大，它的影响也逐渐向各类网络设备渗透，其中路由器就是重要的承担 SDWAN 功能的设备，所以在选择广域网路由器时可以考虑具备 SDWAN 管理功能的路由器。目前，具备 SDWAN 功能的路由器具备以下功能：

① 一键式部署（邮件 URL，U 盘，DHCP 等），零技能要求，设备分钟级开通。

② 支持 SaaS 首包识别（FPI），复杂应用识别，基于带宽和链路质量选路。

2）防火墙。防火墙具备路由功能，所以也可以直接用防火墙作为广域网出口网络设备。衡量防火墙性能的指标有吞吐量、最大并发连接数等。在这里尤其注意，防火墙有多种功能，如防病毒、VPN 等，但是使用的功能越多，防火墙本身的吞吐量指标就会越下降。所以在选择该类设备时，需要尤其调研其各项功能开启后的性能表现。

3）适用性选择。具有路由功能的设备有很多厂商在研制，这就给予建设者很多选择。一般网络设备厂商会有专业的路由器提供，这类厂商有华为、H3C 等。而防火墙主要是以网络安全厂商为主，如深信服、天融信等。网络安全厂商很少会去研发网络设备，但是网络设备提供商，如华为、H3C 等，则会有防火墙等网络安全设备销售。

现在的设备大部分都具备多种功能，能够承担多种任务角色。例如，某厂商销售的路由器具备 VPN 功能如：IPsec VPN，GRE VPN，DSVPN，A2A VPN，L2TP VPN，L2TPv3 VPN 等；也具备相当的网络安全功能如：ACLv4/v6，基于域的状态防火墙，Portal 认证，广播风暴抑制，ARP 安全，ICMP 防攻击，黑名单，攻击源追踪，国密算法，上网行为管理，IPS，URL 过滤等。

所以，究竟是选择路由器还是防火墙，需要建设者根据公司的实际情况进行设计，有以下几点可以综合考虑：

① 路由器虽然能够提供一定的网络安全功能，但毕竟不是专业网络安全设备，所以对于大型企业，路由器的网络安全功能仅仅只能用作应急。

② 防火墙虽然具有路由功能，但是随着网络安全功能开通得越多，性能会有比较明显的下降。同时处理网络安全和路由会对设备产生较大压力。

③ 同时配备路由器和防火墙，这种做法通过加大投资来达到专业工作由专业设备处理的目的。但是多一台设备，既增加了管理难度，又增加了故障点。

最后我们可以得到以下结论：

① 当分支机构较小时，由于数据量不大，完全可以仅配备防火墙，达到降低投资成本，减少管理难度，减少故障点的目的。

② 当分支机构较大时，建议同时配备路由器和防火墙，将专业的工作交由专业设备完成。

（2）交换设备

虽然路由设备都会提供多个 LAN 端口，但是仍然建议统一部署交换设备。这是基于以下因素得出的建议：

① 广域网路由设备的 LAN 端口数量少，且更靠近广域网，所以极其宝贵，尽量不要占用路由设备的 LAM 端口资源。

② 交换机可以作为路由设备的有益补充，形成对 LAN 端口的扩展。总部对接入专网的终端、局域网等可以直接通过交换机管理，减少对路由设备的影响。

③ 广域网交换机虽然处于关键位置，但本身并不承担分支机构内部局域网的数据交换，即局域网内终端与终端、终端与服务、服务与服务的数据交换依靠的是核心交换机。广域网交换机仅仅承担广域网和局域网南北向的数据交换，不承担局域网内部东西向的数据交换，因此，可以选择成本较低的二层交换机，不会大量增加投资。

（3）设备冗余部署

从实际应用经验来讲，广域网出口设备并不十分需要冗余部署。因为，线路的故障率要远高于设备的故障率。因此，当广域网线路仅有一条的时候，是完全没有必要为了提高可用性部署两台设备的。

4.2.5 中国航油广域网建设经验

1. 项目概述

（1）项目背景

中国航油面向生产，先后建设了多套信息系统。目前，各信息系统独立组网，导致网络构型复杂，不便于统一管理，没有形成规模效应，缺乏谈判优势，增大建设成本。增加网络安全隐患，不利于企业健康平稳运行。

（2）项目必要性

1）稳定、高速、安全的骨干网，是中国航油总部与地区公司、分公司进行业务交互的基础；是公司数字化转型的重要支撑；是智慧加油等重要业务系统良好运行的前提；是提升网络质量，形成规模效应，降低成本的重要抓手。

2）各分支机构相对标准化的区间网，是满足各作业区域间高容量互访的需要；是提高专线资源的利用率，降低跨省专线链路费用的需要；是收拢各作业区域的互联网出口，提升网络安全水平的需要；是提升分支机构整体网络质量、提高管理水平、方便业务应用部署的重要基础。

3）为了增强专网传输能力，加强网络管理水平，企业也需要利用先进成熟的网络设备，对专网的流量、质量进行管理，实现网络统一监控分析，实现网络跨地域管理与运维服务能力，保障业务流畅。

总之，构建公司专网，是提升网络质量，加强网络管理能力的基础。稳定、高速、安全的专网是公司数字化转型的基础，是重要业务系统良好运行的前提。

（3）项目内容

1）骨干网：满足232个分支机构专线接入。

骨干网实现跨省、长途组网，是公司业务的重要支撑。依托与互联网完全隔离的专线，实现跨地域、安全、高速、可靠的数据传输，将为公司快速发展提供坚实的基础。骨干网能够承载公司多种业务交换需求，满足视频、语音、文本等多类型数据传输。

2）区间网：51个拥有多处作业区域的分支机构、本地网络的联通。综合现阶段的建设要求和建设成本，本次项目不包括各分支机构同一作业区域内各建筑物间的联网，建筑物内的楼宇综合布线，以及各建筑物内的机房改造。

区间网是骨干网的延伸，是骨干网资源最大化利用的坚实基础。区间网建设的目的在于，为拥有多个作业区域的分支机构，提供安全、稳定、高速的本地信息传输通道，使管理者、安全生产人员、作业人员能够更有效、更方便地获取信息，从而提升整个机构的现代化管理水平和管理效率。

3）网络管理与设备。公司下属分支机构遍布全国，有点多、面广的特性。为统一管理各分支机构与专网的连接，提升网络管理水平，优化网络传输质量，在集团数据中心部署网络管理平台，在各分支机构部署具备网络流量管理功能的前置设备，实现专网联动管理，更好地满足公司业务发展的需要。

（4）设计依据

《信息安全技术 网络安全等级保护测评要求》GB/T 28448—2019

《信息安全技术 网络安全等级保护安全设计技术要求》GB/T 25070—2019

《信息安全技术 网络安全等级保护基本要求》GB/T 22239—2019

《综合布线工程设计规范》GB 50311—2016

《电信网络运行监督管理办法》

2. 现状分析及应用需求

（1）公司现状

中国航空油料有限责任公司成立于2005年9月，是中国航空油料集团有限公司（简称"集团公司"）的控股子公司。中国航油是目前中国最大的集航空油品采购、运输、储存、检测、销售、加注于一体的航空运输保障企业，也是集团公司的核心主营业务板块。

（2）集团网络现状

中国航油办公地点在航油大厦，共享集团办公大楼的网络。互联网出口也在集团机房。

各地区公司和直属单位都已经开通至集团的专线，大部分为E1链路，小部分采用的是MSTP或SDH。E1链路是由集团在2009年统一谈判签约，各企业分摊租赁费用。专线接入集团内网，可用于视频会议和内网应用的访问。

（3）分支机构区间网现状

中国航油在部分机场拥有多个工作区域，这些区域包括机关办公区、油库、航空加油站等，这些区域被机场分割包围。

典型地区公司所在干线机场的作业区域情况如图4-1所示。当前大多数企业各个作业区域间并没有联网。中国航油在各企业部署的系统主要包括安全生产监控平台和智慧加油两个系统。

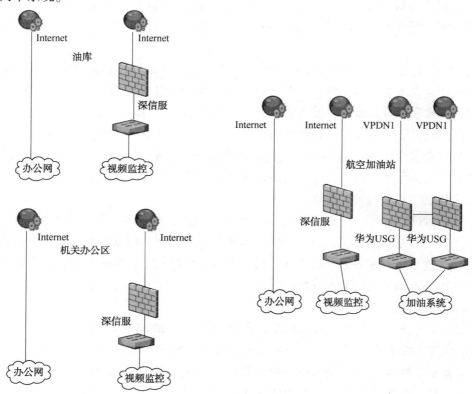

图4-1　典型地区公司所在干线机场的作业区域情况

安全生产监控平台在各个作业区域部署有防火墙，视频监控信号依靠 Internet-VPN 传输。

智慧加油系统部署有冗余防火墙和交换机，与加油终端连接依靠 VPDN 通信。

办公网络自己有互联网出口。

在机场范围内，机场方对于网络线路、管井等资源拥有所有权。所以运营商专线进入，必须协调和租用机场的资源。

（4）智慧加油系统

智慧加油系统以干线机场覆盖所辖支线机场方式部署，支线机场利用 4G 网络将加油数据传输到干线机场后台，干线机场再将数据上传到总部平台，干线机场与总部之间双向互通数据，但干线机场之间不进行数据交互。调度客户端 PC 电脑通过查询航班动态发送数据任务给服务器，通过运营商链路到终端 PAD 接受完成任务的业务交互过程。

（5）安全生产监控平台

该平台覆盖两大类业务：安防视频监控和油库自控液位数据远程回传。

1）安防视频监控业务。各下级单位(各机场油料库/站作业单元)通过视频摄像终端(目前接入摄像终端约 4000 个)采集视频数据存储到本地，并通过互联网 VPN 经由分公司、地区公司、总部公司架构逐级上联。总部、地区公司、分公司通过互联网接入实现远程读取所辖单位监控视频信息，并投屏至本地显示终端展示，各级公司不做视频数据存储。同时，公司管理领导通过手机 App 4G 无线访问方式展示各油库/站状态及监视信息。

目前各分支机构通过 Internet-VPN 将视频数据汇总至中航信机房，监控系统服务器也部署在中航信机房，并通过电信 200M 专线连接至集团机房。系统从集团机房获得对互联网出口。

业务单元每个摄像终端上传时带宽约 4M(高清头)，模拟数字头约 384k/768k。预计每个业务单元接入带宽约为 20M。

2）油库自控液位数据远程回传。自控液位数据用于记录并确认油库储油信息，液位状态数据自动上传至总部，各地区公司及分公司从总部读取液位数据自控系统状态。目前自控液位数据覆盖主要是干线机场油库/站作业单元。业务数据：64k~2M。

3. 整体设计方案

（1）整体规划

骨干网。连接集团机房、各分支机构的专线网络，能够传输图像、语音、文本、数据等多种类型。

区间网。解决在机场内拥有多个作业区域的分支机构，各作业区域间联网的问题。

获得对骨干网、区间网边界路由器等网络硬件资源的全景视图和统一管理能力，制定相关资源使用的管理制度。

获得对上述资源的第三方维护能力。

（2）建设/租用

根据中国航油整体情况及未来发展，建议采用租用服务的方式完成项目所有内容。

1）骨干网。骨干网为运营商线路，只能租用。

2）区间网。由于机场内的管井和线路资源属于机场，因此区间网只能采用租赁的方式。

（3）设计原则

1）规范性。遵从国家、行业相关网络规范，遵从航油集团及中国航油相关网络规范。

2）标准性。技术标准化，使用开放、标准的主流技术及协议，以确保网络的开放互连和升级扩展。

各分支机构的区间网应采用统一的标准建设，使分支机构的区间网络具有高统一性。

3）扩展性。可伸缩的网络架构，网络架构在功能、容量、覆盖能力等各方面具有易扩展能力，以适应快速的业务发展对基础架构的要求。

4）易管理性。整体设计过程中需充分考虑网络架构的易于管理性，网络设计的简单化直接关系到网络的运行和维护成本，也是网络稳定运行的保障，并提供及时发现和排除网络故障的能力。

4. 骨干网

（1）定位

骨干网是中国航油业务支撑的重要网络，它将连接集团机房，并覆盖各分支机构，为公司快速发展提供坚实基础。在未来 5 年，骨干网能够承载中国航油多种业务交换需求，满足视频、语音、文本等多种数据格式传输。

（2）技术方案

1）广域网技术选择。目前广域网专线技术主要有 SDH/MSTP、MPLS-VPN，从网络拓扑结构、安全性、扩展性、适用性及成本等角度考虑，以及结合中国航油的组网规模及成本，建议采用 MPLS-VPN 专线进行扁平化组网。

MPLS-VPN 网络有以下三项应用优势：

① 由于受制于机场网络，所以铺设两条 MSTP 线路以保证专线的稳定性成本过高。而 MPLS-VPN 网络只在 PE 至 CE 段是单条 MSTP 线路，进入运营商大网，就可以保证网络的可用性。

② 如果采用星型 MSTP 汇聚至云数据中心，则数据中心有单点故障的风险。当云数据中心宕机，则全网瘫痪，而 MPLS-VPN 网络不存在此问题。

③ MPLS-VPN 网络可以由运营商设置路由，既保证云数据中心可以直连任意的分支机构，又能满足中国航油层级管理的需要。

2）整体架构如图 4-2 所示。

3）流量访问模型如图 4-3 所示。

通过扁平化组网，供应站/加油站可与省公司、地区公司及总部直接互访，供应站与总部间业务流量无须绕经省公司、地区公司。

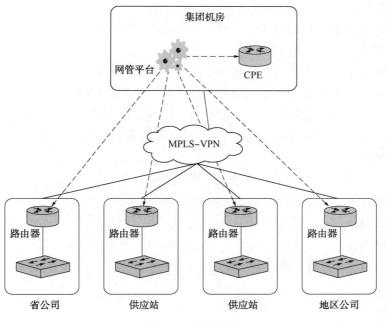

图 4-2　整体架构

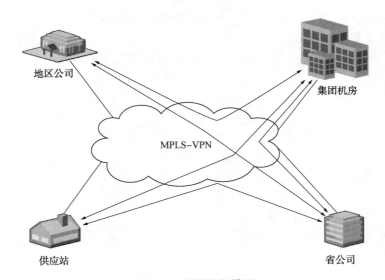

图 4-3　流量访问模型

4）网络性能要求

在中国航油目前各应用系统中带宽占据最大的是视频监控数据。当采用 1080P 分辨率在 H264 下，1 路视频监控带宽为 4Mbps。供应站考虑最多同时看 4 路的情况下，需要带宽 16Mbps。

为了保证能够同时看 4 路视频，且预留部分带宽传输其他数据，专线需要 20M 带宽。但是从成本考虑，优先选用 10M 带宽的 MPLS-VPN 链路，未来视使用效果与需求进行扩展。

由于要传输视频监控信号，所以网络带宽和质量要能满足丢包率小于 2.5%。

（3）系统要求

1）高可用性要求。网络各节点要求实现 99.9% 以上高可靠性；

2）QoS 要求。

① 对网络中关键业务应用的带宽、延迟优先得到保证。

② 最大限度地充分利用网络的资源为其他业务提供合理的带宽保障。

③ 当要分类和标记流量时，尽可能接近应用的数据源对其进行分类和标记。

④ 采用 QoS 策略，根据不同业务的不同 QoS 需求，实施 QoS 规则，实现不同等级的网络质量保障。

3）网络管理要求。系统需具有统一的管理平台，完善的网管系统，支持全面的网络管理，包括拓扑管理、故障管理、资源管理、性能管理、日志管理等，提供相关的审计、报表等功能。

提供的网络管理平台应能够对各分支机构的边缘设备进行统一管理。对所有分支机构网络链路使用状态综合展示。

5. 区间网

（1）定位

为了使骨干网的专线资源能够接入各个工作区域，各区域间网络互连是一项重要工作，即完成拥有多个工作区域的分支机构，各区域间的线路连接。

（2）技术方案

根据多工作区域网络现有业务情况，设计网络拓扑如图 4-4 所示。

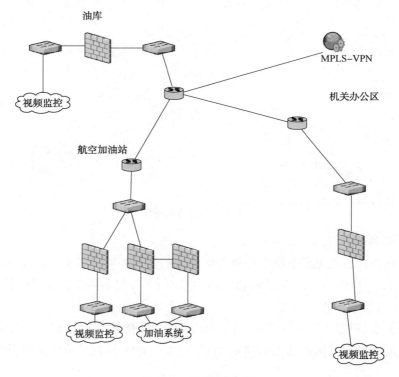

图 4-4　设计网络拓扑

1）充分利用现有设备，使所有现有系统的网络结构保持不变。

2）选择油库或者机关办公区作为专线接入区，因为航空加油站一般在机场红线内，且航空加油站建筑物一般较小，机房环境较差。

3）路由设备应配备至少千兆网络接口。

4）优先选择用 2 芯裸光纤连接机场内各作业区域，此类作业区域共计 72 处。

5）位于机场范围外的远距离作业区域分为两类连接，一类和机场处于同一市辖区，此类作业区域采用 30M 本地 MSTP 专线汇聚至机场，共计 23 处；另一类和机场处于不同市辖区，根据运营商资费标准，此类线路为长途线路，所以采用 10M MPLS-VPN 专线直接连接集团机房，共计 6 处。

（3）系统要求

1）区间网禁止连接互联网。

2）合理划分 VLAN，各 VLAN 之间应当进行逻辑上网络隔离。

3）网络系统实现灵活、可靠的网络架构；设备能够自动部署与上线，简化管理；能够实现设备故障的快速发现与恢复，当设备发生问题的时候，应能自动上报至管理平台，并通过管理平台报告网络管理与维护人员。

4）网络系统需支持 IPv4/IPv6 双协议栈。

6. 网络管理

（1）IP 规划

应参照集团 IP 地址规划方案，每个网络节点分配连续可汇总地址段，全网分成两大类地址网段：

1）集团机房地址段：本部分需按照集团要求设置 IP 地址。

2）各分支机构地址段。

（2）管理平台

网络及网络设备展示与运维。

1）应按照角色、权限赋予登录用户相应功能；

2）应能够集成本项目范围内所有具备 SNMP 协议的设备；

3）具有完善日志功能，提供完备的审计功能；

4）具有完善的统计功能和丰富的报表形式，能够统计登录用户和各种设备、网络的运行情况，并以各种形式的报表予以展示。

7. 网络优化

应对全网进行优化配置，调优各类参数。

链路切换过程中，丢包敏感类业务应传输正常，无卡顿、马赛克及中断现象，保证用户的访问应用无感知。

能够配置不同分类的流量进入不同的隧道。

通过 QoS 实时探测线路质量，实时线路优先级和基于带宽的调度。QoS 功能可在出口带宽满载的情况下，依据优先级策略保障业务的访问效率和体验，例如：网络出口带宽已满载，包括但不限于开启视频会议应用时，视频会议依然清晰流畅。

池化 WAN 线路，按带宽比例传输。

优化链路丢包，对于丢包敏感类业务（包括但不限于视频会议、视频监控等）要求在3%丢包以下的网络质量情况下，依然可保障业务流畅性，例如：视频会议清晰流畅、无卡顿和马赛克。

提供端到端数据加密。为保证数据端到端安全，数据的加密和解密均需在用户内网的 CPE 设备上完成，经过骨干网的传输路径中，不能存在加解密的节点和行为。

网络设备所需达到的效果包括以下场景：

1）能够自动选择某一类应用传输的线路类型，例如：当有 A、B 两条线路，可以根据应用的不同调度至不同的线路；

2）能够根据访问者自动选择传输的隧道，例如：当总部访问某供应站的视频监控系统时，流量调度至供应站和总部直连隧道中，地区公司访问供应站视频监控系统时，流量调度至分支机构和上级单位隧道中；

3）能够根据应用的不同自动选择优先级高的应用优先调度，例如：智慧加油数据和视频会议数据优先级高于安全生产监控平台，则优先调度前两类应用的数据；

4）能够根据访问者不同设置调度优先级，例如：当地区公司和总部同时访问某供应站的视频监控系统时，优先调度流量资源保证总部访问；

5）能够对某应用的流量做带宽限制，例如：限制视频监控系统带宽不得超过 8M 或总带宽的 80%。

8. 效益分析

（1）满足业务系统需要

满足安全生产监控平台、智慧加油、视频会议等业务系统数据传输的需要。

（2）提高骨干网资源利用率

各分支机构骨干网设唯一出口，提高骨干网资源利用率，减少跨省长途线路的数量。按照现在的网络连接情况，每个作业区域都拥有自己的互联网出口三百多个，通过区间网的建设，可以将上述互联网出口收拢至每个分支机构 1 个。

（3）提高数据传输能力

各分支机构能够保证 2 路或 6 路视频监控信号的稳定传输。专网提升了现有业务系统响应速度，为各类信息化应用提供高效网络支持。

（4）提高网络系统可用性

生产专网整体可用性达到 99.9%，即每年网络故障时间不超过 9 小时。

（5）减轻运维压力

维护工作主要交给服务商负责，通过统一运维服务提升生产专网运行质量，保证网络可靠稳定运行，减轻各分支机构网络运维压力。

9. 招标建议

企业在进行招标工作中，除相关技术要求和数量要求外，还应当对网络配置、制度建设与培训、服务考核等事项提出明确要求，以确保建设和服务。

（1）网络规划与配置

1）网络规划。网络规划包括但不限于网络整体架构设计、IP 地址规划、路由规划设计、交换设计和 QoS 规划、网络安全规划。网络规划所涉及的范围包括但不限于骨干网、区间网、工作区域网络、建筑物楼宇网，以及这些网络所涉及的设备和在这些网络上运行的业务系统。

全网路由设计，并完成所有路由的配置。路由设计应考虑链路状态最短、跳数、带宽、时延，并考虑数据包控制和环路管理，包括但不限于中国航油专网整体路由设计与配置，及各分支机构区间网路由的设计与配置。

全网交换设计，交换设计应综合考虑交换接口、VLAN、生成树等各方面的要求，满足可靠性、安全性，消除环路带来的风险，负责设计 VLAN，并完成所有 VLAN 的配置，包括但不限于中国航油专网整体 VLAN 计划与配置，及各分支机构区间网 VLAN 的设计与配置。

QoS 规划，并完成全网的 QoS 策略应用。

须根据业务系统的需求对专网进行调优。

在网络配置过程中应进行业务系统的重新配置。

2）IP 地址规划与管理。应完成包括但不限于以下 IP 地址规划：网络设备、用户、服务器区、业务系统、工控区、预留地址等。

IP 地址规划须考虑长远，满足未来业务发展。IP 地址资源以地域划分、行政隶属关系和业务种类为层次，分割为大小不同、用途各异的地址块单元。IP 地址分配在每一个层次都要留有余量，在网络规模扩展时能保证地址叠合所需的连续性。

IP 地址规划应便于制定统一的网络管理策略，实现统一的网络管理，便于网络安全策略的实现。应具有灵活性，以满足各种路由策略的优化，充分利用地址空间，应简单、易于管理，降低网络扩展的复杂性，减少路由表的路由条数。应采用连续地址缩减路由表，提高路由算法的效率。

规划应考虑总部、各分支机构不同级别不同类型的应用使用不同子网的 IP 地址，以便于不同的应用使用不同的路由策略和安全策略。

集团地址段需按照集团要求设置 IP 地址。

规划应根据中国航油现有业务系统，包括安全生产监控系统、智慧加油系统、视频会议系统、360 监控系统的 IP 地址完成中国航油的 IP 地址规划和相关设置，应保证尽量减少这些系统 IP 地址的调整。

规划全网 IP 地址后，应保证网络中的每一个设备都有唯一的 IP 地址，应设计 IP 地址的管理方法以及配置策略。

3）QoS 规划与设置。应根据需求，依据不同的应用对于延迟、延迟抖动、带宽、包丢失率和可用性等不同的要求，规划 QoS，并对网络设备进行相应的设置。

QoS 设计原则为：

① 对网络中的关键业务应用的带宽、延迟优先得到保证。

② 最大限度地充分利用网络的资源为其他业务提供合理的带宽保障。

③ 当要分类和标记流量时，尽可能接近应用的数据源对其进行分类和标记。

④ 采用 QoS 策略，根据不同业务的不同 QoS 需求，实施 QoS 规则。

⑤ QoS 设计方案确定后，需进行测试。

（2）制度建设与培训

1）制度建设者应具备丰富的运行维护服务的实践、管理经验及能力，依据 ISO 20000、ISO 27001、ITIL、ITSS 等国际、国内标准体系，向提供全套网络运行建设、管理、运维制度及流程，并负责制度的制定、评审、发布和宣贯。

应确保各项制度的可行性，并根据的要求，持续完善各项制度。

应负责为建立和本项目相关的各项管理制度，包括但不限于《网络建设标准》《网络管理办法》《应急预案》《重大保障期间网络与信息安全管理规定》等。

《网络建设标准》应明确规定骨干网、区间网、工作区域网络、建筑物楼宇网的建设标准，内容包括但不限于线路标准、设备标准、网络安全标准等。

《网络管理办法》应明确规定网络管控体系，包括但不限于管理组织机构建设、运维体系、流程制度、网络建设管理规则，网络管理与维护规则，网络安全管理规则等。

《应急预案》应对应急情况分级管理，并明确每种应急情况发生的时候，需要启动的应急流程、应急组织管理指挥系统、信息通报、应急工作要求、调查、处理、后果评估与监督检查等。

《重大保障期间网络与信息安全管理规定》应按照保障的阶段性要求明确每个阶段的保障措施、物资保障的要求等，以及对于必备资料、技术储备、宣传培训、监督检查制度等，做好重大保障所需的基础建设工作。

2）培训。中标人负责组织和本项目相关的技术、管理培训，培训不限制人数。

培训地点为北京。培训时长为 10 课时。培训讲师的费用自理，参训人的费用由自己承担。培训应以国家或行业标准为依据，提供电子版教材和装订完整纸质版 20 套。

当对某位讲师讲课内容不满意时，中标人应立即更换讲师。

培训应理论与实操相结合，中标人应对参训人进行实战培训，包括但不限于设备设置实战、故障诊断实战、应急预案演练。

负责编制试题，对参训人进行考试。对于考试成绩不理想的参训人，应进行专项补充培训，保证参训人达到整体要求。

在实际运维过程中应注意对现场管理与操作人员持续不断地培训，解答提出的问题。对所有故障的发现、诊断与维修均应形成文档并提交。

应对系统管理员提供包括但不限于以下培训内容：

① 网络基础原理、广域网技术、VPN 技术、SDWAN、5G 技术等、网络安全基本知识、防火墙技术、入侵检测技术、常见的网络攻击技术、网络安全防御、等保 2.0。

② 网络设备的安装指导、求助指南、故障排查等专业内容，故障案例分析。

③ 应急预案的实战演练。

④ 网络管理平台的使用培训。

（3）网络安全保障

管理部门须建立健全安全管理制度，对网络和设备状态、恶意代码、补丁升级、安全审计等安全相关事项实行统一集中管理，加强安全运维、定期梳理、细化安全策略，并配备网络安全人员，如表 4-6 所示。

表 4-6　网络安全保障人员要求表

人员类型	要　求
初级安全技术监控人员	至少具备华为或思科初级网络安全工程师、等保初级测评师、RHCSA 等计算机信息系统专业的一项技术资质
中级安全技术工程师	至少具备等保中级（及以上）测评师、CISP、RHCE、华为或思科中级网络安全工程师等计算机信息系统专业的一项技术资质
高级安全技术工程师	至少具备 CISP、RHCE、ISO 27001 内审员、信息安全工程师、等保中级（及以上）测评师、华为或思科专家级网络安全工程师等计算机信息系统专业的一项技术资质
专家级安全技术工程师	至少具备 CISP、RHCE、信息安全工程师、等保高级测评师、华为或思科专家级网络安全工程师等计算机信息系统专业的一项技术资质

（4）开通与停复机

应在专线开通工作实施前，明确告知接入节点单位实施方案和需配合完成的事项。

每条线路开通时，须测试线路，包括但不仅限于带宽值、延时、丢包率，大数据包通过性等测试，并提供相应的开通测试报告。

应该提供线路受理、开通、维护、付费的全国一站式服务。

应对现场进行勘察，需要制定完整的接入方案。每个接入节点的勘察时间不得超过 5 个工作日。

由于所属行业为民航业务，业务连续性要求高，所以若进行网络调整、割接、线路整改、版本升级等不应影响网络使用。

如有重大安全隐患原因造成的紧急网络调整，则应至少提前 1 天告知。告知方式应包括：告知函、电子邮件、短信、电话等。通知内容包括：网络调整、割接、线路整改的具体内容。如果不同意进行网络调整的，须负责保障线路的可用性，并重新做调整计划。

当需要开通本次招标范围以外的同种类业务时，在资源具备的情况下业务开通时间不超过 10 个工作日。费用以投标文件中相关投标报价明细为依据。收费起始时间为业务开通时间的下一个自然月的第 1 日。

（5）运维服务

须组建专门服务的支撑团队，持续负责网络日常运维、定期维护、故障分析与处理、系统变更与设备更换、资产管理等工作及相关方案制定。支撑团队的人员应包括：运维经理、网络技术专家、工程技术专家。

负责依据服务范围及服务级别要求，制定服务管理计划、服务管理制度、流程，制定服务管理相关规范、指南及手册，并规范服务记录、服务报告及服务日志。应加强对运维环境的保密性管理，规范运维行为。

对各服务管理流程质量进行管控，以确保各流程满足流程目标并得到持续改进。

负责服务质量的全面管控，根据 SLA 协议及重点工作要求，制定质量管理的方针、质量指标、质量检查计划等。

负责制定质量管理回顾及服务改进计划，并组织服务改进的实施。

根据服务交付计划，向提交各类服务报告。

提供的热线服务必须为专属服务，电话必须人工接听，不能是语音服务。

4.3   统一互联网出口

随着"数字中国""网络强国"和"新基建"等国家重大战略部署加快推进,国有企业数字化转型成为大势所趋。伴随着新一代信息技术的创新应用,业务运营模式的变化更迭,网络安全工作面临新的挑战。国有企业要坚决贯彻落实习近平总书记关于网络强国的重要思想,落实党中央、国务院有关决策部署,切实增强责任感使命感,进一步认清新形势下网络安全工作的重要性紧迫性。

2021年6月29日,国务院国有资产监督管理委员会办公厅发布《关于做好2021年国资国企网络信息安全在线监管平台建设推进工作的通知》要求:2021年底前要推进二级单位全覆盖,加快集团公司及所属企业互联网出入口统一建设,切实减少暴露面和风险点,初步形成基础设施一张网、资产态势一张图、安全监管一盘棋、风险管控一条线、产业服务一战通等支撑能力,实现国资央企网络信息安全能力水平整体提升。为了解决网络管理和安全上的问题,提高保障能力,落实大型央企网络信息安全规范要求,归并互联网出口、实现统一管理迫在眉睫。

4.3.1   统一互联网出口的意义

在互联网统一出口建设工作提出之前,企业总部与各级分支机构各自拥有独立的互联网出口。总部并没有对各分支机构的互联网出口进行有效管理,比较前沿的企业也仅仅是对出口的网络安全设备进行了标准化管理。在这种现状下,企业大量的互联网出口会造成以下问题:

1)网络管理不可达:总部公司无法及时掌握下属单位互联网线路情况,各单位自行管理,水平很难统一,难以有效完成总部对网络安全管理要求。同时,独立的互联网出口,总部难以监测,也无法对网络安全事件提供有效支撑。

2)网络资源有浪费:各单位按需开通互联网,无法做到统筹管理,带宽与实际需求未进行测算,存在浪费的情况。

3)网络费用未统一:不同分支机构租用不同运营商、不同标准互联网服务,互联网费用高低不一致,无法有效整合资源,增强与运营商谈判的主动权。

4)网络质量有差异:各单位网络资源由当地提供(运营商或物业网络服务提供商),网络质量参差不齐,业务体验不尽相同。

一旦企业完成互联网出口的收敛,企业将会获得以下收益:

1)减少互联网出口租用费:通过互联网出口收敛,形成了汇聚效应,出口资源到达了资源池的形式,可以有效降低出口总带宽,能够直接减少互联网的租用费。事实上,企业在实施收敛工作前,应当对下属企业所有互联网带宽和租用费进行统计,一旦完成收敛,这笔节省下来的带宽费用是可观的。

2)减少暴露面:企业内网就像一座城池,每一个互联网出口就是一扇城门,出口越多城门也越多，漏洞当然越多。通过互联网出口收敛工作，可以减少"城门"的数量，减少暴露面，降低网络安全风险。

3）提升网络使用便捷水平：互联网收口后，各分支机构局域网完全处于内网环境，总部统一建设的各系统，可以在内网中为所有员工提供便捷服务。

4）降低国资国企网络信息安全在线监管平台接入的费用：国资委要求央企所有互联网出口部署国资国企网络信息安全在线监管设备，收口后只需在互联网出口部署，能够显著降低设备采购的数量和费用。

5）网络资源统一管理：通过广域网建设整合各地网络资源，统一互联网出口，集中管理网络资源、服务计费和运维服务，最大化网络资源利用率，同步完成网络安全建设，提升网络安全水平。

4.3.2 前期准备

统一互联网出口意义重大，但是难度也极高。技术难度还在次要位置，关键在于技术无法解决的问题对使用者造成的影响。

统一出口后，距离互联网出口较远的分支机构必然会有访问互联网内容延迟的直观感受，这是空间和技术条件限制下无法避免的问题。统一互联网出口工作必然是自上而下的总部工程，总部普遍情况下有能力管理到广域网的边界节点，但是各公司的局域网在统一出口工作下，会对工程是否成功造成重大影响。

1. 互联网出口选择

互联网出口位置会影响出口收敛后互联网访问的效果。影响的主要因素包括出口带宽、数量和位置，三者之间互相关系，互相制约。

（1）带宽

带宽是首先需要决定的重要因素，这里的带宽不单是出口的带宽，还包括连接各分支机构的广域网带宽。

1）互联网出口带宽。应优先确定互联网出口带宽。

采取实际调研的方法，摸清各分支机构互联网出口带宽现状。通过查询各分支机构互联网出口网络设备对数据流量的监控，分析一个月的流量变化情况。获得每月平均值、每日平均值和每日峰值。建议互联网出口总带宽能够以完全覆盖每日峰值为佳。通过这种方式计算，网络设计者能够发现，互联网出口带宽会比各公司目前租用的总带宽小很多。

对于分支机构众多的企业，可以不用遍历性调研，但应以较大和层级较高的机构为调研对象。因为这类机构一般对互联网的使用需求更高，而层级较低的单位普遍为一线生产单位，互联网需求较低。

在实际调研取得结果后，应再确定每个员工的平均带宽。进行此计算的时候，应该注意生产单位是有倒班工作机制的，休息期间的带宽可以节省。累计所有员工所需带宽后，将结果和调研计算结果进行比较，二者差距应该不大。

方案设计者应当将企业现有带宽的合计同设计后的带宽进行比较，以得出节省的带宽费用。这个数据将作为项目立项的重要依据。

2）分支机构广域网带宽。各分支机构通过广域网访问互联网。所以，在进行互联网统一出口工作同时，必须对各分支机构广域网带宽进行扩展。

广域网出口需要扩充的带宽可以仿照互联网出口带宽确定的方法。即以企业每日平均峰值为依据，并将带宽细分到每个人进行计算。

（2）数量

在确定带宽后，可以确定互联网出口的数量。按目前部分企业互联网收口的经验，一般以2~3个出口为宜。

1）如果只有1个出口，很显然一旦此出口不可用，将导致全企业包括分支机构无法访问互联网，所造成的影响难以估量。

2）如果多于3个，则对企业互联网出口管理难度将极大增加，同时用于每个出口都需要部署网络安全和国资国企网络监管设备，也将加大费用支出。

2~3个互联网出口既可以相互之间形成互备，也可以在使用效果、管理难度与费用支出之间形成平衡。

由于需要在几个互联网出口之间流量互备，所以此时每个出口的带宽不应是总带宽的平均分，而应当考虑某出口不可用后，可用出口对流量的分担。2个出口的情况，每个出口都应尽量具备承担全部流量的能力；3个出口的情况，每个出口都应尽量有50%的冗余带宽。

（3）位置

确定了互联网出口的数量后，可以择优选择互联网出口的位置。

企业总部必然会保留一个互联网出口，则其他出口的选择应和总部出口形成地理上的互补。选择策略包括以下几点：

1）企业分支机构比较密集的区域；

2）南北互补或东西互补；

3）某个信息化管理运维水平较高的分支机构。

2. 各分支机构局域网

各分支机构局域网是神经末梢，信息流动是否畅通依赖局域网的完善程度。

各分支机构的局域网需要在建设互联网统一出口前进行完善，本项工作有以下几点注意事项。

（1）分支机构内各工作区域间完善网络连接

当一个分支机构有多个工作区域和多个楼宇的时候，分支机构需要完善各个工作区域和楼宇间的网络连接。

（2）无线局域网

无线局域网是现在工作中不可或缺的重要生产力提升工具。分支机构应当自行完善Wi-Fi的建设。

（3）不得私搭乱建

统一互联网收口情况下最大的忌讳便是，分支机构甚至是个人私搭乱建网络出口，这种行为必须从技术和管理两个层面进行严格禁止。

（4）确定是否进行网络物理隔离

在本章第一节中将网络分为四类，即生产网、业务网、办公网、互联网，各个网络之间网络安全要求不一样。如果进行互联网收口，是否要部署两套物理隔离的网络，一套传输互联网流量，一套传输其他流量？

这是企业面对的一个重要问题。

两套网络不混用，当然可以极大提升网络安全水平，毕竟在物理上达到了本质安全。但带来的必然是投资成本上升。

事实上一旦企业完成互联网收口，暴露面极大减小，网络安全管理水平提升。在企业内网中，完全可以多种流量混合传输。所以，在企业对网络安全没有极特殊需求外，建议平衡成本和收益，选择流量混合传输的方案。

4.3.3 技术路线

统一互联网出口，是对企业广域网质量的终极考验。在前期准备充分的情况下，应勇敢地迈出这一步。

实现统一互联网出口，有以下几种方式可供选择。

1. 双专线

当企业已有专线广域网的情况下，再部署一条专线是一种最直接的思路。

单专线可用性最高只能达到99.9%，不能满足各分支机构访问可用性。追加一条专线，并采用不同路由部署，可以达到99.99%的可用性。

当采用 MSTP 专线时线路带宽独占，所以不需要考虑汇聚点的带宽。

当采用 MPLS-VPN 专线时，由于各分支机构单点接入，所以在汇聚节点需要采用大带宽。带宽应在满足所有分支机构接入带宽之和的基础上有一定富裕度。

新增加的专线带宽，应当按照互联网收口后每个分支机构分配的带宽数值进行部署。在这里需要特别注意，不能用计算的收口带宽减去现有专线带宽进行扩容。因为，现有专线带宽是用来支撑业务应用的，不影响员工对互联网访问的流量。

使用双专线有一点需要注意，为了获得99.99%的高可用性，势必要增加一套网络设备，即所有出口网络设备需要进行双路设备的高可用部署。否则，网络设备就会成为单点故障，使双专线部署的高可用意义大大减少。

在使用 MSTP 专线做广域网的情况下，除非企业下属分支机构分布范围较小且地理位置集中或者分支机构的数量较小，否则使用双 MSTP 专线几乎是不可能的。因为，必须各分支机构再部署一条专线连接至第二个收口节点，线路租用成本和管理难度都是巨大的。

2. 专线+无线备网

专线+无线备网是一种综合性能、成本和建设难度的方案。专线可以是 MSTP 或 MPLS-VPN 任意一种技术路线，无线备网可以采用4G、5G技术实现。这种技术路线为已建成的 MSTP 专线提供了互联网收口的可能。

专线的带宽应当在现有带宽的基础上，再增加互联网访问所需的流量。双专线和单专线在带宽方面是一样的，但是租用价格并不一样。因为，对于运营商来讲，维护两条专线和一条专线的成本是不一样的。维护两条专线可以达到 99.99% 的可用性，而一条专线最高只能达到 99.9%。

无线备网的存在是为了弥补一条专线可用性不足的问题。

无线网络主要用户为公众，以访问互联网为主。企业采用无线网络作为备份网络，为了保证和专线具有同样的安全特性，需要采用虚拟专网。虚拟专网是指基于运营商公众网络资源，利用端到端 QoS，提供一张时延和带宽有保障的、与运营商公众网络普通用户数据隔离的虚拟专有网络。运营商提供的无线虚拟专网又叫 VPDN 网络或物联网。

5G 网络切片技术是一种比虚拟专网更优秀的安全技术。切片是一种按需组网的技术，采用虚拟化和软件定义网络技术，在 5G 的物理网络基础上切分出多个虚拟的端到端网络，切片间的彼此隔离增强了网络安全性，可满足不同场景的差异化需求。当 5G 信号质量不足时，会自动切换为 4G 信号。

备网只有在线路不可用的紧急时刻才启用，专线完全可以保证企业线路的连通性，因此建议企业共享一个统一的流量池，可以降低备份网络的投入费用。

如果需要 5G 网络的无线备线，则需要已部署的路由设备支持 5G 技术。否则，可以单独部署 5G CPE 形成双设备，从而进一步提升网络整体可用性水平。

3. SDWAN

在这里 SDWAN 指运营商提供的 SDWAN 产品，而并非专指 SDWAN 技术。运营商提供的 SDWAN 产品，在 CE 至 PE 段采用互联网线路。而当进入 PE 后，流量则运行在运营商的骨干网内，能够提供比独立互联网链路更好的网络质量。

采用 SDWAN 方式，可以不必改变现有网络架构，也可以快速实现互联网收口工作。但投入成本却并不是最优的，且效果也比专线模式稍差。因为采用 SDWAN 方式，各分支机构本身的互联网出口费用并不会减少，且还需要增加收敛节点的大出口带宽，以及运营商骨干网络的租用费。同时，由于受到互联网本身性能的限制，采用此技术路线进行互联网出口收敛，用户体验一定较专线有不小差距。

4. 其他 VPN 方式

采用 VPN 方式进行互联网出口收敛，企业可以完全摆脱对运营商的依赖。依靠现有互联网出口，全程采用互联网线路，依托具有 VPN 功能的设备，企业同样可以实现统一互联网出口。

这种统一互联网出口的技术路线，最为简单、快捷。相比 SDWAN 方式，进一步节省了运营商骨干网线路租用费，但也是效果最差的一种。

5. 适用性分析

统一互联网出口，是在新的需求下对广域网建设的升级和更高的挑战。技术路线的选择，应当在广域网现状、成本和企业未来发展需求综合分析的基础上，进行规划设计，如表 4-7 所示。

表 4-7 技术路线的选择

线路	线路质量	可用性	部署便捷性	成本
双专线	最高	高	最低	1. 出口节点大带宽 2. MSTP 线路：新专线线路费用 3. MPLS-VPN 线路：新专线线路费用+出口节点大带宽 4. 设备费
专线+无线备网	高	高	较低	1. 出口节点大带宽 2. MSTP 线路：带宽扩展费用 3. MPLS-VPN 线路：带宽扩展费用+出口节点大带宽 4. 设备费 5. 无线网络资源池
SDWAN	中	低	较高	1. 出口节点大带宽 2. 分支机构互联网费用 3. 运营商骨干网租用费 4. 设备费
其他 VPN 方式	低	低	高	1. 出口节点大带宽 2. 分支机构互联网费用 3. 设备费

从以下几个方面进行适用性分析：

1）企业分支机构极小，或者不固定，经常性地搬迁或者快速诞生和注销：在这种场景下，成本是需要考虑的首要因素，其次是部署的便捷度。因此，企业可以考虑采用 VPN 部署方式，快速地实现分支机构到总部的统一互联网出口。

2）企业分支机构极多，且有一定的存续时间，而且对网络管理有一定要求：此类场景下成本仍然是一个必须重点考量的因素，但是因为分支机构有相对稳定的存续时间，且有网络统一管理的要求。因此，可以采用 SDWAN 线路进行统一互联网出口工作。

3）分支机构和总部在一个行政市内，且机构存续稳定，对线路质量和安全性有一定要求：此类场景成本不是第一参考因素，建议采用市内 MSTP 方式进行统一互联网出口工作，不但能够获得较高的线路质量，且比 MPLS-VPN 线路要更加便宜。

4）分支机构不多，每个分支机构规模较大，对线路质量和网络安全要求较高：成本因素对此类场景的限制作用不大，建议选择双 MSTP 专线技术路线，线路质量最高，管理简单。

5）分支机构众多，每个分支机构规模不一致，但是都存续稳定，对线路质量和安全性有一定要求：此类场景建议选择 MPLS-VPN+无线备网以获得线路质量、成本等因素的平衡。

综上所述，适用性分析如表 4-8 所示，供读者参考。

表 4-8　适用性分析

线路	适用场景
双 MSTP 专线	分支机构和总部在同一行政市内，或分支机构数量少，每个分支机构规模大，对线路质量、可用性和网络安全要求高
双 MPLS-VPN 专线	分支机构数量大，每个分支机构规模较大，且遍布全国，对线路质量、可用性和网络安全要求高
MPLS-VPN+无线备网	分支机构数量多，规模不一，都具有稳定的存续期，对线路质量、可用性和网络安全要求较高
SDWAN	分支机构数量多、规模不一，成本敏感，对线路质量、可用性和网络安全有一定要求
其他 VPN 方式	分支机构数量多，不具有稳定的存续期，成本敏感，对线路质量、可用性和网络安全要求一般

4.3.4　中国航油统一互联网出口经验

1. 项目背景

2021 年 7 月 2 日，国务院国有资产监督管理委员会办公厅发布《关于做好 2021 年国资国企网络信息安全在线监管平台建设推进工作的通知》，要求国资国企 2021 年底前完成二级单位全覆盖，2023 年完成三级单位以上全覆盖，其他层级单位陆续接入，形成基础设施一张网、资产态势一张图、安全监管一盘棋、风险管控一条线、产业服务一站通等支撑能力。

其中建设目标及重点工作内容如下：

（1）建设目标

2023 年完成三级单位以上全覆盖，加快集团公司及所属单位互联网出入口收敛，防范化解重大网络安全风险。

（2）互联网出入口收敛

各中央企业要持续开展集团总部及所属单位互联网出入口收敛工作，对于本年度有互联网出入口收敛计划的中央企业，要将互联网出入口收敛与安全监管平台接入和安全防护工作结合，加快与三大电信运营商对接，于 2023 年前完成三级单位以上互联网出入口收敛工作。

（3）安全监管平台接入

按照《国资国企网络信息安全在线监管平台建设推进技术方案》要求，中央企业可同步推进三级及以下单位互联网出口全覆盖，加快集团网络安全态势"一张图"建设。

2. 建设必要性

（1）网络现状及需求

中国航空油料有限责任公司（以下简称中国航油）已建设多张网络，主要包括办公网、互联网及 VPN 网络，主要承载视频会议、OA、财务等业务。

（2）问题分析

1）网络管理不可达。中国航油下属机构分布在全国各省，各下属单位直接连接互联网，缺少统一的接入管控，互联网无效流量缺乏有效控制。中国航油总部无法及时掌握下属单位互联网线路情况，各单位自行管理，很难为网络管理决策提供辅助依据。

2）网络资源有浪费。各单位均至少开通办公和互联网 2 条线路，带宽与实际需求未通过统一标准进行测算，存在浪费的情况。

3）网络费用未统一。部分单位采用机场互联网线路，租赁费用一般高于市场统一标准。

4）网络质量有差异。各单位网络资源由当地提供（运营商或机场网络服务提供商），网络质量参差不齐，业务体验不尽相同。

5）网络服务无保障。部分单位采用机场互联网资源，运维服务保障体系不健全，网络服务无法得到实时响应。

3. 建设目标

（1）优化组网结构、规范下属机构接入

在中国航油现网基础上，根据业务需要分级分类，对不同类型的分支单位进行规范接入。

（2）打造标准化的网络运维管理团队

在网络顶层规划完成后，应具备相应的标准化网络运维管理团队，为集团网络提供专业化的通信服务。

（3）统一集团互联网流量出口

新型组网网络结构扁平化，统一互联网流量出口，能更好地实现对网络的安全管控。通过基于扁平化网络架构的建设，实现以下建设目标：

1）统一互联网出口：大幅收敛中国航油的互联网出口数量，减少暴露面和风险点。

2）为统一网络安全防御建基础：通过互联网出口集中，为建成网络安全一体化防御体系，对互联网归集出口及各单位信息内外网实施统一防御、协同防护建立基础条件。

3）广域网统一可视化管理：让复杂的网络管理工作变得相对方便、简单，让枯燥机械的网络管理工作更为智能化。

4）落实国资国企网络信息安全在线监管平台接入要求：2021 年底前，国资委发文全面落实二级单位接入安全监管平台，按要求 2023 年底完成所有三级及以上单位互联网出入口接入。通过互联网出口集中有力推进此项工作落实，并降低信息化改造成本。

4. 整体方案介绍

（1）方案设计原则

对于中国互联网统一出口建设项目进行深入分析后，对本次网络建设的需求理解为：

① 目标：利用覆盖全国的广域网资源支撑整个中国航油互联网统一出口建设项目，把中国航油网络建成为一个技术先进、应用广泛、稳定高效、安全可靠，具有较高可维护性和管理性的广域网络系统。

② 建设规划：长期不间断地针对网络拓扑结构进行整体规划，探讨网络建设可行性方案。

③ 工程实施：项目实施过程中，完成全网接入设备以及通信管道线路设施的整体工程实施，以及所有电路的开通测试工作，并提供开通测试报告。

④ 应用服务：为中国航油的信息系统、视频会议、高速数据传输等综合应用功能服务提供网络支持。

⑤ 运行维护：全面进行中国航油网络的运行、维护和网络管理，包括故障排除、维护辅助、技术支持、网络运行报告、故障报告等。

在中国航油互联网统一出口建设项目的设计中，将遵循以下原则：

1）先进性原则。中国航油专网建设采用先进的技术和标准。考虑到未来网络技术的发展方向，中国航油专网将以运营商骨干网为承载网络，运营商骨干网是采用最先进的SDN 技术进行改造的基础电信运营商骨干网，具备弹性网络分钟级调整能力，可以为中国航油提供最先进的骨干网通信链路。

2）高可靠性原则。合理设计网络架构，制定可靠的网络备份策略。充分利用运营商网络资源优势，为骨干层网络提供线路备份，凭借完备的冗余策略、先进的故障定位和处理技术以及多种电路保护手段，使整个网络达到最高可靠性，保证中国航油数据传输的安全可靠。

3）安全性原则。安全性是客户最为关注的问题，制定完善的网络传输安全和信息安全保证和防范措施，在中国航油专网实现全程以光纤为介质的数字传输方式，并采取专网专用，与互联网完全隔离等手段，充分保证中国航油专网数据传送的安全性和保密性。

4）可扩展性原则。充分考虑中国航油专网未来通信的扩展性要求，网络可以平滑地扩充和升级，最大限度地减少对网络架构和设备的调整。专网的网络设计以满足当前的业务功能为主，同时又能满足今后业务发展对电路带宽扩容的需求。

5）可实施性原则。网络方案设计将充分考虑工程建设及今后维护的可操作性与方便性，实施单位需依托遍布全国的丰富网络资源，全力支持保障中国航油专网建设，保证整体项目按照中国航油的要求逐步及时地开通使用。

（2）整体规划

考虑到技术条件、网络质量、建设成本等因素，计划在原有的中国航油生产专网上进行互联网统一出口建设工作。在南北各选取一个互联网流量汇聚中心，同时通过双中心实现相互的容灾互备。对于其他分支机构通过增加专线或扩容现有专线的形式接入运营商骨干网，将互联网流量传输至就近的互联网汇聚中心。为保障网络安全、提高运维管理效率，计划在北京汇聚中心建设统一运维管理平台与网络安全态势感知平台。

对于各个接入点，采用 MPLS VPN 实现专网组建，各接入点通过客户端接入路由器（接入路由器需要根据接入带宽配备 100M/1000M/10GE/100GE 以太网接口）开通本地点对点传输专线，接入骨干网（MPLS VPN）网络的边缘标记路由器 PE，实现 MPLS-VPN 专线接入。通过骨干网（MPLS VPN）实现中国航油亟需汇聚单位全国专网的组建，满足后期其他单位或项目部扁平化一点接入，不影响已有接入节点的业务使用和网络架构。

本次组网方案设置中国航油互联网汇聚中心，每个汇聚中心保留现有专线仍承载生产业务，另外新开一条专线用于互联网办公，两条专线设置主备保护。每个汇聚中心互联网接入区域按照双设备、双互联网线路部署，以增加整体网络的可靠性。

（3）成员单位接入方案

中国航油在全国范围内具有 200 余家需要汇聚单位，包括地区公司、省分公司、供应站等单位。由于地区公司、省分公司位于干线机场，工作人数较多，对互联网带宽需求相对较大，可用性要求相对较高，因此通过新开通专线，采用通过双物理路由光纤+传输设备方式实现本地接入专线开通，就近上联至运营商骨干网 PE 节点，与中国航油汇聚中心进行组网互联。供应站等单位可按需升速原有运营商骨干网带宽用于互联网办公业务。由实施方对各属地办公网络进行梳理，完成各属地办公网与本地运营商骨干网节点的对接。

每个地区所需带宽按照每个工作区域的人数进行测算，对于机关单位按照每人 1M 的带宽进行分配，对于生产单位考虑到基层倒班工作机制，按照总人数的 1/3 同时在岗、每人 1M 的带宽分配。

（4）IP 地址及路由规划

本项目采用 MPLS-VPN 专线进行中国航油统一互联网出口进行组网，业务开通涉及互联 IP 地址和内网 IP 地址规划。

1）互联 IP 地址：中国航油每个机构的 CE 与 PE 的接口互联地址可以由客户自行规划分配。

2）MTU：可提供的端到端最大传送单元 MTU（Max Transfer Unit）的最大值为 1500 字节，原则上，用户 MTU 最大值不可超过 1500 字节。

3）中国航油机构内网 IP 地址：机构内网 IP 地址空间可自由规划，应尽量避免使用已有的 IP 地址段而造成 IP 地址冲突；如遇到内网 IP 地址冲突问题，可通过 NAT 技术来解决。则每一家分支机构的 IP 出口处，全部通过 NAT 转换为规划好的网段，从而避免 IP 地址寻址冲突。

4）路由协议：根据组网规划，支持 PE 和 CE 之间通过静态路由方式和动态路由协议 EBGP 方式（建议）接入。

（5）外部单位对接方案

目前航油公司各属地公司对接外部单位有应急管理局、海关、国储等单位。以专线方式对接的链路保持不变。以 VPN 方式接入的链路统一收集至互联网汇聚中心。在互联网汇聚中心设置外部单位对接区域，专门用于 VPN 对接。另外，为减轻网络负担，保证网络稳定，对于外部单位要求实时传输的监控视频业务，采用本地专线直联的形式对接。

5. 汇聚中心规划

中国航油下属单位具有数量多、属地广的特点。本次中国航油互联网收口项目建议设置多个汇聚中心对下属单位进行全方位管控，中国航油下属各单位按就近原则，分别接入各个汇聚中心，实现互联网的统一访问和对外业务发布；同时保留其他汇聚中心的备用路由，用于汇聚中心故障后的快速逃生。

中国航油汇聚节点位于中国多地，作为各分支机构统一互联网出口的汇聚点，具有较大的带宽需求和较高可用性的要求。鉴于中国航油对通信安全性和稳定性的需求，充分考虑到互联网出口汇聚点的重要性，实施单位需为中国航油汇聚中心机房所在地提供良好的光缆和传输体系建设方案，能够最大限度满足中国航油的通信需求。

实施单位需为中国航油各汇聚中心提供双物理路由的光缆接入以及大容量的 PeOTN

光传输设备，双上联局端不同传输设备，分别与互联网和运营商骨干网连接。考虑到PeOTN网络的技术先进性、成熟性和高可用性，实施单位需采用传输专线的方式实现中国航油汇聚中心"最后一公里"接入。

中国航油汇聚中心MPLS-VPN专线接入电路通过运营商本地网络资源PeOTN传输网，上联MPLS-VPN专线的承载骨干网局端PE路由器，通过双CE、双PE实现对中国航油网络的冗余保护。

中国航油汇聚中心互联网接入电路通过运营商本地网络资源PeOTN传输网，就近接入运营商局端互联网汇聚接入路由器，确保最短路径接入互联网骨干网。

6. 建设预期效益

（1）统一管理，可视呈现

中国航油通过统一管理平台对线路和接入设备进行管理，提供可视化的大屏展示和网络分析报告，辅助进行整体网络决策。

（2）线路带宽标准统一，资源申请有审批

根据各单位的人员、业务、楼宇分布等情况，制定统一的线路带宽标准，充分利用区间网，最多开通办公和互联网2个出口；同时，通过线上方式进行需求申请，审批留痕。

（3）网络质量高，共享相同出口线路资源

各单位归集到所属的汇聚中心，共享高品质的互联网线路资源。

（4）网络费用统一谈判，体量大折扣有优势

中国航油统一进行网络费用谈判，体量巨大，可以申请到较低资费的折扣，降低整体网络费用。

（5）运营商统一运维服务保障，严格按照SLA执行

由运营商健全的运维保障体系进行统一调度，属地化运维服务保障，严格参考SLA进行服务响应。

7. 人员培训技术支撑

为了满足用户不同层级不同工作的培训需求，需提供技术培训和专业培训等技术支撑服务。

培训包括但不限于以下培训内容：

网络基础原理、广域网技术、VPN技术、SDWAN、5G技术等。网络安全基本知识，防火墙技术、入侵检测技术、常见的网络攻击技术、网络安全防御、等保2.0评测。

设备的部署安装、上线、基本配置、操作管理、基本维护、现场安装示范、设备操作、配置、产品原理、结构、求助指南、故障排查、故障案例分析、应急演练。

网络设备的安装指导、求助指南、故障排查等专业内容，故障案例分析，应急预案的实战演练，以及网络管理平台软件部署安装、配置及操作等使用培训。

通过技术培训也可以为用户建立一支能够独立使用和维护系统的技术队伍，能够有效加强系统日常维护管理工作，确保今后系统的正常运行。

8. 项目实施进度计划

在选择合适的实施单位时，必须选择具备受理全部电信业务能力的单位。其能够组

织电路调度、调测开通，在承诺的时限内完成互联网收口工作。对中国航油的紧急需求，可采取绿色通道，快速办理。

实施单位必须通过完整的、快速反应的组织架构，有效地调度各方的网络资源，加强服务质量各环节的受控管理，保障服务绿色通道的后台支撑，使整条服务链形成一个有效的闭环流程。实现对外承诺，接受客户和社会监督。

在建设过程中，需要具有网络集成经验的项目经理协助及其网络系统集成商根据安排的工程进度时间表，定期会谈，根据各地电路开通的时间表，一起统筹规划，用最短的时间，做出最好的项目。

网络及安全建设部分安排如表 4-9 所示（以中国航油一个下属单位为例）。

表 4-9　网络及安全建设部分安排

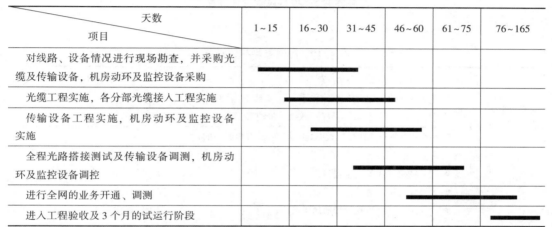

天数 项目	1~15	16~30	31~45	46~60	61~75	76~165
对线路、设备情况进行现场勘查，并采购光缆及传输设备，机房动环及监控设备采购	▬	▬				
光缆工程实施，各分部光缆接入工程实施		▬	▬			
传输设备工程实施，机房动环及监控设备实施			▬			
全程光路搭接测试及传输设备调测，机房动环及监控设备调控				▬		
进行全网的业务开通、调测					▬	
进入工程验收及 3 个月的试运行阶段						▬

1）现场勘查：合同签订后，实施单位需按照中国航油的要求立即进行各地为期 1~15 天的现场实地勘查，核实从中国航油各分公司、供应站等地至运营商机房管线以及运营商机房的详细资源情况，确保后续工程实施的顺利进行，同时进行光缆及设备采购；

2）实施光缆工程：实施单位需为中国航油铺设光缆，为中国航油提供最高级别的安全保证；工期预计 15~40 天；

3）光路及设备调测：实施单位需同步进行光路搭接及设备开通、调测的工作，保证"随工调测"，避免二次进场，加快工程进度，预计光路、设备调测工期 10~30 天；

4）业务联网调测：随着光路、设备测试的进展，实施单位需为中国航油办理业务手续，设备一旦调测完成将立即进入全程业务调测阶段，由实施单位负责北京至各省全程电路的开通测试，与中国航油配合进行业务联网调测，并向中国航油提供测试报告；

5）网络试运行：联网调测完成后，中国航油互联网将进入验收及 3 个月的试运行阶段，此阶段实施单位需密切关注网络运行情况，与实施单位共同维护网络运行，对出现的问题进行及时诊断、处理，确保试运行阶段过后网络的正常运行。

9. 风险分析与控制

要想使项目成功，需要在整个项目进程中进行风险管理。风险管理指对项目风险进行识别、分析，并采取应对措施的系统过程。

在项目实施过程中，可能出现一些影响项目进度的意外或问题，例如，需求定义不准确或未能如期完成、需求不断变化、领导与项目人员沟通不足、项目人力资源估计不足、项目实施环境和条件不完全具备，等等。

中国航油互联网收口项目由若干小项目组成，在其完成过程中，存在很多风险影响项目的成功。互联网收口项目风险管理包括风险识别、风险分析、风险应对、风险监控、风险控制这几个过程，如图 4-5 所示。

图 4-5　项目风险管理过程

风险管理具体过程如表 4-10 所示。

表 4-10　风险管理具体过程

过程	内容	工具和技术
风险识别	识别在项目中可能存在的风险类型，如技术选型风险、质量风险、管理风险、外部风险(政治、疫情等)等	收集、整理、分析
风险分析（定性、定量）	定性的风险分析是评估已确认的风险的影响和概率的过程。需要制定出： ◆ 项目的总体风险分级报告； ◆ 风险优先次序清单； ◆ 需要进一步分析和管理的风险清单； ◆ 风险定量分析结果趋势预测报告	风险概率和影响； 概率/影响风险分析评级矩阵； 项目假设检验； 数据精确度分级
	定量的风险分析过程的目的是从数量上分析每个风险的概率和其结果对项目目标的影响，以及项目总体风险的程度。 量化的风险优先次序清单； 项目概率分析； 达到开支和时间目标的概率； 定量的风险分析结果的趋势	访谈； 敏感性分析； 决策树分析； 模拟
风险应对	制定风险应对策略； 制定风险应对计划	制定结合人力、财力、应急通信设施等因素的应急方案
风险监控	风险监控包括两个层面的工作： 　其一是跟踪已识别风险的发展变化情况，包括在整个项目周期内，风险产生的条件和导致的后果变化，衡量风险减缓计划需求。 　其二是根据风险的变化情况及时调整风险应对计划，并对已发生的风险及其产生的遗留风险和新增风险及时识别、分析，并采取适当的应对措施	"前 10 个风险列表"（按风险值大小将项目的前 10 个风险作为控制对象，密切监控项目的前 10 个风险；每次风险检查后，形成新的"前 10 个风险列表"）
风险控制	对将要出现的风险，执行风险应对计划，达到风险预防和消减之目的，使得项目进展回到正确的轨道上来，保证项目成功完成	

通过上述风险管理过程，互联网收口项目风险管理模型如表 4-11 所示。

表 4-11　互联网收口项目风险管理模型

生命周期	风险识别	应对策略	风险分析			风险监控与控制
			可能性	严重程度	影响范围	
项目规划期	技术成熟度风险	规避	大	高	广	采用可靠的技术，在此基础上考虑先进性，应用时至少成熟使用 1 年
	设备选型风险	规避	大	高	广	采用可靠先进的设备，经过严格测试并至少成熟使用 1 年
	财务风险	规避	大	中	广	严格控制、做好财务的应急预算
	规模风险	规避	小	低	小	严格控制、规模适中原则
	能力不足风险	规避	大	高	大	规划时为客户突发需求量留有充分裕度
项目建设期	工程实施风险	接受、化解	小	中	大	严格执行各项工程制度
	人员流动风险	接受、化解	大	中	小	关键岗位人员备份、资料备份
	决策不当风险	接受、化解	大	中	中	领导团队集体决策，专家组审核
	成本控制风险	接受、化解	大	中	大	及早识别、努力避免、加强财务审查和采购管理
	进度控制风险	接受、化解	大	中	大	及早识别、充分考虑相关影响因素
	项目变更风险	接受、化解	大	中	中	严格执行变更管理
	不可抗力风险	接受、化解	小	高	大	及早识别、积极消除消极后果
试运行期	相关性风险	接受、化解	大	低	小	及早识别、建立接口、加强沟通
	项目变更风险	接受、化解	大	低	大	及早识别、积极消除消极后果
	不可抗力风险	接受	小	高	大	积极消除消极后果
运行期间	管理风险	规避、化解	小	高	大	制定完备的管理制度
	需求变更风险	接受、化解	中	中	中	制定应急预案解决客户需求变更问题
	人力不足风险	规避、化解	小	中	中	启动人员应急保障方案，提供充分人力资源
	网络能力不足风险	接受、化解	小	高	大	制定应急预案解决客户需求变更导致网络能力不足的问题
	不可抗力风险	接受、化解	小	高	大	积极消除消极后果

4.4　数据中心双活

　　网络是企业的重要基础设施之一，则数据中心就是企业的另一类重要基础设施。研究数据中心建设的专业性书籍、文章已经有很多，本书将主要分享数据中心双活建设的一些思路和经验。

随着技术的快速进步，信息系统记录的数据在以几何倍数增加，同时企业也越来越依赖于各种信息系统维持运转。因此，保证数据安全不丢失，以及持续增强系统可用性，成为重要的工作。

数字改变生活，离开信息系统人类生活将陷入困境。尤其近年来随着移动互联网等新兴应用的迅速普及，全时全域在线已经成为人们生活的常态。因此，信息系统的建设者必须考虑一个关键问题，如何保证业务持续和数据无损。这样的问题在金融、制造、交通等领域已经成为关系企业生死存亡的重大问题。

正因为业务连续性和数据的完整性对组织如此重要，而一旦发生中断所造成的损失又如此巨大，近年来，已经被国内外各行业高度重视。国内和国际组织专门针对信息系统灾难恢复制定了详细标准，如表4-12所示。

表4-12 信息系统灾难恢复标准规范

SHARE78 国际标准			GB/T 20988—2007《信息系统灾难恢复规范》	
Tier-0	无异地备份数据	1级	基本级。备份介质场外存，安全保管、定期验证	
Tier-1	有数据备份，无备用系统			
Tier-2	有数据备份，有备用系统	2级	备份场地支持。网络和业务处理系统可在预定时间内调配到备份中心	
Tier-3	电子链接	3级	电子传输和部分设备支持。灾备中心配备部分业务处理和网络设备，具备部分通信链路	
Tier-4	使用快照技术拷贝数据	4级	电子传输和完整设备支持。数据定时批量传送，网络/系统始终就绪。温备中心模式	
Tier-5	交易的完整性	5级	实时数据传输及完整设备支持。采用远程复制技术，实现数据实时复制，网络具备自动或集中切换能力，业务处理系统就绪或运行中	
Tier-6	少量或无数据丢失	6级	数据零丢失和远程集群支持。数据实时备份，零丢失，系统/应用远程集群，可自动切换，用户同时接入主备中心	

由表4-12可见，基本将业务系统的灾难恢复能力分为了三大类，

1）数据备份类。这一类对业务系统的数据进行了备份，一旦业务系统出现故障，可以在一定程度上减小业务系统的数据损失。但是无法避免业务系统本身的不可用发生，也就是业务系统持续性会受到破坏。

2）应用保持类。这一类系统不但重视数据的备份，同时更加设法保持应用的持续性。所期望达到的目标是尽量在主系统出现故障的情况下，能够有备份系统可以在一定程度上接替相应的业务。

3）业务无中断。这一类系统追求的最高目标是，不出现任何的数据损失和业务中断。这就要尽量实现灾难恢复全程的自动化。

1. 数据备份

数据备份是一种基本的保持数据可用性的方法。主要有以下几种。

（1）本地备份

服务器本身具有极高的稳定性，完全可以在数据中心内部确定另外一台存储作为备份设备，进行本地备份。由于生产存储和备份存储同处于一个数据中心，所以这种备份方法可以迅速备份新产生的数据。当出现灾难时，可以减少数据丢失。

磁带库本身是一种数据冷备的方案，数据按照一定时间策略，不断冷备到磁带上。磁带数据储存量大，但是读写性能相对较低，如果需要用磁带来恢复数据需要较长时间。但是，随着勒索病毒的出现，磁带库这种数据备份的方式又再次被人们重视起来。

备份一体机是一种目前较为完善的数据备份整体化解决方案，有纯软件和软硬一体两种方案，区别在于前者使用通用的服务器和存储设备，后者则使用一体机销售厂家直接提供的整套硬件设备。备份一体机对于技术实力相对薄弱的企业是一种比较好的保证数据完整性的方式。备份一体机本身具有极强的数据备份能力，可以灵活地进行多种策略的数据备份。企业在采购备份一体机的同时，也要采购销售厂家提供的数据恢复服务，可以在一定程度上保证业务系统数据完整性。

（2）异地备份

异地备份是防备数据中心遭到物理损坏这一假设前提下的备份方式。系统数据通过专线备份至另外的数据中心中，形成较为稳固的备份策略。这种备份的技术方法和本地备份并无根本差别。

数据中心的物理损坏包含了不可抗力和极特殊情况：

1）外联所有线路被切断，数据中心会有不少于两条不在同一方向的外联线路；

2）断电，数据中心会有不少于两路市电供应，且配备 UPS 和柴油发电机；

3）火灾，数据中心内部有完善的火灾应对系统和机制；

4）地震、海啸等自然灾害；

5）核攻击等大规模战争。

上述所有问题发生的概率极低，但是数据中心出现问题导致严重损失的情况却屡见不鲜。所谓鸡蛋不可全部放在一个篮子里，企业必须对自己业务系统给予足够高的重视。

2. 应用接替

应用接替是比数据备份更高级的灾备方法，其不但要保证数据无损，同时也要设法实现业务应用系统的可替代，即努力实现当主用系统不可用时，确保存在备用系统能够部分甚至全部接替相关工作。

（1）冷备

顾名思义，存在一套备用系统，平时并不启动，只有当主用系统不可用时，备用系统才启动接替相关业务处理工作。

冷备系统需要一定的硬件资源和网络资源，并且建议和主用系统不在同一数据中心部署。当主用系统不可用时，需要管理员进行网络切换，并将冷备系统在事先准备好的硬件环境中启动，这一过程也被称为"拉起"。

在这里就会出现一个非常需要重视的事情，就是如何保证冷备系统在紧急状态下能够被成功"拉起"。这需要系统管理员定期进行冷备拉起演练，以确保其可用性。

1）冷备方式的劣势。会导致业务中断，数据丢失，系统恢复后需保持数据一致性。

① 业务中断时间：从主用系统不可用开始至冷备系统成功"拉起"。

② 数据丢失：主用系统不可用瞬间，正在处理的业务且没有进行存储的情况。

③ 数据一致性：冷备系统处理的业务数据，须导入主用系统。

④ 业务一致性：主用系统会根据用户的需求不断升级，这就要求冷备系统必须不断升级维护，以保证业务处理的一致性。

2）冷备系统可以比主用系统简单。

① 占用的硬件资源可以更少。设计者需要对业务系统的可用性需求进行详细的调研，如果确定用户可以短时间忍受系统性能降低，则完全可以为冷备系统准备相对较少的硬件资源，以降低系统成本。

② 功能可以不全面。冷备系统只负责为用户提供紧急处理业务的环境，实现主要功能即可，完全没有必要复现主用系统的全部功能。目前微服务的系统部署方法，也为这种轻量级的冷备系统提供更加简易的实现方法。

（2）热备

热备是比冷备拥有更短业务替代时间的应用级备份方法。热备的特点是一直有一套处于运行状态的系统在实时运行着。只不过通过网络流量等方法，使其不处理业务。

相比较冷备系统，热备系统拥有更短的不可用时间。但是由于需要时刻保持一套系统运行，所以投入成本比冷备系统要大。这包括硬件资源占用成本，电力消耗等。

热备的切换时间比冷备要短很多，这段时间就是从主用系统不可用至网络切换到热备系统的时间。热备方式比冷备方式更加稳妥，因为热备系统一直在运行，不会出现紧急时刻无法"拉起"的尴尬场面。不过运维人员仍然需要定期检验。

热备方式的业务一致性问题比冷备方式要好，这是因为可以采取一些技术手段实时同步主用系统和热备系统的代码，保证两个系统业务处理的一致性。

3. 业务连续

业务连续是最高级别的备份方式，这种方式追求的是当在用系统出现不可用时，尽量保证数据不丢失和业务不中断。

为了达到这个目标需要在热备方式的基础上更进一步，即建设至少两套系统，这两套系统具有如下特性：

1）两套系统完全一致，任何代码更新，需要在两个系统之间实时同步。

2）两套系统同时处理业务，可以人为对用户划分域，使两边系统都在处理不同用户的业务工作。

3）数据在两套系统间进行同步。这种同步有两种方法，一种方法是完全实时同步，这需要存储级别的数据快速同步，受限于物理条件，期望实现这种策略需要两个数据中心距离不超过 5 千米。另一种方法是异步同步，即两个系统可以在业务不繁忙的时段进行数据的同步。

实现业务连续的方法之一是建设双活数据中心，进行存储、计算、网络三个层次资源的完全双活。

4.4.2 中国航油双活数据中心建设经验

1. 项目概述

（1）项目必要性与可行性

1）项目的必要性。随着大量业务系统正式投入运行，对计算、存储等基础资源需求日益高涨。同时，计划建设的北京主数据中心和天府备份中心，迟迟无法开工建设。应用系统赖以生存的基础环境始终无法得到根本的保障。

随着生产专网的建设和运营，公司信息化基础设施发生了根本性的变化，数据信息的汇聚变得快速、稳定、安全。建设私有云将补齐信息化基础设施短板，使生产专网的效用发挥到最大。

鉴于云技术能够帮助企业合理分配、有效利用硬件和软件资源，使信息化建设和应用更加灵活，因此有必要采用云技术，构建中国航油私有云，以满足业务系统日益增长的需求。

2）项目的可行性。建设属于自己的私有云，是各大央企普遍采用的计算与存储资源构建模式，便于加强信息化集中统一管控，能够降低建设和运营成本，提升数据和网络安全保障水平。随着各项技术不断成熟与发展，私有云的可靠性有充分保证。

目前，我国在相关硬件方面，有长足的发展和进步。各种国产化设备已经达到国际领先水平，能够满足公司构建私有云的需求。采用国产设备和系统还能够避免被国外"卡脖子"的情况发生。

同时，采用租用服务的方式，既是满足公司对计算和存储资源管理的现实要求，也可以使公司聚焦于业务应用，避免因建设和维护而分散精力。

综上所述，项目必要且可行。

（2）项目范围

建设双活数据中心，能够满足智慧加油系统计算及存储能力要求；能够满足未来应用需求，配置灵活、资源可弹性扩充与收缩；能够满足硬件资源的迁入需求，机柜空间充足、配套设施完善，满足等保三级网络安全要求。

2. 设计方案

双活数据中心建设范围包括云资源建设、云管理平台建设、云安全建设与云标准建设。

1）搭建计算和存储资源池；

2）建设平台层功能组件，包括数据库服务、负载均衡、分布式等平台组件，实现平台层组件共享化、服务化；

3）建设统一的云资源管理平台，对基础设施和平台层面资源统一管理，实现管理可视化、运维自动化；

4）建立云环境下安全域，通过安全域划分实现应用间网络访问控制与隔离；

5）编制制定双活数据中心主机服务器、存储、网络、资源配置、应用部署和云运维服务支持的技术标准和规范；完善云相关的制度和资源审批流程。

双活数据中心分为主中心和灾备中心。主中心互联网和生产专网侧均采用双上连，以保证双活数据中心本地高可用。

由于双活数据中心采用同等网络安全保护策略，所以从两个中心的核心直接使用光网络相连接，确保灾备可靠性。

双活数据中心采用分区设计，都有互联网区和生产区，用于部署服务器、存储、银行前置机等生产设备。

设置有管理区，主要部署云管理软件及相关设备，实现云资源管理。由于双活数据中心本身采用高可用设计，所以只在主中心侧设置管理区，统一管理两个中心的资源，如果主中心不可用，则灾备中心根据预设参数自动运行。

主中心设置安全服务区，部分安全设备、软件部署于本区。同管理区一样，灾备中心不设安全服务区。

灾备中心设测试区，测试区部署单独服务器，用于测试系统安装部署。双活数据中心不设测试区，以节约投资。

3. 效益评估

（1）实现资源共享整合

打破烟囱式资源建设模式，实现了资源集中共享、动态调配，同时整合了计算、存储备份、安全、负载均衡等各类资源。

（2）提高资源利用率

应用虚拟化技术，大幅提升资源的利用率。

（3）加快应用部署

应用自动化、标准化等技术手段，系统资源部署速度提高，加快对应用的响应效率。同时通过平台层的建设，加大了共享模块的开发建设力度，加快了软件的开发速度，降低了软件成本。

（4）响应绿色节能倡导

不进行实体机房的建设，减少相应机房空间、供电、空调的投入，提升绿色节能水平。

（5）减轻运维压力

维护工作主要交给中标人负责，通过资源的自动化、可视化、动态调整以及维护设备数量的减少，减轻运维压力。

（6）保障数据安全

利用集团机房，做灾备服务，提高数据中心安全运维能力，为业务运行保驾护航。

第 5 章

安全层：智慧航油的免疫系统

没有联网的系统是网络安全层面最安全的系统。现在还有不联网的系统吗？回答必然是否定的。所以，只有相对的网络安全，而没有绝对的网络安全。

"安全"一词被定义为"远离危险的状态或特性"和"为防范间谍活动或蓄意破坏、犯罪、攻击或逃跑而采取的措施"。网络安全从本质上来讲就是网络上的信息安全，它涉及的领域相当广泛，这是因为在目前的公用通信网络中存在着各种各样的安全漏洞和威胁。从广义来说，凡是涉及网络上信息的保密性、完整性、可用性、真实性和可控性的相关技术与理论，都是网络安全所要研究的领域。

随着经济信息化的迅速发展，计算机网络对安全的要求越来越高。尤其自 Internet/Intranet 应用发展以来，网络安全已经涉及国家主权等许多重大问题。随着"黑客"工具技术的日益发展，使用这些工具所需具备的各种技巧和知识的门槛在不断降低，造成全球范围内"黑客"行为的泛滥，从而导致了一个全新战争形式的出现，即网络安全技术的大战。本章主要从国家网络安全法律规范、网络安全威胁类型、典型网络安全事件、网络安全的关键技术以及中国航油网络安全实践等几个方面进行讨论。

5.1 网络安全威胁

网络安全工作是一个长期持续的过程。要做好网络安全工作，首先要深入、全面地了解各种各样不同形式的网络威胁，了解其基本的攻击原理和攻击过程，了解其可能带来的各种危害与影响，这样才有可能采取有针对性的防护措施。本小节将主要从网络安全威胁的源头、网络安全威胁的典型案例来介绍各种不同的、常见的网络安全威胁。

5.1.1 网络安全威胁的源头

1. 来自外部的威胁

网络威胁的首要来源是外部。这里的外部是一个相对的概念，网络安全管理者必须头脑十分清晰地分辨出哪些区域属于外部，只有确定好这些区域才能明确地划分出网络边界。

对于一个企业或者某个组织来说，互联网是外部，同时即使通过专线连接的其他单位也应划入"外部"的范畴。这些单位包括上级单位、兄弟单位、下级单位、监管单位、合作伙伴、客户等。

另一个度量角度是成本。网络安全管理者需要在安全和成本之间进行平衡，并且引入管理效率这一指标。大量地部署网络安全设备当然在一定程度上会有助于提高网络安全水平，但是成本也会增加，同时管理难度也会增加。试想，将网络区域分割过细，大量部署防火墙，却没有精力对所有防火墙进行有效的策略配置和维护管理，则这些设备形同虚设。

2. 来自内部的威胁

堡垒最容易从内部被攻破。直接从外部强行攻入内网难度较高，但是如果借助内部人员就可以很容易达到目的。

内部威胁可分为两类：一类是内部员工主动破坏，另一类是网络安全意识淡薄。

（1）内部员工主动破坏

由内部员工或者项目实施单位的开发人员主观恶意行为引发的。这类人员由于清楚内部信息，做出的破坏行为具有极大的杀伤力。产生这种威胁的原因有很多，主要有内外勾结、挟私报复等。这类人员能够恶意篡改代码、调整网络策略、盗取删除重要数据、内部传播网络病毒等，产生的破坏极大。

（2）网络安全意识淡薄

意识淡薄有技术性的原因，也有网络安全意识的原因。

1）技术性的原因来源于对于网络技术的不了解，也就是所谓"无知者无畏"。解决这个问题方法就是"让专业的人，干专业的事"。

2）网络安全和生产安全是一样的，都需要人们高度重视。比如在内网滥用 U 盘、误点钓鱼邮件、信息系统使用弱密码等。这类问题同样具有较大的危害性，而且很难绝对避免。增强企业全员网络安全意识，是一项长期而艰难的任务。

3. 来自供应链的威胁

供应链攻击是一种更高水平，全层次的攻击。攻击者在发动攻击前，一般会对攻击目标进行"火力侦察"，也就是对目标进行初步的扫描和评估，如果目标本身的防御措施较完备，则攻击者常常会采用间接的攻击方式。

供应链攻击大致包含以下几种方式：

（1）攻击外包方

绝大部分企业不具备自行开发和运维信息系统的能力，只能将信息化需求外包，而外包方会变成企业网络安全的薄弱环节。

（2）攻击合作伙伴

企业的合作伙伴有可能会拥有企业销售系统、采购系统等的账号，部分合作伙伴还会和企业有系统对接。这些都会导致系统漏洞和数据泄露。

（3）攻击第三方软件

操作系统、中间件、数据库管理系统等，各种第三方软件经常被用于系统开发。这些系统会产生各种漏洞，而且极易被利用。

来自供应链的网络威胁具有手段多样、范围广、成本低、难以直接防御、检测困难等特性，需要企业加强此类威胁的防御。

5.1.2 网络安全事件的典型案例

1. 软件病毒

软件病毒普遍拥有自动传播、自动感染能力和强大的破坏能力。其中"熊猫烧香"病毒不但能感染系统中 exe、com、pif、src、html、asp 等文件，它还能终止反病毒软件进程并且会删除扩展名为 gho 的文件（该类文件是系统备份工具"GHOST"的备份文件，删除后会使用户的系统备份文件丢失）。

2. 美国天然气管道遭遇勒索病毒攻击事件

2020 年 5 月 7 日至 12 日，美国最大的天然气和柴油运输管道公司科罗奈尔公司（Colonial）因遭受勒索软件攻击，暂停其在美国东岸的关键输送业务。黑客组织先是在该公司目标系统内植入恶意软件，窃取了多达 100GB 的内部数据，尔后用勒索软件锁住电脑，要求其支付赎金，否则将在网络上公布相关数据。

3. 伊朗核设施遭受"震网"病毒攻击

震网（Stuxnet）是一种蠕虫病毒，是第一个专门定向攻击物理基础设施的病毒。这种新病毒具有极强的隐身和破坏力，会在毫无异常现象的情况下取得一些工业用电脑系统的控制权。这种病毒可以破坏生产控制电脑软件，并且代替其对工厂其他电脑"发号施令"。

4. 挖矿病毒造成危害事件

随着虚拟货币的疯狂炒作，挖矿病毒已经成为不法分子利用最为频繁的攻击方式之一。挖矿病毒一旦启动会疯狂挤占硬件资源，导致业务系统无法正常运行而宕机。

5.2 中国航油网络安全实践

前一节分别介绍了网络安全威胁的源头与典型案例，本节将结合中国航油网络安全建设实践工作，介绍中国航油网络安全建设架构、网络安全事件处置案例、网络安全实践经验等内容。

5.2.1 网络安全整体建设架构

中国航油在总部设置网络安全综合管理平台，并通过上级公司平台对接国资委安全监管平台。以边界防护、重点防护、终端防护、自控系统防护为抓手，形成纵向到底、横向到边的纵深防御的网络安全防御体系。

1. 建设原则

1）产品标准化：安全产品种类多，分支多，通过产品、功能、服务标准化，做到可替换。

2）接口规范化：提高多重系统联动效率，有利于数据分析。

3）降低成本：标准化，快速规模部署和运用，降低使用难度。

4）提升服务：体系化应用安全服务、安全运维人员，覆盖全集团。

5）产业升级：网络安全、信息安全、工控安全、物联网安全全覆盖，统一管理和运营。

6）满足合规要求：满足国资委监管要求，满足等保合规要求。

7）安全统一管控：建设统一网络安全管控服务平台，实现互联网和移动网络接入的安全统一管控，安全防护策略的下发与执行，实现基于 IP 的流量控制。

8）安全集中防护：构建安全防护体系，将安全威胁消灭在互联网出口处，防止病毒、木马、入侵等威胁进入集团网络中。同时，消除系统各二级单位分散的互联网出口带来的安全薄弱点。

2. 总体安全防护设计

根据现状情况分析，遵照安全设计原则目标，设计总体安全防护框架，主要包含国资委监管平台对接、运营商网络安全防护、区域边界防护、统一安全监管、互联网统一出口安全防护、互联网统一出口边界防护。

（1）国资委监管平台对接

国资委监管平台的企业侧建设建议由中资网安按国资委文件要求单独建设。安全运营中心平台按国资委技术规范文件要求将安全日志信息通过网络隔离设备报送到网络安全管理控制系统设备；中国航油互联网出口交换机将互联网流量镜像到全流量检测分析设备，并由全流量检测分析设备报送到网络安全管理控制系统设备；最终由网络安全管理控制系统设备通过平台接入认证设备加密报送到国资国企网络安全在线监管平台。

（2）运营商网络安全防护

依托运营商在骨干网上提供威胁情报同步、攻击溯源分析等措施，可有效防止公网上的安全威胁和攻击。在互联网边界采取访问控制措施、入侵防护措施、病毒防护措施、上网行为管理措施等，构建全面的纵深防护体系，有效防止病毒、木马、黑客入侵、DDOS 攻击等。

（3）区域边界防护

在总部及各二级单位之间对边界进行安全防护，有效防止来自内网的攻击；使用专用 WEB 安全防护措施，保障业务安全运行。

（4）统一安全监管

对网络设备、网络使用情况、各主机的使用现状等进行实时监控，发现问题及时报警；对访问控制、入侵防护、病毒防护等安全日志进行统一集中分析，及时发现入侵等迹象。对访问控制、入侵防护、病毒防护等安全策略进行统一管理、统一配置。

（5）互联网统一出口安全防护

根据不同业务功能进行分区分域，划分流量监控、管理审计区域；设置互联网出口防火墙对出口进行整体防护；多种防护手段实现攻击防护与检测；所有设备支持 ipv6 组网；流量探针采集原始流量提取文件上送态势感知系统，对整体网络安全态势进行分析呈现；安全运营中心（设于北京）对互联网出口安全设备进行统一配置、统一管理、统一维护。其他出口复用能力；结合云端基于大网的运营商安全控制输出的业务安全监控、威胁情报、攻击溯源能力，无须本地部署，直接通过服务开通。

（6）互联网统一出口边界防护

成员单位接入侧部署下一代防火墙设备，实现边界的安全访问控制和基本的入侵防御、防病毒等区域安全防护，同时对成员单位用户的互联网流量进行管理和策略配置，保障正常的互联网业务及访问需求。

3. 安全设备部署

互联网统一管控后，规划互联网接入区、业务区、运维管理区、互联网出口区。互联网接入区部署互联网接入设备，用于成员单位互联网链路的接入汇聚。业务区部署互联网应用发布的业务系统。互联网出口区部署互联网出口交换机，用于互联网各区域流量数据交换，上联互联网出口路由器，用于互联网出口大带宽接入，作为中国航油互联网的总出入口。运维管理区部署安全运营中心，旁路部署在互联网出口交换机，通过路由引流实现互联网进出流量的安全防护和流量清洗；运维管理区管理交换机下联安全运营管理中心管理口以及中资网安的全流量检测分析设备、平台接入认证设备、网络安全管理控制系统设备、网络隔离设备，用于安全数据的传输报送；全流量检测分析设备一端连接互联网出口交换机镜像接口，收取互联网出入流量；平台接入认证设备一端连接互联网出口交换机，将数据通过 SDWAN 隧道加密传送到监管平台。

（1）互联网安全防护能力部署

安全防护运营中心的安全能力旁路部署在互联网出口交换机，并通过引流配置，将互联网流量引向本地安全防护运营中心，使流量依次经过下一代防火墙、上网行为管理、WAF 等，经过安全运营中心的各项安全能力的流量清洗和防护，将流量送回互联网交换机进行正常转发，实现互联网流量的安全防护。

互联网出口交换机旁路部署全流量分析探针、流量分析回溯系统，由交换机将互联网进出流量镜像到流量探针、流量分析回溯系统。由探针将流量及安全数据统一汇总进行数据流量的分析，对整体安全事件、安全态势进行分析展示。并结合流量分析回溯系统实现对中国航油互联网出口安全的全流量及网络、应用系统性能进行分析呈现。

（2）中资网安设备部署

企业自有安全设备和平台日志接入通过网络隔离设备将安全运营中心的日志信息报送到网络安全管理控制系统设备。

互联网出入口流量接入通过中国航油互联网出口交换机将互联网出入流量镜像到全流量检测分析设备；全流量检测分析设备将分析后的数据信息报送到网络安全管理控制系统设备；网络安全管理控制系统设备将分析后的数据信息通过平台接入认证设备搭建的 SDWAN 隧道由互联网出口报送到国资监控平台。

4. 安全服务能力

（1）国资委平台对接

采用互联网统一管控安全部署后，各二级单位可以复用上级公司部署的中资网安设备与国资委监管平台对接，实现由上级公司统一进行监管基础信息采集，统一汇聚接入国资国企网络安全在线监管平台。

（2）运营商网络安全能力

运营商骨干网可以提供大网侧针对中国航油互联网网站及系统的安全监测、近源封堵，结合运营商的安全控制可以实现威胁情报的同步和攻击溯源分析能力。

（3）区域安全防护能力

建设依照等保 2.0 中对网络安全的要求，做好互联网出口侧及统一管控接入侧各区域间的安全防护，需部署下一代防火墙、上网行为管理、WEB 应用防火墙等，构建纵深安全防护体系，实现各区域的安全隔离、安全防护。

（4）安全监管能力

部署全流量分析探针、安全管理平台、流量分析回溯系统、蜜罐、沙箱等，实现统一的安全运维管理、安全审计和日志追溯。构建可视化的集团安全态势平台，实现集团安全威胁、安全事件的发现、分析、处置、溯源。

（5）安全运营能力

建立安全运营中心，对相关设备进行统一安全管理，网络和安全事件报告及优化建议，定期制定生成网络和安全报表。

组织安全运营团队，明确安全职责与对应的人员，梳理并建立安全规划开发、安全风险管控、漏洞挖掘利用、安全防御响应、安全问题改进、安全指挥调度等流程与制度，做好安全应急及重要时期安全保障。

5. 数字资产普查服务

（1）互联网资产发现

针对上级公司互联网侧 IP 或域名，采用 WEB 扫描技术、操作系统探测技术、端口的探测技术、服务探测技术、WEB 爬虫技术等各类探测技术，对中国航油总部互联网侧信息系统内的主机/服务器、安全设备、网络设备、WEB 应用、中间件、数据库、邮件系统和 DNS 系统等进行主动发现，并生成资产及应用报表，对资产进行周期变化监控。

（2）数字资产普查报告

在互联网资产发现的基础上，对每个业务梳理分析，形成信息安全资产画像，并按照国资委数字资产普查报送要求形成报表，协助中国航油完成数字资产普查报送工作。

6. 资产漏洞清查服务

（1）资产漏洞治理

针对上级公司数字资产普查梳理出的资产，利用网络安全扫描工具以及人工渗透测试，发现网络安全问题及威胁，结合多个扫描工具交叉验证和人工审核，并输出整改加固建议，协助运维人员进行整改，对安全漏洞整改结果进行复测，实现漏洞的闭环管理。

（2）资产漏洞清查报送

每月按照国资委资产漏洞清查报送要求将资产漏洞清查结果形成报表，协助中国航油完成资产漏洞清查报送工作，协助中国航油完成对监管部门漏洞远程检查结果进行验证、申诉等工作。

7. 互联网出口安全管理

（1）安全界面划分

上级公司统一管理模式：统一建设一套管控安全服务平台，进行安全事件监测、告警、处置等闭环流程，以及安全管控和安全运营服务。

管理权限下放二级单位模式：总体建设一套统一管控安全服务平台，进行安全事件的监测及通报；以租户形式向各二级单位开放管理权限，进行区域的安全防护和安全维护。

1）总部负责内容：

① 上级公司在互联网统一出口侧建设统一管控安全服务平台，进行整体的安全策略部署和安全监测。

② 互联网网络流量基本安全分析及防护。

③ 与国资委监管平台对接。

④ 建立健全安全管理规范制度。

⑤ 指导成员单位安全规划建设，定期对成员单位进行安全检查。

2）成员单位负责内容：

① 各单位负责本单位互联网流量接入安全。

② 负责本地互联网安全策略。

③ 负责局域网安全、业务系统安全。

④ 定期自查，并根据网络安全建设基线标准接受上级公司的网络安全现场/远程检查。

（2）安全扩容对接

1）安全建设扩容规划。互联网统一出口安全建设随着上级公司互联网统一出口的分期收口的计划进度，根据一期成员单位收口后出口总带宽进行安全防护建设，采用高性能网络安全设备机框，在满足现有流量情况下，支持安全能力扩容。

后续二期项目其他单位收口，根据收口后互联网出口总带宽情况，若总带宽超出现有的承载能力，扩容网络安全设备板卡，进行安全能力的横向扩容建设。

2）成员单位对接要求。纳入统一管控的成员单位，本地网络需满足等级保护对应要求，需按照集团要求的互联网组网标准拓扑进行建设对接。

8. 安全方案优势

安全合规：满足国资委监管要求，满足等保合规要求。

安全集中管控：通过主动防御体系，能够集约统一地满足安全组网需求；利于上级公司对下属单位的互联网安全防护策略的贯彻与执行；便于按照国家要求汇总报送安全事件。

安全运营服务：将 IT 运维和安全运维通过运营的流程结合在一起；将 IT 应急响应和网络安全事件应急响应结合在一起；实现及时性、持续性、集约性的安全全托管服务。

安全责任转移：统一由运营商提供网络和安全服务。由运营商承担因网络安全带来的风险和责任。

5.2.2 网络安全事件处置案例

在本章第 2 节与第 3 节分别介绍了网络安全攻击形式与网络安全事件的典型案例，本节将介绍网络安全事件处置的一些案例。

1. 钓鱼邮件事件处置

（1）事件过程描述

某日，多名员工的公司邮箱收到命名为"后勤部"发送的邮件，题目为"紧急通知"，邮件内容提醒所有邮箱用户需要备案，并给出了一个操作链接。收到邮件的员工第一时间向公司信息部门反映了相关问题，经过信息部门识别，该邮件为钓鱼邮件。信息部处置措施为紧急通知各级单位删除该邮件，对发送邮件的账号进行了封锁，并对点击链接的终端进行安全隔离与扫描，完全消除了安全威胁。

（2）事件原因分析

从发送邮件用户可以看出该邮件为系统内部用户发出，因此极有可能是系统内部用户密码泄露或使用弱口令，导致账户被不法分子挟持，通过钓鱼邮件向公司内网发起内部的攻击。

（3）经验教训

"钓鱼邮件"通常以冒充系统管理员、上级部门、领导等身份，向用户发送伪造的"邮箱异常""系统升级""邮箱扩容""工资补助"等主题的邮件，诱骗用户点击邮件中的链接、下载附件，进而获得相关个人信息、用户名密码、银行账户信息等，具有伪装性强、威胁性高的特点。经过本次安全事件，总结出钓鱼邮件要从技术与管理两个角度进行防范。

从技术角度，信息部门须定期对公司邮箱账号进行密码审查，提醒用户更改弱口令，并强制要求密码复杂度（如密码长度、包含大小写字母数字与特殊符号等），同时采用定期更改密码、手机双认证等安全策略。

从管理角度，公司应定期组织网络安全知识培训，普及钓鱼邮件特点与防范的相关知识，增强员工网络安全意识。同时应确定钓鱼邮件处置方案，第一时间对网络安全事件进行快速、精准的处置。

2. 僵尸木马事件处置

（1）事件过程描述

某日，公司收到国家互联网应急中心发送的某属地公司感染僵尸木马事件的报告。收到通告后，立刻通知相关属地公司，并联系外部网络安全专家进行协助分析排查，同时将涉事服务器进行紧急隔离，对内网其他服务器进行杀毒，阻止病毒在内网间扩散。在确认威胁排除后，将涉事服务器送至专业机构进行分析杀毒。

（2）事件原因分析

经过分析，本次僵尸木马攻击威胁来源于互联网攻击，攻击者利用了服务器漏洞拿到了服务器权限，公司未对服务器漏洞进行定期修复与扫描，相关漏洞扫描系统的漏洞库与病毒库未及时更新。

（3）经验教训

本次事件发生的根本原因是管理部门未对相关服务器进行漏洞扫描与修复，导致漏洞被不法分子利用获取到了服务器权限。因此对于此类网络安全事件，应首先采用主动防御的策略，定期对服务器、尤其是发布在互联网的服务器进行漏洞与病毒扫描，并及时更新病毒库与漏洞库，防止服务器被非法入侵挟持。

由于僵尸木马病毒具有的传播性，因此在遭受此类攻击后，应第一时间定位被感染服务器主机并及时将涉事主机与网络断开，防止病毒在内网进行大面积扩散。

在中国航油网络安全建设实践过程中，总结出以下经验：

（1）建立健全组织架构和管理体系

企业数据安全管理的成败，取决于企业对网络安全的重视程度，而重视程度又源于网络安全意识，网络安全意识是在面对网络安全的压力下产生和深化的。所以网络安全管理也在动态的过程中不断与时俱进。

中国航油成立了以公司主要领导担任组长的网络安全和信息化领导小组，在领导小组下成立了专门的网信办公室，承担公司网络安全和信息化管理的日常工作，办公室内有专职网络安全管理岗位。同时，也要求下属各机构成立网信领导小组和专职网络安全管理员。中国航油从组织架构上实现了网络安全管理全公司一盘棋的战略。

中国航油根据国家网络安全和数据安全基本法律以及网络安全等级保护标准制定了适合企业自身特点的网络安全管理体系。以《网络安全管理办法》为根本制度，由此延展出各专项制度和管理细则。为建立健全航油公司网络与信息安全通报与报送机制，提升统一行动协调能力，制定了《网络与信息安全通报管理办法》。为贯彻落实国家网络安全等级保护制度，规范中国航油网络安全等级测评活动，制定了《网络安全等级保护管理细则》。针对弱口令问题，专门出台了《信息系统账号管理细则》。为加强处理网络安全突发事件的能力，提高应对紧急事件的反应速度和协调水平，确保迅速有效地处理紧急事件，减轻或消除事件给公司生产经营活动造成的损失和影响，制定了《网络安全事件应急预案》。同时，由于中国航油在全国各个机场拥有储供油设施，因此专门制定了《民用机场供油自动化系统网络安全风险评估规范》。

（2）全面提升态势感知能力

态势感知相比网络安全管理是一个相对较新的概念，只有先感知到，才能有效进行防御，因此全面提升网络安全态势感知能力是企业网络安全工作的先决条件。

中国航油自行研发了网络安全态势感知平台，通过收集各类网络设备、网络安全设备、数据库、中间件的日志，全面获得网络中各类系统、设备的状态。通过重点部署的感知探针，获得企业核心流量的实时情况。将以上信息综合采集至态势感知平台，形成企业整体网络安全态势，极大地加强了网络安全感知能力。

（3）建立完善的网络安全管理技术体系

在网络安全技术体系建立之初，中国航油就制定了"纵向到底、横向到边"的纵深防御战略。

1）互联网出入口网络防御：在完成统一互联网出入口的工作后，全公司由以往的几百个互联网出入口，缩减为2个。两个互联网出入口全部按照等保三级标准强化网络安全建设。以最精锐的力量，做好最关键节点的防护部署。

2）边界防御：在各公司、分支机构的网络边界设置边界防御系统，根据分支机构规模的大小按照等保二级或等保一级进行网络安全设备的配置，并且将边界防御体系纳入公司总部统一管理。

3）终端防御：终端防御指用户和终端设备两大类，用户由电脑和移动终端体现，设备主要由服务器、虚拟机组成。所有需要访问广域网的终端均需安装认证和防病毒软件，以获得入网许可。

4）重点防御：重点防御是技术体系中的重要一环，是业务服务区的防御体系，为所有服务提供综合防御，同时需兼顾各业务系统本身需要达到的网络安全等级保护要求。

5）自控系统防御：自控系统防御可以理解为重点防御的一部分，但是由于中国航油自身业务的特性，将自控系统单独作为重要的组成部分，进行独立的网络安全防护。

6）网络安全管理平台：网络安全管理平台综合管理上述五项技术体系，形成点面结合、主次分明的防御体系，既实现综合管理网络安全，提升企业整体网络安全水平，又兼顾设备配备成本和管理难度，形成平衡统一的技术管理平台。

第 6 章

智慧航油的肌肉

PART 6

6.1 航油公司数字化工作沿革

2021 年是中国航油数字化工作的元年，因为在这一年智慧加油系统日趋完善，销售结算系统全面上线，生产专网覆盖全国，数字化力量已经初步显现。

事实上向前回溯 3 年，中国航油数字化工作才刚刚起步。没有经验基础、缺少专业人才、各种资源匮乏，平地起高楼，唯有开拓者的豪迈，指引大家一路向前。

再向前回溯近 20 年，ERP 系统在中国航油全面推广应用，一个系统涵盖了采购、销售、财务、资产、人资等几乎全部的企业经营管理所需功能。堪称将集成的力量发挥到了巅峰。

2018 年中国航油确定开展"智慧加油系统"建设任务，通过建立一套集数据库管理、大数据分析、人工智能、网络通信、无线通信、自动化控制等于一体的高科技、多专业的复杂系统，改变传统加油作业方式和流程，提高加注业务自动化水平和航班保障效率，同时助力提升航油公司的科技实力和科学管理水平。系统采用枢纽干线机场覆盖支线机场的方式部署，实现了加油数据自动化采集、智能调度、保障监控、油单自动打印、电子油单上传等功能，提高了加油作业现场服务效率，降低了加油员、调度员的劳动强度，强化了作业安全监管。"智慧加油系统"作为航油公司智慧体系建设的开路先锋，充分促进了公司智能化进程，增强了公司核心竞争力。同时，也拉开了航油公司数字化工作大发展的序幕。

中国航油在全国为各个民航客户提供优质的供油保障服务，这就确定了它的工作网点遍布全国，有机场的地方就有它的身影。点多面广、数据传输困难一直是阻碍航油公司数字化发展的痼疾。为了彻底解决这个问题，2020 年公司决定启动生产专网项目，连接全部机场所有工作区域。项目一次性连接了 200 多个机场，开创了数字化工作的新局面，这是公司信息化建设具有跨越性的一步，标志着公司"三横三纵"数字化基础设施基本搭建完成。拥有了从服务器到每个生产单元的专有网络，且实现了闭环管理、自主可控，实现了多维度升级。生产专网这一信息化高速公路的投入使用，标志着中国航油数字化工作正式进入快车道。

随着中国航油数字化建设的不断深入，数字化转型的驱动力日趋增强，从生产一线的数字化变革，到对数字化基础设施提出更高需求，进而影响到经营业务，航油公司用 3 年时间完成了数字化工作的 3 步跳远。2021 年中国航油完成了智慧航油系统全面上线工作，这一系统实现了全部航空客户全国机场自动结算，降低了应收账款风险，提升了总部机关人员工作效率，开创了数字化工作新局面。智慧航油系统广泛地连接了东航、南航、汉莎、酷虎等国内外航空公司，工、农、中、交等大型国有银行，并且通过智慧加油系统和机场、空管形成了数据交互共享。并且与部分航司实现了加油款实时结算，为民航业能源提供了全新商业模式。"智慧航油生态圈"依托智慧航油系统已经初现规模，数字化力量在航油公司产生了革命性的影响。

通过智慧加油系统和智慧航油系统航油公司完成了销售和加注业务的数字化转型，

而航油公司的业务链条贯穿航空煤油的采购、运输、存储、检验、销售、加注等管理环节。2020年开始，中国航油通过对油库自控系统进行集中采购，以达到统一建设标准和规范，一次开发满足各类项目部署，降低成本的效果。油库自控系统是一线核心生产系统，标准化自控系统是自底向上的驱动企业数字化进程的重要手段，同中国航油首先完成智慧加油系统有异曲同工之妙。以此来推动航空煤油存储环节的数字化转型，进而影响供应链中的库存这一关键因素。可以说油库自控系统统建工作，为未来航油公司数字化铺平道路。

6.2 从职能岗位向生产单位转变

中国航油没有自己的信息系统，一直以来，信息化由上级公司统一建设，只在总部机关设置"信息化管理岗"，作为承接上级公司信息中心相关工作的管理岗位。

为了能够使用好上级公司统建的各个信息系统，中国航油设置关键用户这个角色。每一个上级推广使用的信息系统，都在各相关部门设置关键用户，由关键用户在本部门内推广和培训本系统的使用。同时，关键用户还有责任负责审核本业务条线下属各公司上报的账号、权限变更申请、需求收集等，所有信息最终汇聚到信息化管理岗，由该岗位作为"唯一出口人"转呈上级公司处理。设置关键用户可以起到提纲挈领的意义，也可以让业务部门深入接触信息化工作，这种机制经多年运行，帮助信息化的意识在非专业人员中生根发芽，为中国航油信息化建设打下坚实基础。

除了起到上传下达的"信息化文秘"角色，信息化管理岗还负责统计与审核公司一年的信息化投资和预算。这些工作基本囊括了该岗位的全部职责。由信息化人员的配置和工作内容，可以反映出历史上中国航油对于信息化工作的态度，以及上级公司对中国航油在信息化专业条线上的定位。

随着上级公司经营规模扩大和专业板块增多，上级公司信息化工作思路发生重大转变，航油公司开始推进专业信息化系统的建设。短短3年时间，中国航油信息化工作取得了一定成果，也具备了相当的基础，并且有了更强的内生动力，向着更好的方向发展。

信息化工作发展来自公司的需要，随着信息系统的增多，这种需要不但对资金提出了更多的需求，同时也对人员队伍提出了深层次的需求。仅仅一个信息化管理岗已经不能有效地对众多系统做好运行管理；同时，长期依赖于外部单位进行信息系统开发和维护，不但过于被动，而且对于公司信息化水平的整体发展极其不利。因此，航油公司决定选拔、组建、培养自己的信息化队伍。

如前文所述，中国航油没有属于自己的信息化专业体系和人员力量，但是关键用户体系，以及各公司为维持油库自控系统和公司网络而培养的人员队伍，都为信息化人员的工作奠定了基础。这些人员就如星星之火，之于中国航油信息化工作呈燎原之势。

中国航油信息化工作在拥有自己的人员队伍后，工作模式必须发生根本性转变，这种转变可以向两个方向发展。

第一个方向，中国航油信息化可以承担类似于机关职能部门的功能。第二个方向，中国航油信息化可以设立相应的审批职能，即信息化建设需求由各业务部门提出，信息化专业负责技术架构标准和数据架构标准的制定，业务部门提出的信息化系统必须符合相应的技术标准才允许建设；在信息系统验收的时候，亦由信息化专业人员对系统进行技术标准符合性审查，审查通过的允许验收。

采用此种处理方法，中国航油信息化工作人员的工作将会相对轻松，集团公司已经将自身角色转变到这种工作模式上。但在信息化工作处于起步阶段的航油公司，这种工作方法会在一定程度上制约公司信息化的发展。原因主要有以下几点：

1）中国航油信息化整体思路是坚持大统一，并且信息化建设发展是自上而下发起的。基于现状，为方便公司集中统一管理，公司需要一个机构或者是相应的岗位，承接领导提出的工作要求，统一协调和组织各公司和机关各部门，全面推进信息化工作。如果是由各业务部门独自建设信息系统，必然会出现多头推进，不利于在信息化发展初期阶段的工作推进。

2）业务部门立项困难，系统开发后使用效果普遍不佳。业务部门首重自身需求，其系统开发目的基本是用于完成自身管理需要，功能以信息填报为主，很多系统最终实现的结果都变成以信息归集为主的档案系统。部分业务部门有系统开发的想法，但是由于缺少专业人员参与，过于天马行空的想法又很难落地为实施方案。在项目前期和技术单位沟通的时候，会出现沟通困难、把握不住重点的情况，也令技术单位无所适从，项目启动艰难。由于自身负责系统验收工作，因此在验收工作中也会出现要求不严、系统开发不到位的情况。

3）由于上级公司长期以来一直负责全部信息系统的统建统管工作，部分业务部门仍然没有摆脱这种等待集团公司实施，或者向上级公司沟通信息化建设的做法。因为各业务部门只会向上沟通本业务条线相对应的上级公司相关部门，而并不会和上级公司信息中心汇报。在上级公司已经正式将板块专业业务系统建设权限授权的情况下，这种做法会严重扰乱航油公司信息化建设速度和一致性，同时也会打乱上级公司信息化建设的整体思路。

基于这三点，中国航油选择采取总部集中统一的管理办法，整体一盘棋，自上而下进行信息化发展模式。选择此模式，信息化工作需要重新定义。

首先，信息化岗位应是信息系统建设的主管岗位，业务部门是需求提出部门。信息化人员不但要对技术问题进行把关和审核，同样也需要了解业务问题，对业务的解决方案进行审核。因为，信息化岗位作为信息系统项目主管的情况下，对项目的进度和成本负有责任。因此，信息系统项目经理需要全面掌握业务部门的需求，严控需求变更，并且加强对项目进度的管理。

另外，信息化岗位应当承担类似一线生产单位的信息系统保障任务。航油公司是民航供油的保障单位，承担安全供油保障任务。航油公司的一线生产单位，对于供油保障是高度重视，且严格保障供应的。随着信息系统逐渐增多，且愈加深入生产经营活动，工作人员对于系统的依赖也与日俱增。为了保障供油，信息化岗位必须转变思想，不能仅仅将自身定位为职能部门，必须转变身份为生产单位，像保障供油一样，保障信息系统稳定运行。

从职能岗位向生产单位转变，航油公司数字化需要大量数字化工作人员做支撑。为了实现"以我为主"、能力提升的目标，公司并没有选择社会招聘的方式快速提升数字化人员能力，而是在公司内部进行了一次全员招聘，采用这种内部选拔的方式，迅速摸清公司数字化人才基础，也收获了一批有志从事数字化工作的人员。

人才是企业市场竞争中的宝贵力量，而内部人员比之社会招聘人员又有其明显优势，主要有以下几点：

1）内部招聘流程简单，选拔过程相对时间较短，投入成本低，非常适用于快速提升公司专业人才储备，快速填补相关专业人才空白，快速建立专业队伍。

2）内部人员一般经历了严格的招聘程序，人员基础素质过硬；同时又通过一段时间的其他岗位工作，有一定工作经验，对公司和业务也有足够了解，一旦从事数字化工作，能够融汇以往的经验，对于提升数字化工作质量卓有成效。

3）给予内部人员二次专业选择的机会。"学了什么专业，不一定就从事相关专业工作"，这是大学生择业过程中经常会从周围人听到的建议。能够从事本专业的工作的人并不多，一方面源于对所学专业并没有兴趣，另一方面也是因为没有合适的工作机会。而内部招聘对于有志于从事数字化工作的人是相当于二次择业的重要机会。

4）内部招聘的人员也比社招人员拥有更高的企业忠诚度。忠诚是一个人最高贵的品质，对于一个集体，忠实的员工也是宝贵财富。从员工忠诚度来讲，一个单位的老员工也会拥有更多的企业认同、文化认同，这是比社招人员能够更快融入新岗位的优势。

5）能够优化人才队伍配置，发掘和留住优秀人才。对于企业最大损失莫过于精心选拔、潜心培养的具有丰富工作经验的员工离职。而员工离职的主要原因之一，就是岗位匹配度不高，无法发挥自身价值。采用内部招聘，可以解决专业人员的发展问题，优化人力资源配置，甚至能够发现极具潜力的人才。

在完成人才的选拔后，航油公司完善了总部的数字化岗位，又增加配置了数字化基础设施管理岗、软件岗、自控岗等。各岗位的完善标志着航油公司数字化工作日益向着正规化、专业化的方向迈进。

6.3 培训工作

培训是提升数字化人员工作能力的重要工作，也是建设"学习型企业"的主要手段。数字化培训的主要目标定位于：紧紧围绕航油公司发展战略和数字化发展需要，为公司发展提供数字化人才保障与支持。

为了提升公司面对数字转型浪潮冲击的能力，确保公司在数字经济时代能够勇立潮头。数字化培训是一项重要工作，其意义主要体现在两个方面，一是提升员工个人素质，二是提升企业整体竞争力。

6.3.1 员工个人提升

著名心理学家亚伯拉罕·马斯洛(Abraham Maslow)建立了需求层次理论。该理论以金字塔的形式表示了人们的行为受到一系列需求的引导和刺激。在需求层次的最底层是生理需求，然后逐渐向高层次上升，包括安全、社会、受尊重、自我实现，共五个层级。人们只有在满足了基本需求后，才会追求更高层级的需求。其中能够自我实现的一般拥有如下特点：能够抓住问题的关键，懂得欣赏生活，关心个人发展，有能力获得丰富的经验。

对于在公司内拥有工作岗位的员工来说，生理和安全上的需求都已经满足。尽管每个人社交能力有高低，但工作也要求他们有一定的与他人沟通交流的行为。因此，满足员工受尊重和自我实现的需求，是非常重要的工作。培训是能够满足员工这一类需求的有效方法。

1. 提升员工个人能力

个人能力的提高是提高集体能力的基础。任何一次培训总有其培训角度和具体目的，通过一次培训最直接的就是能够提升员工某方面的专业技能，发展员工的职业能力。通过培训有效激发员工的工作潜能，改善员工的工作态度，加强其对企业的责任感和对企业文化的归属感，扩大其知识储备，拓展其工作领域，使其更好地胜任现在的日常工作，并有足够经验和自信应对未来的工作挑战。

数字化相关培训对于提升员工整体数字化素质具有重要意义。数字化意识、知识、能力的增强，将直接提高和改善企业数字化工作质量，降低公司数字化系统推广难度和数字转型成本；网络安全培训可以增强员工的网络安全意识，增强员工面对网络安全问题时的应对能力，提高公司管理水平。

2. 员工的自我价值实现

经过培训的员工，能够取得更好的工作成果，更容易受到公司重视，而被委以更重要的责任。这些员工将获得更多晋升和提高收入的机会。物质上的满足，是最直接作用于自我实现的。

培训能够直接给予员工参与感和受重视感。而且在接受挑战性的工作与任务的过程中，更易于实现自我成长和自我价值，这不仅使员工在物质上得到满足，而且使员工得到精神上的成就感。

6.3.2 企业整体竞争力

1. 提升企业整体绩效

持续有效的培训可以为企业注入新鲜血液应对激烈的经济竞争，有助于提高职工的工作效率，降低企业生产成本，形成持久的市场竞争优势，实现企业市场竞争力的增效和利润的增值。使企业始终处于发展高速公路之上。

通过员工培训，可以加强各级工作关系的协调，促进整个企业工作质量和工作效率的提升，实现企业的科学管理和战略发展。

2. 构建学习型组织文化

现代企业需要构建学习型组织，以适应不断变化的各种挑战。构建学习型组织文化是保证企业始终处于改革发展的重要基础，也是增强企业核心竞争力的方法。通过培训有利于企业建立长效的学习机制，形成良好的学习氛围，创造积极进取的企业文化，传播企业价值观、宗旨、精神等。

6.3.3 培训类别

1. 全员培训

对全体员工进行数字化相关培训，此类培训的意义是提升全员对数字化转型、相关前沿科学技术、国家政策等的认知和理解，以达到整体提升全体员工数字化水平，使公司在推进数字化建设和转型升级的过程中便于开展工作，使数字化深入人心。

培训的内容：数字化前沿技术讲座，网络安全宣传讲座，数字化相关政策法规及公司数字化管理制度宣贯。

培训的频率：每年一次。

培训的时间：2 小时。

2. 专业人员整体培训

对全体数字化专业人员的集中培训。此类培训的意义是提升全体专业人员的技术水平，政策、法规、管理制度的掌握水平，问题出现后的紧急应对能力和解决能力。专业人员是公司数字化工作顺利开展的坚实基础，如果说少数高级专业人员水平和能力代表着公司数字化工作能走多快，数字化人员的整体素质水平则代表着公司数字化工作能走多远。

培训的内容：根据数字化规划和年度工作计划安排专业技术培训，常见问题解决办法集中培训，各系统相关专业技术培训。

培训的频率：每年一次。

培训的时间：1 天。

3. 专业提升培训

对部分数字化专业人员进行的专业技术、技能提升培训。此类培训的意义是针对部分水平较高或有重点培养价值的数字化专业人员，针对性地对某一方面的专业技术进行的更高水平的培训。这一类培训可以聘请专业的讲师或通过专业培训机构，进行类似考取职业资格的有考核的培训。

培训的内容：某一方向的专业培训，方向选择以公司数字化发展的需求为指引。

培训的频次：每 2~3 年一次。

培训的时间：视培训需求而定。一般以脱产为主。

4. 应用系统培训

当公司开发上线某应用系统后，应对相关人员进行应用系统的使用培训。此类培训的意义是提升所有使用人员对本系统的使用水平，问题的处理能力。此类培训参加对象是系统的使用人员和运行维护人员，使用培训由业务部门主管人员负责。而运行维护及相关技术培训，则应在系统开始使用后尽快开展，以降低总部系统运行维护压力。

培训的内容：应用系统使用和运维培训。

培训的频次：系统上线前集中培训，使用过程中视具体情况进行补充培训。

培训的时间：应以系统复杂程度确定。

5. 应急演练

应急演练是全面提升数字化工作人员应对突发情况的有效方法。应急演练需要全公司相关人员参与，以某一事件为场景。应当是多学科、多专业、多系统、多单位共同参与的。不但是公司数字化专业人员，同时也应当吸纳外部运维人员和其他部门的同事参加，以整体提升应急能力。

演练的频次：每年 2 次。

演练的时间：2 个小时。

6. 以工代训

这是内部培训的高级形式，采用定期借调人员至总部，以工作人员的身份实际参与总部数字化工作。采用这种方式可以提高借调人员的视野，使他们了解总部各种工作安排的意义，并迅速提升他们的技术和管理水平，并且对于总部选拔人才、充实队伍有极大帮助。

以工代训需要公司统筹安排，涉及人力资源部和各公司，所以这种方式依靠公司统一管理。

6.3.4 培训管理

数字化培训是公司人力资源培训工作的一部分，但是其本身有自身的独特性，因此也有一定自身管理特点。

1. 需求管理

需求管理是培训工作的首要环节也是重要环节，需求把握的准确程度将直接影响培训效果。

数字化培训需求的提出，是由数字化工作主管部门负责的。数字化主管部门综合三个方面确定需求：战略规划层面、岗位技能方面和员工个人需求。航油公司目前是由总部对数字化工作集中统一管理，因此总部数字化工作主管部门有义务统筹三个方面的需求。从公司战略规划出发，确定数字化培训的主要方向；将战略规划向各岗位进行职责划分，明确每个岗位的技能要求，并核查各岗位人员的水平差距，以确定培训的主要内容；接收员工个人培训需求，并尽量和集体培训需求相统一。

2. 课程开发

应坚持以"知识管理"为目标进行课程开发。知识积累是一个漫长的过程，而且需要付诸实践，并在实践中进行检验。

数字化工作和其他工作的显著特点是它独有的开放性与广泛性。开放性是指：公司本身并不具备数字化产业，所有软件开发和硬件采购都从外部获得，因此数字化工作大量依靠外部单位实现其价值。广泛性是指：数字化工作会涉及公司多方面的业务，甚至是跨多个业务主管部门实现系统的协作运行。

数字化工作的培训素材也应秉承开放性和广泛性，它的知识积累主要包括：

1）每一次和外单位的技术交流材料；

2）每一个项目的技术方案、招标文件、投标文件、实施文档；

3）每一次培训的培训教材；

4）国家法律法规和技术标准、公司规划和管理制度。

以培训需求为出发点，根据公司经营管理特点和专业特点，并以数字化工作管理实践以及实践中遇到的问题为课程开发原则，加强知识管理下的总体教材编写。

3. 师资管理

师资也是由公司培训计划统一管理，但是同样地，数字化培训的师资也可以借助各种资源实现。

（1）认证类培训

部分岗位的认证上岗，需要按照国家相关要求，完成岗位认证。其中以网络安全岗为例，国家有 CISP 认证，这类认证类的培训需要较大的投入，需要公司整体投入。

（2）项目类培训

通过实施数字化项目，可以在招标时安排项目技术相关的专业培训。这类培训可以比较有针对性，能够比较快速地提升参训人员的技术水平。

（3）内部师资

逐步建立公司内部师资力量，主要包括参加过各类专业培训的人员、公司相关技术专家、公司各级领导等。形成一支不断充实、持续提升的内部队伍，实现内部培训。

6.3.5 培训组织与实施管理

培训事关人才发展，无论培训规模大小，都应高度重视。任何一次培训都应有总部数字化工作人员专人全面组织并全程参与。

1. 培训前管理

培训前，第一，应定目标、定内容、定讲师、定学员、定地点、定预算。第二，应梳理培训注意事项，确定考勤等制度，确定时间进度。第三，应印制学员手册和培训讲义等。

2. 培训中管理

培训中应加强学员的行为管理，尤其是 2020 年以来，应加强疫情防控管理。对于大型集中培训，应有预备会，帮助学员"破冰"，达到培训的另一个目的，促进学员间的社交。培训中，应由专人落实各项制度，负责签到等各项组织和管理工作。如果是持续一段时间的培训，应定期组织学员对知识进行回顾，以实现温故知新。

3. 培训后管理

培训结束后，应完成：第一，培训档案管理，包括所有纸质、电子、视频、照片等资料；第二，整理学员结业的作业，编辑成册，并进行分发；第三，建立学员培训档案，把参加培训、培训作业上交等情况纳入档案管理。

培训的考核与评估包含两个方面：第一，对学员的考核；第二，对每次培训的评估。

1. 学员考核

需要考察学员的知识获取情况，采取的形式主要有：闭卷考试，结业论文两种方式。如果是正规的认证类培训，则以学员是否通过认证为考核标准。

其次，需要研究、考察学员实际能力的提升。这是一项长期课题，需要对照培训前和培训后学员绩效，对照参加培训和未参加人员绩效。

2. 培训评估

为了使培训工作真正成为公司的基础工作，培训真正起到作用，有效地提高员工素质，需要对每次培训的组织和效果进行评估。评估的方式包括课堂效果调查(问卷、访谈)，学员回访等。

6.4 数字化工作管理体系

随着数字科技的迅猛发展，对企业的影响力日趋增大，数字化工作在企业的经营管理中占据重要位置。但是作为新兴科技作用下产生的全新专业，其管理工作的成熟度、完善度无法和传统专业相提并论；又由于数字化技术革新快速的基础特性，企业数字化工作所涉及和影响的业务条线愈加全面和复杂。数字化管理工作跟不上企业的数字化需求和数字化技术的发展，已经是一个管理难点，急需改善和突破。企业的数字化工作离不开技术，更少不了管理。非数字化、信息化产业的央企集团，站在应用数字化技术推动传统产业转型升级的角度，数字化工作的管理也需要有完整体系，其中建章立制更是完善管理体系的重要一环。

数字化工作管理所需涉及的方面主要有：人、财、物、建设、安全和考核。

人：人是劳动者，是一切工作的执行者。管人，是各项管理工作的起点，也是落脚点。很多人一起协作劳动，又形成了一个集体、一个组织。因此，管人就包括人员管理和组织机构管理。

财：无论是数字化建设项目，还是升级改造和日常维护，都需要一定的资金投入。管钱，是数字化管理工作必不可少的环节，数字化工作必须和钱打交道，数字化管理部门也是机关部门里少有的会直接花钱的部门。数字化管理需要做好建设项目的投资管理和日常运维费用的预算管理。

物：物在这里并不仅仅指物体，还包括采购的正版软件和通过建设项目定制开发的软件，这一类无形资产。管物，就是要管好有形和无形资产，就是要用好、运维好这些资产，使它们贡献最大价值。

建设：建设主要指数字化建设项目管理。管建设，是数字化管理工作极其重要的一环。企业一般较少具备开发和集成大型数字化项目的能力，因此都需要借助外部力量完成。所以，以甲方身份做好数字化建设项目的管理，是数字化工作的基础。

安全：网络安全和数据安全已经被国家立法高度重视。如果说做好项目管理是保证企业数字化快速发展的基础，那么安全管理就是保证企业数字化工作能走多远的问题。管安全，是企业数字化工作的支撑。

考核：考核是一项重要工作，是督促各单位和相关人员保质保量完成工作，提升工作质量和效率的重要抓手。管考核，才能保证所有管理工作实现闭环，也才能确保各项工作落实，使公司的数字化工作和生产经营相结合。

6.4.1 顶层制度

为规范和加强信息化工作，明确目标，落实责任，提升信息化水平，在整个信息化管理制度体系中应当有一部基本的管理制度，用于统筹所有信息化工作的各项管理办法。

在国家层面网络安全和信息化是不分家的，也体现了国家对于网络安全和信息化的态度和工作方针，因此中国航油在顶层设置了《网络安全与信息化工作管理规定》，用于统筹管理网络安全和信息化的各项工作。

在制定各项信息化制度的时候，应当首先确定制度编制依据，通常国家相关的法律法规是公司内部制度的首选依据。随着国家不断加强对网络安全和信息化的重视，从国家层面开始有重量级的法律出台。2017 年 6 月 1 日起施行的《中华人民共和国网络安全法》和 2021 年 9 月 1 日起施行的《中华人民共和国数据安全法》应当为所有信息化从业人员奉为圭臬。

信息化工作应始终服务于公司的发展战略，为战略的落地执行赋能是信息化工作的最好要义。因此，随着公司战略的演进，管理制度必须与时俱进。作为公司信息化顶层管理制度，有必要开宗明义地将信息化工作的指导思想和发展原则予以明确。一般而言，不同公司根据实际情况对信息化的管理强度会有不同，不过都会在一定程度上确定自己的"势力范围"。

第一类会要求统一规划、统一标准，这类要求集中体现了信息化的开放、互联、共享特点，加强协同是信息化工作的主要目的，所以各公司都会进行统一规划，制定统一标准，以确保各种信息系统能够无缝融合，实现数据互通共享。一般只要求这两项的企业，多为投资类的大型集团企业，除了 OA、财务等少数统建系统外，由于下属各板块业务差距极大，集团顶层不会统建生产经营类的系统，此类管理模式相对较为松散。

第二类会更进一步要求统一设计、统一投资。设计比规划和标准要更加具体和详细，设计会深入信息系统的建设。提出此类要求的企业，会统一策划信息系统的建设，包括前期需求调研、方案论证、功能设计和实施计划制定等。统一设计的结果是立项建议书和可行性研究报告，因此统一设计必然引出统一投资。根据信息化规划和年度投资计划，由公司统一部署信息化项目的投资。这一类企业是直接对经营和生产进行管理的企业，需要对相关信息化系统有较强的管控力度，同时对开发进度和过程也要参与监督管理。企业在实际工作过程中所采取的"统谈分签"模式，是这种原则的体现。企业总部有统一设计和投资的原则，甚至统一选定了实施单位，但是各下属公司分开签订合同，独立承担系统建设、运维等工作。

第三类则是"大包大揽"类型，会提出统一建设、统一管理的严格要求，采取此类原则的企业基本阻断了其下属公司自行开发信息化系统的可能。实践此类原则的企业必然是生产、经营工作高度标准化，且各下属公司工作高度一致，这是总前提。采取此原则的企业要不然是强管控类型的企业，要不然就是直接面对生产的企业，这种企业以信息化为核心载体，协同各项生产经营活动，信息化根植于企业全业务流程，具有极强的参与度。这类企业在进行信息化建设过程中，会直接管理项目，在项目建设完成后也会进行系统运维。

在结合公司经营现状和实际需要编制管理制度的同时，也应当符合公司内控及制度编制的规范要求，并说明制度的适用范围。

作为公司信息化顶层管理制度，首先应明确信息化工作的组织体系。依据国家和各级行政单位的要求，企业也应成立由主要领导作为第一责任人的网络安全和信息化领导小组。领导小组应负责网络安全和信息化工作的顶层设计、总体布局、统筹协调、整体推进和督促落实。其中尤其应当明确对网络安全的工作职责。

落实归口管理部门是必须为之的。归口管理部门主要职责应当是具体落实各项工作，主要有：协助编制规划、制度并执行，对投资与预算的管理与审核，信息化项目的管理，开发和运维人员的管理，以及直接的安全管理工作，还包括考核、组织培训、宣贯制度等工作事项。

信息化工作不是信息化管理部门一家可决，必须统筹公司各业务部门，因此也应在制度中对业务需求的提出和系统应用推广的责任予以明确：各业务部门是公司信息化工作业务主管及系统推广主体。业务部门有责任根据公司信息化规划及管理和业务发展需要，梳理提出本部门信息化建设、优化和运维管理等需求，负责主管业务系统的推广；编写涉及本部门的项目立项申请，也就是业务系统建设的必要性和业务可行性必须由业务部门负责；制定本部门信息系统应用业务规范及业务流程，审核确认信息化业务解决方案，并负责项目建设过程中相关业务的组织协调工作。

如果是一家集团企业，还应明确下属各公司信息化管理工作的职责。基本应包括：建立健全本单位信息化工作体系；制定本单位信息化管理制度、标准及规范；落实上级公司网络安全管理要求，负责本单位网络安全工作；贯彻执行公司统一的信息化标准和信息化技术架构；组织本单位信息系统的建设和运维管理，配合做好上级公司统建信息化项目在本单位的推广和应用。

规划是每一个公司都会高度重视的引领性文件，信息化规划是信息化项目立项、信息化年度工作计划和预算编制的主要依据。因此信息化工作管理规定中应首先制定信息化规划管理相关内容。

首先，确定信息化规划应当遵循的章程，这就是围绕和适应公司总体发展战略，与公司体制、管理模式及管理流程相匹配，支持业务发展，提升公司经营管理水平。

其次，应明确信息化规划编制的主责部门，生效审批流程。网络安全和信息化归口管理部门一般是组织编制公司信息化规划的责任部门。规划要经网络安全和信息化领导小组批准后发布执行。规划还应当根据公司发展战略、管理模式、制度流程等变化以及建设需要适时进行修编。

最后，对于下属公司编制信息化规划的权力的规定。这包括是否授权下属公司编制本单位信息化规划，一旦授权各单位编制规划的基本要求，以及审批流程。应当要求各公司编制本单位信息化规划，须确保与上级公司信息化规划有效衔接。各公司履行本单位内部决策流程前，须报上级归口管理部门审核，且应当在印发后报上级公司进行备案。

除上述内容，顶层信息化管理规定应对信息化工作中的主要方面同样做概括性的、纲领性的和重要部分的规定。具体就是指前文阐述的管人、管财、管物、管建设、管安全、管考核。

6.4.2 人员管理制度

人员管理是信息化工作的重要规定，在公司制度体系中很可能和顶层的信息化工作管理规定具有同等地位，这是因为信息化人员管理规定会纳入公司人力资源管理的一部分。

信息化人员是公司人才体系中的一个专业分支，从公司治理方面应首先明确何为信息化工作人员。一般是指负责数字化制度制定、数字化投资及预算管理、数字化项目管理、网络安全管理、网络及系统运行维护的人员。

人员管理规定中会对组织机构进一步明确，其中包括明确网络安全和信息化领导小组下设的办公机构及该机构中的人员岗位。对于日常工作有很高要求的公司，应当对岗位职责提出值班要求，常见的岗位及其工作职责如下：

1）网络安全岗：负责公司网络项目的集中统一管控工作；负责公司统建网络的立项、建设、验收和运维等工作及相关材料的编制，并指导、监督地区、直属公司网络建设与管理。负责专网的建设与运维工作，制定应急维修方案，应对突发情况。负责公司网络安全，制定网络安全工作方案、规范和标准。负责组织统建网络及相关软硬件设备巡检工作，负责统建软硬件设备的监控管理工作。负责统建网络安全设备、服务器的日志审查。负责内外部安全漏洞的跟踪、安全审核、安全风险评估与分析及加固，日常维护和升级相关运维平台。负责进行各种安全管理信息系统的维护和故障处理。负责定期组织网络和安全技术培训，推广、宣贯信息安全政策和要求。负责管理外部单位驻场和远程运维人员，考核服务质量。负责制定网络运维相关管理制度，撰写日常运维报告。

2）系统管理岗：负责公司涉及生产经营及其他的数字化项目的集中统一管控工作；负责公司统建应用系统的立项、建设、验收和运维等工作及相关材料的编制，并指导、监督地区、直属公司数字化建设与管理。负责审核代码和技术开发文档，审核运维方案与优化运维管理流程，组织开展系统开发、测试、操作、维护手册编制工作。负责数据标准化工作，编制数据标准化管理流程，制定数据标准，并承担宣贯、培训、监督执行工作。负责审核应用系统间的数据与集成架构设计。负责应用系统网络和信息安全管理工作，负责应用系统等保测评工作。负责管理外部单位驻场和远程运维人员，考核服务质量。负责编写应用系统管理规范，完成审批和发布。

3）综合岗：负责编制公司数字化年度投资计划及预算，审核地区、直属公司年度投资计划及预算。负责下属公司数字化工作的指导和考核，组织数字化工作人员的培训、监督和考核。负责执行落实数字化相关管理规定及制度，宣贯、培训并监督执行。负责定期开展管理制度修订与流程优化工作，审核管理流程、制度的质量和合理性，对执行的有效性进行检查、跟踪和评估。

除了对本级信息化机构和岗位进行设置外，应当对下属公司的机构和岗位设置同样做出规定。下属公司的岗位职责会比上级单位有所降低但是应包括完成上级公司网信领导小组的工作安排，负责本公司网络安全和保障工作，负责组织本公司开展各应用系统用户培训、成果验收、推广应用和后评价工作。

继续教育和培训是提升推动公司数字化工作发展、选拔培养专业化人才队伍的重要举措，也是员工的重要个人福利，具有凝聚人心、引领方向的重要作用。在人员管理规定中应明确培训工作的要求，例如参加专业技能继续教育、岗位培训活动，年度培训时间不得少于一定时间。应明确进行专业技能继续教育和岗位培训的方式：例如参加公司定期举办的网上学习、专业会议和培训活动。应明确专业技能继续教育内容：国家网络安全法律法规、国家行业标准、网络安全、通信、工业控制和最新互联网计算机技术等相关专业知识。

岗位要求是对公司信息化从业人员提出的要求，同前面的岗位职责配合起来，可以直接作为人才招聘的要求。岗位要求主要有两个方面，即基本要求和岗位要求。

基本要求主要指日常工作要求，还包括职业道德相关要求。包括：遵守国家法律法规和公司的各项规章制度，自觉增强法律意识和法制观念，做到诚实守信；爱岗敬业，遵守劳动纪律，充分认识信息化工作的责任和使命，认真履行岗位职责；廉洁自律，自我约束，自我监督，不得收受贿赂，遵守相应的回避与保密制度；自觉维护公司网络信息安全，拒绝或抵制通过计算机网络窃取公司秘密或破坏公司网络的行为；配合审计人员信息化审计工作，不得推诿、搪塞。

岗位要求应当从专业角度出发，对从业人员的专业技术、职业资格等进行规定。包括：具备计算机及应用、信息工程、电子信息工程、软件工程、计算机应用技术、信息技术设备运用与维护、管理信息系统、企业信息计算机管理、信息与电子科学等专业大专及以上学历；具备计算机软件、计算机网络、信息系统及信息服务等专业技术职务任职资格；具备一定年限的工作经历；等等。

信息化工作人员考核可以参考公司其他岗位的考核制度，确定达标要求和考核达标的组织频次。

工作人员能够长期为公司提供服务是极有价值的，但天下没有不散的筵席，这个时候就需要好聚好散。由于信息化工作人员作为信息系统的直接管理者，有能力接触公司经营管理的核心数据，因此做好离岗与离职工作意义重大。

基本的要求包括：应及时收回其所有系统访问授权。应按规定和时限将涉及工作内容的资料全部交给下一任工作人员，这些资料十分重要一项都不能少：所有授权使用的软硬件系统的用户名和密码口令等重要信息；所有软硬件技术资料文档，包括但不限于网站和应用系统运行资料、路由器、交换机和服务器参数资料、网络拓扑图、网络布线图、虚网划分、IP 地址分配等网络机密资料；随机赠送的服务器、网络设备所附带的说明书以及各种相关存档资料等；数字化建设的各种批文、标书、合同等重要存档资料；全部属于本单位的财物，包括其在职时所持有或保管的一切记录着本单位信息的文件、资料、图表、笔记、报告、信件、传真、存储介质、仪器设备以及其他任何形式的载体。

人员管理是信息化工作的首要工作，应当高度重视。

6.4.3 资金管理

各公司对资金的使用各有不同，所以信息化资金的使用也应按照公司资金管理办法执行。中国航油资金分为投资和预算，信息化投资和预算管理制度，必然要在公司投资和预算管理办法的框架下制定。

信息化投资是指公司为实现发展战略目标、满足管理运营需求、保障安全平稳生产、提高科技水平、实现节能降耗，利用计算机技术、网络技术等一系列现代化技术，通过对信息资源的深度开发和广泛利用，不断提高生产、经营、管理、决策的效率和水平，以现金或实物资本投入到项目，形成资产的经济行为。

在投资类的资金中可以具体分为两类：建设类、购置类。建设类：根据业务需求，由项目团队开展需求分析、功能设计、定制开发、测试、系统上线、应用培训等各阶段工作，将分离的硬件、软件和数据等整合到相互关联、统一协调的系统中，形成特定业务能力的项目。购置类：软硬件货架产品采购项目。包括硬件、软件、数据等，还包括产品自身的安装调试。

信息化预算是指公司根据数字化建设的实际需要和可持续发展的需要，以统筹、灵活运用资金，保障数字化建设健康发展为目的，对预算年度内资金的筹集、运用及筹资费用进行预计、测算的活动。

明确了投资、预算的定义，就应当明确投资和预算的管理组织机构。公司网络安全和信息化领导小组必然是信息化建设投资和资金预算决策层，负责审批公司数字化建设中长期投资规划；负责审批公司信息化建设年度投资计划与资金预算。

网信领导小组归口管理部门应当具体负责组织信息化建设投资和资金预算管理。负责提出公司数字化建设中长期投资规划；负责汇总、编制和上报公司数字化建设投资计划和资金预算；负责组织初审下属公司信息化建设投资计划和资金预算；负责指导、监督和追溯各公司信息化建设年度投资计划与资金预算的执行情况。

各相关部门及下属各公司是信息化建设投资和资金预算管理的实施单位。根据公司发展战略和数字化建设中长期投资规划，组织编制本单位建设规划；负责编制本单位的数字化建设投资计划和资金预算，并上报航油公司领导小组办公室；负责组织实施公司数字化建设投资计划和资金预算。

在本制度中应明确投资和预算的管理要求，以确保资金使用计划编制符合实际需要。例如应坚持"统一标准、统一管理"的原则，及"兼顾整体与局部、兼顾先进与使用、兼顾近期与长远、兼顾集中与分散、兼顾建设与维护"的兼顾原则。

应当明确资金计划的审核流程，此流程应符合公司整体管理要求。例如，投资必须以公司为主体提交项目建议书或可行性研究报告，经航油公司网信领导小组办公室初步审查、网信领导小组审核、集团公司网信领导小组审批同意后，履行航油公司投资管理程序，上报年度投资计划。年度预算采用报送批准的方式，由各公司归口管理部门据实逐项列示汇总后，报上级公司数字化归口管理部门批准。

如果企业要达到对信息化工作强管控的目的，应当严控投资和预算，可以要求各下属公司为了保证数字化建设投资效益、提高系统整合和协同性，信息化建设投资无论金额大小，年度及调整计划均需要上报公司网信领导小组审核。

6.4.4　资产管理

资产管理也就是要管物，信息化工作涉及的固定资产主要包括信息化硬件设备：服务器、存储、交换机等；自主开发的软件和采购的第三方软件。信息化硬件设备和自主开发的软件可以在系统运维相关制度中进行管理规定。在本章节重点阐述计算机软件正版化管理办法。

为加强计算机软件正版化管理，保护知识产权，维护软件使用的合法性，提高软件的使用效率，国家重视软件正版化工作，出台了《中华人民共和国计算机软件保护条例》（国务院令第 339 号）。企业软件正版化工作可以依据此条例执行。

软件正版化不单是促进软件产业发展的重要工作，同时也是避免企业受到法律制裁的重要工作。目前操作系统、数据库管理系统等大型软件仍然被外国公司所垄断，这些企业会想尽办法制裁我国使用正版化软件的企业。据闻，我国某央企集团在接收到对方律师函后，同对方公司谈判的过程中被录制视频，处在极为不利的态势。因此，企业尤其是央企应当谨防侵权行为，主要举措有：

不在公司计算机等设备内安装未获授权的软件，已安装的未获授权软件应立即移除。对获得的批量使用许可软件，须确保已安装的软件的数目没有超过已购置的软件许可证明书数目。购置软件的升级版本时，旧版本可能需要按原购买合同决定是否予以弃用。购买新的计算机设备时，除特殊情况外必须购置已预装获得特许使用权软件的设备并取得有关的授权证书。未取得版权拥有人的明确批准，不得复制及更改软件。因合法用途须对软件做出备份的，不能侵犯版权。不得将内部使用的软件外带、传播、贩卖，不得将软件用于任何违法或非正当用途。

信息系统建设要考虑兼容国产软件应用，在保障信息系统安全高效运行的前提下，优先选择国产正版软件，促进软件正版化与网络安全相互支撑、融合发展。

软件购买宜采用集中统一采购原则。在采购软件前，应当遵循信息化投资计划编制的统一安排，提出当年软件正版化建设需求，由归口管理部门审核汇总，经审批后作为公司无形资产投资计划的组成部分。

在采购软件产品时，应当与经销商签订正版软件合同书，注明正版软件的种类、数量、授权许可和随机软件包，并按规定安装使用。软件使用过程中应加强保护，保持软件完整、可用，不受病毒侵害，应及时升级和排除故障。作废、更新或淘汰，须经归口管理部门批准，并按照公司无形资产相关管理规定处理。同时对软件资产台账里的软件和系统资产进行更新，并及时通知相关员工作废软件名称。

国资委每年会对中央企业软件正版化工作进行检查，因此企业应当重视正版软件的管理工作，包括对软件资产进行收集整理、分类归档，填写软件资产台账。软件资产台账详细登记全部软件备存情况。应当包括：软件的名称；主要应用范围；载体形式；版本号或序列号或软件的特征权证书编号及有效期；软件采购、配发或开发使用的时间和金额；软件开发、供应、配发的单位、联系人及联系方式；已安装有关软件的电脑的编号及电脑的所在地点。

央企应定期进行软件正版化自查工作，包括每年抽查操作系统、办公软件和杀毒软件的使用情况，对在自检自查中发现的问题，及时按照有关文件要求进行认真整改。

6.4.5 项目建设管理

信息系统项目建设与运维管理是信息化的一项重要工作内容，建设好项目、管理好项目、运维好系统是信息化内部管理工作围绕的核心。

信息系统运行维护包括系统的日常维护、巡检、状态监控、维修、用户操作技术支持等。信息化归口管理部门由于具有管理职能，且具备技术人才，所以应当负责信息系统统一建设和运行维护工作，保障信息系统安全稳定运行。

运维人员的工作职责：进行信息系统的日常运行和维护管理，实时监控系统运行状态，保证系统各类运行指标符合相关规定。迅速而准确地定位和排除各类故障，保证信息系统正常运行，确保所承载的各类应用和业务正常；进行系统安全管理，保证信息系统的运行安全、网络安全、数据信息安全。负责系统运维平台使用指南编制与相关培训，对用户反映的问题进行沟通解决。制定系统软件与硬件操作规程、应用管理制度，并负责监督执行。

1）环境管理方面：应保证机房环境处于安全稳定状态。如将物理硬件设备托管在非本单位机房，应当履行好监管责任，定期监督检查，及时发现问题，并督促托管机房服务商抓紧整改。应制定机房管理规定，做好机房人员出入管理工作，监督来访人员的各项操作行为，严格保管机房进出凭证、机房图纸和设备清单等。应建立机房环境巡检机制，掌握物理硬件设备的运转情况，做到有问题早发现、早报告、早解决。

2）设备管理方面：对信息系统设备进行检修、更换、网络调整等操作时，应制定详细方案并经过充分论证，报审批准后执行。应编制信息系统的硬件和软件使用清单。内容包含设备型号、采购日期、相关技术参数、授权证书、维保期限等信息。信息系统硬件、软件设备发生变更时，应及时更新清单内容。含有存储介质的设备在报废或重用前，应进行完全清除或被安全覆盖，确保该设备上的敏感数据和授权软件无法被恢复重用。未经公司批准，禁止各公司将信息系统的硬件设备用于测试、开发等活动。运维人员应定期对信息系统的设备运行情况进行检查，并做好相关检查记录。对于运行状态不正常的设备，应及时报修处理。应建立外部运维人员的管理和监督机制。对外部运维人员的维修过程和服务过程进行全流程审批和监督。

3）系统管理方面：应制定信息系统的安全运行、漏洞修复和隐患排查的管理机制，定期开展安全测评等。信息系统应定期进行系统漏洞扫描，并保留漏洞扫描报告。信息系统服务器需安装防病毒和恶意代码防护程序，并升级病毒和恶意代码库。信息系统应制定相应配置和操作手册，并定期更新手册内容。信息系统应保留详细的运维操作日志，内容包括运行维护记录、参数设置和权限变更等内容。由特定部门审批信息系统的远程运维权限，远程运维操作过程应保留不可更改的审计日志，操作结束后应立即关闭接口或通道。运维人员应及时处理信息系统故障，并向航油公司报送信息系统故障处理报告，报告内容应包含故障类型、原因分析、处置过程、后续整改计划等。

4）账号管理方面：信息系统账号管理实行"统一管理，分级负责"的原则。应提交申请单，专门人员负责建立信息系统用户账号，账号权限的设置遵循最小权限原则。运维人员应定期对信息系统的访问权限进行核查，确认当前网络访问权限设置符合业务和管理上的需求，对于不符合的账号，应及时进行更正和调整。各公司负责本单位的账户安全，禁止向无关人员泄露账户信息，禁止与他人使用同一账号。各公司应对账户泄露导致的后果负责。信息系统账号密码设置应满足一定密码强度并定期修改，禁止使用弱口令或默认密码。信息系统用户离职、调动时，应由原使用单位报送企划发展部及时注销账号，由具有系统管理账号的运维人员操作注销。

5）驻场运维人员管理方面：驻场运维人员指由于信息系统运维需要，与公司签订运维服务合同，进驻各公司工作的外单位人员。驻场运维人员必须遵守公司的各项管理制度，履行运维服务合同中工作职责。应负责驻场运维人员的管理工作，监督驻场运维人员考勤，接收并汇报驻场运维人员的请假申请，驻场运维人员请假期间应有专人临时代替驻场。驻场运维人员应遵守相关保密规定并签订保密承诺书，严禁泄露相关工作信息与内部文件。运维服务合同执行完毕时，公司应按照约定的服务标准进行服务质量评估，并按照合同中的相应条款执行。

第 7 章

智慧航油的
数字化发展

PART 7

7.1　央企数字化转型的重要性

当人类站在以数字科技为引领的第四次科技革命的大门前时，科技是第一生产力的精准论断再次显示了它的强大力量，数字科技就像是科技创新的数字孪生，为人类社会的生产力发展注入了全新的动力。

大数据、云计算等技术作为数字时代的新型生产工具，极大提升了人类制造和加工数据的能力。区块链技术以其去中心化的理念，对生产关系产生了重大影响。而 AI 技术的不断成熟和日趋广泛的应用，更是首次创造了人类以外的全新劳动者。在数字科技大发展的时代，数字技术为我们创造了无与伦比的财富，也极大地提升了社会生产力，为第四次工业革命带来了可能。每一次科技革命带来的都是生产力的极大提升，以及旧生产关系的粉碎和新生产关系的重构。永远追求更高生产力是亘古不变的真理，生产力的升级就会带来生产关系的重构。企业无法满足生产力的发展，必然在产业格局的重新划分和调整中败亡。企业只有更全面和更彻底地数字化，实现企业生产力的进步，才能融入新时代的数字世界中，数字化转型已经成为企业生存发展的必由之路。

国务院《关于积极推进"互联网+"行动的指导意见》（国发〔2015〕40 号）中提出"到2025 年，网络化、智能化、服务化、协同化的'互联网+'产业生态体系基本完善，'互联网+'新经济形态初步形成，'互联网+'成为经济社会创新发展的重要驱动力量"。党的十九大提出的推动实体经济和数字经济融合发展。2020 年 3 月，中共中央政治局常务委员会召开会议提出，加快 5G 网络、数据中心等新型基础设施建设进度。2020 年 4 月9 日，《中共中央、国务院关于构建更加完善的要素市场化配置体制机制的意见》对外公布，数据已经成为与土地、劳动力、资本、技术并列的第五类生产要素，围绕数据产生的科技创新为人类社会的生产力和生产关系带来了影响深远的巨大变革。2020 年 8 月，国资委发布了《关于加快推进国有企业数字化转型工作的通知》，明确国有企业数字化转型工作的重要意义、主要任务和保障措施，并将其作为国资央企改革发展的重点任务。

我国经济步入高质量发展阶段，数字化会全要素、全方位、全领域地影响国家经济发展。而聚焦于微观，企业在"新时代"应该如何实现高质量发展？尤其是央企，作为国有资本的经营者，如何在国内外经济发展浪潮中发挥更大作用，更好承担央企的经济责任和社会责任？

数字化时代下的新技术深刻改变了企业微观主体经济行为，对企业经营发挥了极大的促进作用，积极带动了企业转型升级，成为企业重要发展新动能。更加高效地运用信息技术，成为企业具有强大竞争力的重要标志。

数字化转型将推动央企内部革新，降低生产运营成本，提升决策精准程度和智能化水平，提高资源配置效率，使企业更加敏捷高效。数字化转型将重构行业组织形式，使各类商业和生产活动的网络化组织成为可能，央企以雄厚的资本、优秀的管理、高端的人才为基础完成数字化转型后，将在全新的网络化组织中引领行业转型升级。数字化转型将催生新的业务模式和产业，央企通过数字化转型形成智能化生产、网络化协同、个性化定制、服务化延伸的新能力，将从传统优势行业向新行业辐射，为我国其他行业数字化输出丰富经验，最终实现经济效率提升和经济结构优化。

7.2 数字化转型方法论

战略管理是企业管理工作中的一项重要管理职责。企业家需要为企业选定明确的战略目标，通过这个目标企业得以凝聚人心，并组织员工齐心协力，努力实现目标。企业数字化顶层设计必然要依托企业战略规划实施，以支撑企业战略目标的实现。

中央企业作为各行业领域的"航空母舰"，谋定而后动是基本的行动准则。央企实施数字化转型，进行数字化转型顶层设计需要卓越的方法论进行支撑。

"方法，没有最好，只有最适合。"所以，我们需要方法论来认识数字化转型，实施数字化转型。究竟什么是方法论？从实践的角度来讲：任何一种方法的有效应用都需要确定的条件，方法论是做法背后的逻辑与工具，是一种以解决问题为目标的理论体系或系统，包含对问题阶段、任务、工具、方法技巧的论述。

国务院国资委在 2020 年 8 月印发了《关于加快推进国有企业数字化转型工作的通知》（以下简称《通知》）。该《通知》对数字化转型的重要意义、工作方向、重点领域和保障措施都有高屋建瓴的指导，可以作为央企数字化转型顶层设计的方法论基础。

《通知》中有三项重要论述，央企应当深入学习领会并积极研究落实，进一步强化数据驱动、集成创新、合作共赢等数字化转型理念。

第一，夯实四个数字化转型基础。以两化融合管理体系为标准，推进质量管理、信息安全、职业健康管理等多体系的融合应用；以数据中台、业务中台等为基础的数字技术赋能平台，内网与互联网互联互通的综合网络体系，优化布局的数据中心为核心，建设数字化转型赋能基础设施；以提升数据洞察能力为目标，以完善的数据治理体系为基础，以覆盖全业务链条的数据采集、传输和汇聚体系为前提，建设大数据平台；建设综合平台、系统、数据等安全管理的态势感知平台，确保数字化转型行稳致远。

第二，加快四个方向转型创新。从产品和服务角度，推动产品和服务策划、实施、优化全生命周期数字化改造。从生产运营角度，实现作业现场全要素、全过程自动感知、实时分析和自适应优化决策。从服务用户角度，动态采集产品使用和服务过程数据，建设数字营销网络和敏捷响应的用户服务体系。从生态角度，建设产业链数字化生态协同平台，构建跨界融合的数字化产业生态。

第三，统筹六项实施策略。以顶层设计为出发点，加快制定企业数字化转型专项规划和数字化转型方案；领导靠前指挥，实行数字化转型一把手负责制；推动组织变革，建立跨部门联合实施团队；建立数字化转型专项资金投入机制；加快培育数字化人才队伍；定期开展数字化转型诊断评估、数据治理能力成熟度评估和网络安全检测评估，持续检测企业数字化转型水平。

在《通知》中，明确提到"两化融合管理体系"和"工业互联网体系架构"，这两部分内容也必然是数字化转型方法论建立的重要依据。

7.2.1 两化融合管理体系

"两化融合"指的是信息化和工业化融合，是在数字化、网络化、智能化高速发展的大趋势下，使用新技术、新方法、新理念与传统工业深度融合，达到优化管理过程、转变发展方式、实现产业升级和高质量发展的新型工业化进程。

通过总结提炼推动工业化向信息化演进的新管理规律、管理方法和管理机制，形成一套两化融合管理体系标准，覆盖了组织的全部活动，可引导组织强化变革管理、规范两化融合过程。两化融合管理体系系列标准（GB/T 23000系列）包括基础和术语、要求、实施指南、评估规范、审核指南等。

其中《信息化和工业化融合管理体系要求》（GB/T 23001—2017）（以下简称《要求》）包含了7大方面、29个子项的详细要求，对于目标打造信息化环境下的新型能力的企业有较高的指导作用。

从可持续竞争优势开始，《要求》强调了要通过识别组织内外环境，确定可持续竞争优势的需求。

在领导作用中，《要求》提到了两类角色，一是最高领导者及其相关作用。二是管理者代表，他是最高管理者授权下的两化融合直接负责人。在《要求》中明确地区分了两类角色的职责分工，这对于两化融合工作的决策、实施和保障都有重要作用。

策划在管理体系中具有重要作用，从确定的可持续竞争优势需求，形成关键指标，进而输出技术实现的需求和业务流程与组织结构优化的需求。尤其要注意到，两化融合不仅仅是技术的、IT的能力建设，更是组织结构的进化。

需要的支持共有五个方面，包括资金投入、人才保障、设备设施、信息资源和信息安全。这些支持条件不但包含内部资源，也包含外部资源，组织要在实施两化融合的过程中不断改善各项支持条件。

在实施与运行过程中，组织需要同时关注业务流程与组织结构优化、技术实现和数据开发利用三个方面，并对三个方面不断进行匹配性调整。当三个方面可以最终规范化、制度化后，组织应当进行运行控制以确保相关规范和制度得以严格执行。

评测是确保实施与运行过程正确的过程，组织应依据GB/T 23020—2017对实施的过程进行评估与诊断，并建立相应的考核指标和考核制度，并纳入绩效考核体系。

改进需要持续进行，对于不符合和潜在不符合项应当采取纠正措施和预防措施。同时，组织应当持续地关注不断变化的内外部环境，调整需求、方案和计划，并监视与测量所有实施与运行过程，确保组织切实地获得可持续竞争优势。

两化融合管理体系是一套关注企业管理、组织、技术全方位的、闭环的体系，有利于企业在实施信息化创新的过程中作为评测标准使用。

7.2.2 工业互联网体系架构

2020年4月工业互联网产业联盟发布了《工业互联网体系架构（版本2.0）》，这是一个在工业和信息化部指导下由 20 余家企业参与编写的体系架构。从 1.0 版本开始，通过几年来的推广与实践，2.0 版本包含了大量的探索实践经验总结。对于指导需要数字化转型的工业企业具有较好的引导和参考意义。

《工业互联网体系架构(版本 2.0)》以一份报告的形式呈现。报告主要分为八个部分。介绍了工业互联网的内涵与意义，定位与作用，设计方法论和总体框架，产业、商业、应用、能力四个层次的业务视图，网络、平台、安全三大体系的功能架构，网络、标识、平台、安全四个层次的实施框架，工业互联网依赖的技术体系和在垂直行业的应用实践。工业互联网体系架构向企业提供了一套由"业务需求、功能定义、实施部署"构成的方法论，使企业能够从战略层面明确数字化转型的核心方向和路径。

1. 设计方法论

工业互联网体系架构本身是一套方法论，同时它的设计又借鉴了国内外很多优秀的方法论。包括主流架构设计方法，如 ISO/IEC/IEEE 42010 为代表的系统与软件工程架构方法论和以开放组体系结构框架(TOGAF)等企业架构方法论；工业互联网相关架构，如以工业互联网参考架构(IIRA)为代表的软件架构，以工业 4.0 架构(RAMI 4.0)和工业价值链参考架构(IVRA)为代表的工业架构，以及以物联网参考架构(ISO/IEC 30141)为代表的通信架构。

以上这些体系架构和方法论均是主流的设计方法论和参考架构。例如：TOGAF 架构是企业架构方法中最主流的，可以灵活、高效地构建企业 IT 架构，德国 SAP、美国 IBM、HP、Oracle 等公司都在推动。工业 4.0 参考架构模型(RAMI4.0, Reference Architecture Model Industrie 4.0)是德国对工业 4.0 所进行的全局式的思考，从产品生命周期/价值链、层级和架构等级三个维度，分别对工业 4.0 进行多角度描述的一个框架模型。

工业互联网体系架构 2.0 以上述研究成果为基础，建立了完善的体系架构，是企业数字化转型极具价值的参考依据。

2. 总体架构

工业互联网体系架构 2.0 的总体框架包括三大板块：业务视图、功能架构、实施框架。

业务视图和实施框架对技术体系提出需求，技术体系对上述三大板块提供支撑。

3. 业务视图

业务视图细分为 4 个层次：产业层、商业层、应用层、能力层。产业层定位于企业所处产业的宏观视角。另 3 个层次则是企业数字化转型的微观视角。

在产业层，工业互联网体系架构 2.0 提出了构建全要素、全产业链、全价值链、全面连接的新基础，这是实现工业数字化转型与经济高质量发展的关键。

商业层体现了企业愿景、理念、战略、目标与数字化转型的联系。工业互联网体系架构 2.0 也提出了 3 项企业通过工业互联网努力的方向：提升价值、创新模式和降低成本。

应用层明确了工业互联网赋能企业产品链、价值链、资产链的重点领域和具体场景。

能力层则体现了企业实现应用场景所需的数字化能力。

4. 功能架构

"工业互联网的核心功能原理是基于数据驱动的物理系统与数字空间全面互联与深度协同，以及在此过程中的智能分析与决策优化。"（工业互联网体系架构2.0）

数据驱动的意义体现在3个层次，即感知控制、数字模型和决策优化。感知控制贴近物理资产，是数据采集和执行控制的层次。数字模型是将物理资产转化为数字资产的层次，它的作用是承上启下，通过建模技术实现物理资产在数字世界里的集成与管理。决策优化则贴近业务应用，是供人使用的，聚焦数据挖掘分析与价值转化。

5. 实施框架

实施框架是在操作层面实现功能架构相关要求的实施方法和路径。工业互联网体系架构2.0将实施层级划分为横向的4个层次：设备、边缘、企业、产业；又按照实施系统划分为纵向的4个条线：网络、标识、平台、安全。

通过横纵结合的方式，描绘了每个实施层级、具体实施系统所需要完成实施工作。同时，四大系统又不是孤立的，它们在每个层级互相打通、深度集成，通过要素联动优化实现全局部署和纵横联动。

工业互联网体系架构2.0是一套十分完善的工业企业架构数字化转型能力的方法论，具备相当大的参考价值和可操作性。工业企业尤其是制造业企业，完全可以将其作为自身数字化转型的基本方法论，对于工业互联网的应用和实施落地具有较好的引领指导作用。

7.2.3　华为公司数字化转型方法论

华为公司在大量的数字化转型实践中，逐渐摸索、积累了一套应用数字化技术实现业务成功的战略框架与战术工具集，通过总结提炼其中具有通用性和普适性的关键点与要素，形成了一套简单、可操作的方法，就是华为"1234"数字化转型方法：

坚持1个整体战略：数字化转型整体战略，进行全局谋划。

创造2个保障条件：机制转型，文化转型。

贯彻3个核心原则：战略与执行统筹，业务与技术双轮驱动，自主与合作并重。

推进4个关键行动：顶层设计，平台赋能，业务落地，持续迭代。

华为的数字化转型方法论相当凝练且易于理解，本书挑选部分内容进行讨论。

华为同样将战略放在数字化转型的首位，强调数字化转型应当作为组织级战略的重要组成部分。并且明确数字化转型应当有自己的愿景、使命、定位和目标。

华为明确认为数字化转型实际上是业务的转型升级，而业务与技术双轮驱动的意义在于，新技术可以为业务带来巨大的提升潜力，并建议企业应该在新技术的探索上进行适度的超前投入。

支撑数字化转型的赋能平台是实施的核心。根据业务场景确定应用功能；通过提取共性功能，形成数字化服务接口。

7.2.4 阿里云新一代数字化转型

阿里云是阿里巴巴集团的技术赋能平台，同时它也以自己的实践积累向外部企业输出数字化能力，面对数字化转型浪潮，阿里云同样提出了自己独到的见解。

阿里云同样将战略放在首位，它将企业数字化转型分为"数字化重构"和"数字化增长"两类，它们对应不同的商业战略和数字化战略。数字化重构重视创新商业模式，由此引来的技术更加重视平台承载能力和上下游协同能力。数字化增长则是以解决局部问题为切入点，进行现有业务的创新，由此需要的技术更加侧重数据采集、共享和分析。

阿里云提出了"数字化成熟度"评估模型，从网络协同力和数据应用力两个维度，将企业数字化成熟度分为 5 个阶段。企业可以通过这个自评找准自身定位，分析差距，确定努力方向。

数字化转型实施的核心成功因素是阿里云实践总结的成果。这些成功的关键因素有 4 项：领导力、敏捷组织、数据为中心的决策流程、开放的云上架构。

7.2.5 京东大中型国有企业数字化转型方法论

京东公司提出了数字化转型五化方法论，以企业核心价值链为主轴，分为基础设施数字化、产品与生产数字化、供应链数字化、运营与渠道数字化、用户数字化五个层次；同时还提出了 12 项战略协同保障要素，包括品牌、商品、制造、渠道、营销、零售、服务、物流、金融、组织与文化、技术、战略与变革领导力。以上所有要素有机结合以达到产品领先、卓越运营和亲近客户的战略目标。

京东还提出了 8 个环节的数字化转型实施过程，包括诊断、目标确定、标杆与方法选择、试点实施、效果评估、优化、推广、推迟重启。战略选择和实施方法如果得当，一次成功的数字化转型工作在 10 个月左右可以具备大规模推广的条件。

京东作为电商平台公司，还独立运营了专业的物流公司，所以在描述方法论的时候，对供应链数字化转型进行了详细的阐述，无论是否拥有物流公司，这些宝贵经验对于实体经济企业都有相当大的参考价值。

7.2.6 数字化转型诊断

"以史为镜，可以知兴替；以人为镜，可以明得失。"企业数字化转型"往哪儿走""做什么""怎么做"和"结果如何"，是每一个企业在实施数字化转型全过程中都希望获得的具体答案。

运用数字化转型服务平台（http：//gq. dlttx. com），开展诊断对标，是国资委《关于加快推进国有企业数字化转型工作的通知》中明确提出的要求。

该服务平台运行维护了一套数字化转型诊断体系，将企业数字化转型分为初始级、单元级、流程级、网络级和生态级五个发展阶段，共 140 多个采集指标，全方位、多维度评价企业数字化转型发展情况。是系统性水平评价和现状诊断的方法体系，可以为企业科学评判转型水平和成效、精准把脉问题差距提供有效抓手。

7.2.7　方法论的选择

中国航油作为商贸流通类企业，与传统意义上的工业企业以及制造业企业并不同，所以在选择和确定数字化转型方法论时，需要依据企业类型的独特性，做出个性化选择。

作为央企应当以《关于加快推进国有企业数字化转型工作的通知》为行动准则，以企业战略规划为数字化发展方向，以工业互联网架构 2.0 作为数字化转型方法论的基础，以数字化转型诊断为评估依据，适度参考各大数字化服务提供商的转型方法论，确保企业数字化转型落地生效。

7.3　愿景、使命与目标

在工业互联网体系架构 2.0 中，商业层视图是阐述企业数字化转型愿景、使命与目标的过程，商业层视图是以总裁 CEO 为目标，向其呈现最高、最核心和最具战略性的视角，来描绘数字化转型的驱动力。企业为了在经营压力中保持可持续竞争优势，需要全面深入分析产业运行特性，在此基础上形成最具战略意义的愿景、使命与目标。

7.3.1　与战略结合的数字化转型愿景

信息化时代，信息化规划会作为独立的规划或企业战略规划的子规划呈现。在这一时期，信息化是企业生产经营和创新发展的辅助手段。进入数字化时代，企业战略规划中应将数字化转型作为主要内容之一呈现，换言之数字化转型规划应当是企业战略规划的一部分。

需求是信息化时代，开发信息化项目的源头和主旋律。数字化时代同样以需求为切入点，但是此时的需求站在了更高的起点，它已经不仅仅体现一个信息化项目的需求，或者是企业某一项工作、某一项业务的需求，而是与企业的战略息息相关。此时需求也就被赋予更高层次的意义，那就是数字化转型愿景。

数字化转型愿景的生成关键在于战略判断。需求是公司数字化转型发展的重要奠基工程，是数字化建设的源头和牵引力，是在高不确定性社会总环境下企业通过数字化实现确定战略目标的根本保证。数字化转型愿景的生成是以战略为指导，采用系统科学理论、体系化工程等方法论，提出需求而进行的一系列研究与评估工作。

从愿景生成具体需求的过程中，首先以国家战略、行业战略、公司战略等战略文件为指导方针，从战略环境分析机遇与威胁，设定战略数字化目标，从宏观上回答"建设什么"；其次基于战略中设定的目标以及相应的环境分析，生成面向未来的实施理念，构建关键业务场景，即从中观上回答"怎么建设"。最后以发展相应能力为目标，通过构建发展任务与能力指标，生成需求，即从微观上回答"用什么建设"。通过这种自顶向下的需求生成模式，确定基于能力和需求的评估方法。

以工业互联网体系架构2.0为出发点，其中商业层的第一项要素正是数字化转型愿景——构建数字化转型中的竞争优势。而商业层的愿景则来自产业层的要求，描述为企业在产业中生存、发展的根本需求。

一家企业其商业性的一面必然是股东利益的维护者和实现者，也就是实现长期股东价值。同时，作为一家央企必然还有社会责任和长期发展战略。对于商贸流通类企业占有更多的市场份额、提供优质服务、确保流通过程的安全是战略愿景。

基于这些战略愿景，通过数字化转型获得股东价值、市场份额、客户服务、流通安全的可持续竞争优势，就是数字化转型的愿景。

7.3.2 愿景下的战略方向

工业互联网体系架构2.0中提出了三个明确的工业互联网战略方向，即提升价值、创新模式和降低成本。

提升价值在于更好的客户服务和更高附加值的产品与服务。从愿景延伸，流通过程的安全性是此类企业向客户提供的重要价值。更优质的客户服务，则可以体现在服务及时性、服务方式等要素。

降低成本体现在提高生产效率、优化库存、降低人员及设备成本、减少不合格产品和服务方面。

股东对企业的要求是长期、高水平的利润，降低成本是一方面，更重要的是开源，增加市场份额是不二法门。

创新模式对于任何企业都是极致的追求，创造新的业务模式和收入来源是企业长久生存的基础，也是长期股东价值的实现方式。对于商贸流通类企业，其掌握着全产业链最全面的数据，因此比较现实的做法是实现生产、服务与信贷、保险、物流等其他领域的创新融合，释放数据价值红利。

7.3.3 战术目标细分

在确定战略方向后，应当进一步将新战略方向细分为明确的战术目标。商贸流通类企业的战术目标，可以从以下几个方面落实：

1）供应链全面优化，提升流通效率，增强资源掌控和优化配置能力。

2）建立现代物流配送体系，区域资源共享和统一调度，合理降低吨油费用，努力实现系统运费最小化。

3）加强库存管理，加强价格走势研判，智慧预测采购时机，合理调整库存结构，完善和提升"滚动库存"管理水平，减少库存对资金的占压。

4）科学预测需求，统筹优化供应侧产能；优化供应网络和需求侧供应方案，拓展服务业务。

5）用能预算管理，能耗动态监测与统计、分析与预警、控制与优化，有效降低万元增加值能耗。系统核算各项装备成本收益情况，强化设施设备采购、运行、维护、检修、报废的全生命周期管理，提高设施设备完好率。

6）加强精益化管理，提升各类生产运营资源使用效率，降低中间成本。

7）打造产业生态圈，主动构建、优化与产业链相关组织、伙伴的关系，掌握合作共赢的主动权。

7.4 业务场景

在信息化时代，信息系统建设成功的关键要素是需求描述的准确性，而难点就在于如何将业务管理人员提出的业务需求，转化为信息系统建设的要求。这就产生了一类专业人员：系统分析师，他们依靠自己的专业知识和业务经验，在技术人员和业务人员之间架起一座沟通的桥梁。

在工业互联网体系架构 2.0 中引入了应用层，该层是对战术目标的进一步挖掘和细化，形成了企业在数字化转型中需要赋能的重点业务场景。同时，这些业务场景并非割裂的，而是在产品链、价值链、资产链这三个工业企业最为关心的核心链条下的有机整体。所以数字化转型工作人员在为企业设计转型方案时，必须注意业务场景之间的联系，只有有机关联的业务场景才是完整的、动态的、可优化的，才能帮助企业在面对高不确定性未来时，保持可持续竞争优势。

作为商贸流通类企业可以参考工业互联网体系架构 2.0 中相关的研究成果，但是很显然工业企业关注的重点和商贸流通类企业具有很大不同。商贸流通类企业并不制造任何产品，所以没有产品链的概念，价值链的组成也缺少制造的环节。所以商贸流通类企业需要重新组织应用层的核心业务链，在此基础上再进行业务场景的构建。

7.4.1 核心业务链

核心业务链是企业在价值实现、服务提供和社会竞争中长期积累下的经营链条，是企业现行商业模式的实际体现。数字化转型在于赋能传统业务链条，对原有行业模式进行优化、升级甚至重构。

1. 供应链

工业企业价值增值的过程是将制造的产品销售出去，而商贸流通类企业价值增值的过程是向用户提供服务。这种服务也许同样包含某类商品，但这类商品并非由企业生产制造或者是组装，而是由企业采购，并经物流，最终送至用户手中。

供应链是一个内涵十分丰富的概念，最主要的是"四流合一"理念，四流分别指：商流、物流、资金流和信息流。商流是整个商业活动的牵引力，它以客户的需求拉动，产生了客户订单和采购订单；物流是物理世界商品位置的实际变换，即从供应商到企业仓库，再到用户的过程；资金流和物流是相反的，是供应链上各企业间权利义务的呈现；信息流则是和上述三流融合一体的支撑条件。

供应链本身体现了物理世界和虚拟世界之间的融合，而这个融合的从库存切入是一个比较合适的关键点。

采购增加库存、销售减少库存，这是商流上的概念，体现的是账面库存的变化。

有商流就会产生物流，物流也会影响库存，向仓库运入商品增加库存，从仓库运出商品减少库存，体现的是实际库存的变化。

物理世界和虚拟世界在库存这个环节形成了融合统一。库存是商贸流通类企业核心要素。对于从事该工作的央企，很可能会有保供的社会责任，所以保持合理库存是经营重点。况且央企一般经营涉及国计民生的行业，大宗货物很可能是主要商品，又会面对期货市场的挑战。所以在很多时候"零库存"并不是永远正确的选择，如何灵活地调整采购和销售策略，将商品的销售价格控制在合理区间，是央企稳定市场、保证供应安全的研究重点。

2. 设施设备链

商贸流通类企业的资产主要有两大类，第一类是设施设备类，例如仓库、储罐、楼宇、管道、机柜、阀门、仪表等。第二类是移动设备类，由于商贸流通类企业一般都有物流服务，因此各类运输工具也是企业的重要资产。

设施设备链的作用是依靠工业互联网将以往孤立的设施设备和生产工具联网成片。它和物流强相关，物流的基础正是这个链条上的一个个设施设备，企业依靠这些设施设备将商品送到用户手中。

3. 时间轴

时间轴会洞穿供应链和设施设备链，两链一轴形成了一套三维坐标体系。当时间和另外两个链条融为一体就产生了奇妙的变化，信息变得更加完整、丰富、立体。

（1）时间轴和设施设备链融合，就产生了全生命周期的概念

规划设计：全生命周期管理必然是从规划设计阶段就开始的。对于设备类资产也同样有采购计划。

采购/建造：大型固定资产涉及建造，而车辆、仪表等设备则需要采购。

运行维护：资产在运行阶段，需要加强维护管理，所以运行维护是资产链中时间跨度最长的一个环节。

退役报废：退役报废代表资产的终结，其中有比较特殊的一种情况是企业经营的变化，一些还在运行期的设施设备突然面临"退役"。

（2）供应链和时间融合

供应链和时间融合则产生了供应链计划、供应链周期时间等概念。

供应链周期时间是指从供应链探测到顾客需求和收到顾客订单始，然后把原材料转化为产品/服务，直至把产品/服务交付给顾客整个过程的总时间。

供应链计划为供需平衡、保障供应平稳、协同有序，提供历史视角和前景规划。

7.4.2 核心业务场景

在"细分的战术目标"章节中，我们获得了用于商贸流通类企业数字化转型的具体目标，这些企业对高质量发展和美好未来的向往，同企业核心业务链相融合，必然使企业呈现出新的面貌。

核心业务场景由战术目标和核心业务链融合而来，之所以称为核心有两方面的意义：

1）核心业务场景是数字化转型的最强牵引力，抓住重点问题和核心问题优先解决，确保数字化转型始终保持动力。

2）核心就在于独立与凝练，每一个核心业务场景必须达到高内聚的要求，必须与其他业务场景低耦合协同。一个核心业务场景实现一个核心业务需求，提升一项核心竞争能力，获得一份核心经营收益。

7.4.3 加油车自动化

加油车是一线生产工具，是为航空器加注燃料所需的终端装备。加油员在机坪内独立驾驶加油车和为航空器提供加注服务，围绕加油车可以形成一项独立的核心业务场景。

1）辅助驾驶：飞行器的安全是场内保障第一要务、机场内各类保障车辆众多、机场内各类安全要求繁杂、机场内噪声极大、冬天极寒夏天极热，以上各项要素都对加油员提出了很高的要求，且导致加油员身体负荷大、工作压力极大。车辆半球区域避碰、车道保持、限速提醒、依据导航路线自动转向等，都是降低加油员劳动强度、提升作业效率，加大安全保障的重要手段。

2）加油自动化：加油车能够根据航班预加油量要求自动停止加油，并避免由于突然关闭加油而产生的水击现象。

3）能耗监测：全面监测加油车行驶能耗和电能消耗，记录、对比加油员能耗水平。

4）加油车全生命周期管理：加油车作为重要的生产工具需要从采购开始管理加油车全生命周期。一辆加油车包含两个部分：第一部分为车辆本身，通过车辆 CAN 总线和 OBD 接口读取车载监控系统的数据，了解车辆的各种工况；第二部分为车辆加装的特殊设备，这类设备包含加油设备，信息化相关设备。

5）通信：加油车作为移动装备，所有与外界的信息交互自然需要移动网络，除了使用 4G/5G 网络外，为了解决部分机位无移动信号的问题，可以采取北斗短报文的方式，传递小流量高价值信息，填补通信手段的空白。

7.4.4 加油车智能调度

加油车是机场内专用地面保障设备，在机场内需严格按照机场地面车辆行驶要求运行，且大型机场面积大、停机位多、航班和各类保障车辆众多、场内环境复杂，调度员工作压力很大。为了有效改善这种工作状况，引入加油车智能调度。

1）干线机场智能调度：智能调度场景存在于干线机场。依靠机场 GIS 系统，实现机场场面运行情况所见即所得。加油车自动化信息应实时同步至智能调度系统，方便综合所有车辆运行状况，支撑系统做出平衡、动态、持续优化的调度决策。智能调度需实现优于人员调度的水平，即智能调度所需加油车应少于调度员，且场面总加油车运行时长应达到最小。在此基础上，提供人在回路中的随时介入能力，确保系统灵活性。

2）加油车采购数量规划：体现加油车全生命周期管理能力。即提供一种能力，保证在机场规划阶段，提出加油车采购数量的优化建议，在规划阶段就将加油车纳入可控管理。

3）加油员管理：加油员同样是调度资源和制约条件，智能调度过程中需要综合考虑加油员的连续工作时长、经验、身体状况等，促使智能调度能基于更多、更细致的信息做出正确决策。

4）与机场对接：智能调度系统应接入机场本地航班运行信息。对于调度最紧要的信息是航班的停机位信息，该信息机场最为准确。

5）对外提供数据服务：智能调度系统内有大量极有价值的数据，对于外部单位极其重要。对于机场，加油车达到时间是其场面控制和多主体协调的关键信息。对于航空公司，加油车是否派出，以及预计到达时间都是很有必要的共享信息，因为航班到达后会呼叫加油车，由于机组无法获得加油车的情况，所以机组会占用频率持续呼叫，既增加了沟通成本，也增加了场面协调难度，有了此项数据并能实时更新，极大减少对讲沟通次数。

7.4.5 管控一体化

油库自控系统是油库众多信息化系统中的一项，但却是最重要的一项，因为油库自控系统单独实现油库收油和发油。

1）自动生成控制流程：现场的多种生产作业设备形成自动化控制网络，提升油库生产作业的工业化和自动化水平；利用各类软硬件信息技术深度集成油库现场生产业务，实现各种控制指令下，油罐自动选择、流程自动生成、阀门自动开闭。

2）标准化自控系统：自控系统是油库核心生产系统，通过设备统一采购选型、统一建设标准、统一系统功能、统一操作流程，为优化生产流程、提高企业生产技术水平、降低培训难度、提高工作效率、增强生产安全提供有效手段。在远期效益，通过建立统一供应商，提供优质的服务，在自控系统的升级维护、技术创新推广等方面提供有力保障，实现企业降低维护成本、消除自控系统带来的安全隐患、保障生产安全运行的目的。

3）自控设备状态跟踪：记录所有油罐、阀门、油泵、变频器等的使用时间，交替启动各设备，实现设备损耗的平衡。生产实时数据监控，实现对生产过程记录、统计和分析，及时发现生产中的问题，规范生产作业过程，降低生产能耗、稳步提升生产作业水平；有了大量生产实时数据做支撑，结合现代化的设备管理方法、导入设备的维保策略，全面跟踪设备运行状态、大幅提升设备安全性和可靠性。

4）与经营管理系统融合：根据同步采购、发油、倒罐计划制定生产计划，配置作业流程指令，实现经营管理与自动控制系统的一体化贯通。在运营层面，推进作业合同、结算收费、物资采购和库存管理的信息化，借助全面预算管理，全面监控企业运营风险、控制企业运营成本、保障运营目标的实现。

5）对外提供数据服务：液位数据是保供管理部门需要的重要数据，需要从自控系统输出。因此，自控系统需对外做好网络安全防护，防止核心生产系统受到网络安全攻击。

7.4.6 物流管理

物流方式有汽车、火车、轮船、管道 4 种方式，经过干线物流运抵中间储备库或机场油库，从中间储备库或干线机场可以向周围支线机场和通航机场辐射。

1）物流全程感知：对物流过程中的运输工具进行全面感知，包括汽车位置信息、火车计划、轮船位置、管道流量、港口工作状况等。

2）区域物流动态：综合炼厂和物流信息，形成完整、实时、直观的区域物流动态。

7.4.7 加注与结算

销售是企业经营获利的根本办法。在经过物流将炼厂的航空煤油配送至飞机附近，通过附加加注服务油料获得了增值，加注进入了飞机。航空煤油销售为 B2B 模式，对方为经济规模庞大的民航公司，大多采用赊销的模式支付油款，对于油料公司产生极大资金压力。但是中国航油长期无法实时获得一线加注信息，一直采用多联纸质单据手开油单的模式。此模式下油单最快只能实现以日为单位的归结，而真正核对完毕并经航空公司确认则以月计。此种模式也是困扰 B2B 商业模式企业的主要痛点。

1. 电子加油单

油单是航油结算的凭证，油单填写错误很可能导致客户暂停付款，延长结算周期。在系统上线前，油单由加油员手写开具，再由统计或调度人员录入 ERP 系统，工作人员强度高、压力大。

通过自动获得流量计加油量数据，并自动打印加油单，同时实时生成电子加油单。油单差错率几乎为零，无须询问和手写，对讲仅作应急使用，加油员劳动强度大幅下降。且电子加油单形成结构化数据，直接进入信息化系统，可以被灵活传输、任意保存、多方共享，公司信息化水平呈现翻天覆地的变化。

2. 实时结算

B2B 企业由于每单结算金额较大，且需求方对销售单据会有复杂的确认流程，所以实时结算对于此类交易几乎只是一种美好的愿望。销售收入的结算对于供给侧企业同样是重要的工作，大量销售单据汇聚形成的巨大工作量，传统模式下需要大量工作人员日复一日地处理。

在电子油单助推下，结算单据直接汇聚至结算系统，每一张油单按照预先设计好的结算流程自动进行结算。这一套流程对传统销售结算的模式形成了颠覆性的变革，对释放劳动力起到巨大作用。

7.4.8 采购与库存

库存牵引采购，因此两个业务过程合并成一个核心业务场景去处理，符合高内聚、低耦合的要求。

1）销售量预测：按照安全保供库存、短期销售量预测、航空公司订单，可以预测销售量。

2）采购牵引：结合现有库存、在途库存和销售量预测，确定采购计划，实现对供应侧的需求牵引。

3）结算支付：对应付费用和应付账单进行自动账务处理。

4）物流和仓储布局规划：通过库存、销售量、采购计划对仓储布局和区域物流体系进行规划。

5）对外接口：同炼厂销售系统对接，直接向炼厂发出采购订单。同自控系统液位对接，减轻盘库压力，促进账实相符。

7.4.9 油价预测

燃油是大宗货物，受期货市场影响巨大。因此，预测油价是保证公司收益的重要工作。

1）外部数据：准确预测油价需要获得大量数据，包括国际原油指数等。

2）模型：建立油价预测模型并在系统中呈现。通过模型预测油价，并对采购提出预警。

7.4.10 库站管理

库站是中国航油管理的终端节点，库站管理水平的高低直接影响公司整体生产经营的效果，也将直接影响公司数字化转型的实际效果。库站管理主要目标是针对油库、航空加油站和供应站的业务场景，是平面型的应用场景，其业务功能应尽量涵盖库站的所有应用，以降低一线单位工作强度、提升效率为目标。它不同于最基础的生产系统，库站管理系统是管理系统的一部分。库站管理插上智能化的翅膀，必然带动整个中国航油从深层次开始数字化转型。

1. 库站生产全局监控

自控系统和加油车自动化系统是最基础的生产系统，必须保证运行的稳定性和安全性，所以这两个系统相对独立和封闭。它们的功能更贴近操作，人机交互界面也更简单，同时扩展性就会相对较差。

库站生产全局监控是全面集成库站生产的数据，包括自控、仪表感知、安防、能源供应等，形成一个系统、一个界面，实现数据的融合应用。再辅助以新型的 BIM、GIS、3D、VR 等技术优化显示系统，提升人机交互水平。同时，提供多种访问方法，可以为用户移动监控等提供支撑。

2. 安防管理

综合视频监控、围界报警、车牌识别、门禁、巡更、人员定位等安全防卫系统，形成库站安全防卫集中可视化管控。同时，实现各系统的联控联防，数据形成时空交集。增加智能安防系统，实现诸如人员行为智慧化判断等智能应用，提升报警的准确度。

3. 排班作业

作为一线生产单位，日常排班作业直接和人员工资挂钩，因此排班作业管理是一项重要的场景。排班作业功能能够根据人员在岗情况、连续工作时长、假期情况自动安排人员排班，且对于替班、倒休等有明确的记录。

4. 工具和零备件管理

工具和零备件是比较难以管理的，工具和大型设备相比本身价值较低、使用效率很高、一般采取随借随还的做法，没有固定的使用人员，损坏和遗失情况普遍发生。零备件一般使用情况较少，很容易疏于管理和维护，一旦出现紧急情况，有可能无法满足使用需求。

在库站一级设置工具和零备件管理功能，方便对这些小额工具和零备件进行管理。增加对标功能，将各库站的情况汇总至总部平台，通过对标手段，为小额工具和零备件的管理提供抓手。

5. 统计报表

"上面千条线，下面一根针"这是一线单位的工作状态，因为所有的数据都是从一线生产得出，所有一线单位会有填不完的表格。通过对各生产系统和电子台账的数据进行优化和组合存储，形成有关库站的综合统计报表，降低生产单位填表任务。

6. 对外服务

该场景以安防管理为核心，集成全部生产数据，既可以作为边缘系统，实现本级本地的数据预处理，又可以作为前置系统和总部及外部单位对接，将核心生产系统屏蔽在内，提升整体安全水平。

7. 共享需求

该场景对于从 BIM 和 GIS 获得场站的基本数据有业务需求。

7.4.11　智慧建造

基建是每个单位发展的重要工作，基建项目一般金额大、周期长、难度高、影响广。因此发展智慧建造场景是每个企业的重点需求。智慧建造并不仅仅局限于项目的建设阶段，它首先也应当是涉及项目全生命周期的，即从项目规划、可行性研究阶段就应当采取纳入智慧建造场景。智慧建造是连点成网的项目，将各个基建项目归集到一个统一的平台进行管理。

1）BIM 的引入：BIM 系统已经发展多年，在智慧建造场景中将深入和大面积使用。从规划和设计阶段，就开始使用 BIM 技术。对于 BIM 采取逐渐深入和细化的使用。并通过 BIM 形成三维场景，进而和 GIS 进行集成，实现现场的可视化管理。并为未来的运营提供数据和显示底座。

2）项目管理：实现各类基建项目的项目全过程管理，实现各类资料、档案的归集，形成知识管理。为各项目提供对标管理和过程管理，并在项目管理中引入过程审计，实现审计的全程介入，提升项目管理的水平和合规程度。

3）对接：智慧建造应当和财务系统进行对接，在项目执行过程中可以更方便地进行资金管理。还应当同设施设备管理系统对接，对设施的情况和设备的位置通过 BIM 系统进行可视化管理。

7.4.12 设施设备全生命周期管理

设施设备全生命周期管理指设施设备从规划、设计、建造、选型、安装、运行、维护、检修、更新、改造、报废等全生命过程的管理，其中不但包括设施设备的物质变化形态，还与设施设备相关的价值状态有关，价值状态的变化指设施设备购置投资、折旧、维修、报废等一系列经济管理，其出发点是从企业经济成本角度考虑，体现设备投资回报率。为了达到从经济性与可靠性综合管理的目的，需要实现一套完整的设施设备全生命周期管理应用场景。

设施设备全生命周期管理需要以资产的视角看待实物管理，在企业的行政结构下，以资产的归属单位为管理单元，以资产的使用单位为保障主体进行管理。

1）全周期档案管理：全面管理设施设备的静态信息，如名称、型号、厂家、使用部门、技术参数、设备图片、附属设备、合同信息、付款信息、备件信息、备件更换、检测校验、运行记录、隐患整改、点检信息、精度检测、定期保养、预防维修、故障维修、设备事故等。

2）全周期费用管理：从设施设备的资产角度全面记录设备的资产变化情况，如购置费用、建设费用、备件资材费用、润滑费用、检验检测费用、改造改善费用、维修费用、使用费用、事故损失费用、处理残值等全周期相关费用，并进一步与产能产值进行对比合理分析。

3）全周期信息监控管理：全周期在线监控，包括对设施设备采购进度、验收、隐患整改、检验检测、设备润滑、保养维修、备件库存等工作的处理前、处理中、处理后的各项工作进行监控提示，确保相关责任人及时关注、跟进与完成各项工作。

4）智能化应用：在上述 3 项应用场景的基础上，推进智能化应用服务，包括设施设备的远程运行监控，实现全国设施设备全要素感知和管控可达。通过从设备技术性与经济性两方面进行全方位记录，设备管理系统自动对该设备的可靠性、维修性、综合效率、完全有效生产率、故障率、事故率等，形成如万元产值维修费用比、综合成本投入产出比等资产绩效评估，为资产重置、维修成本控制、检修策略优化、备件策略优化等提供决策依据。

7.4.13 能耗管理

粗放式的管理方法和低层次的技术手段，无法有效地指导节能减排工作，导致出现能耗数据残缺不全、能耗管理成本过高、能耗评估机制缺乏、节能方案实施不力等诸多的问题难以解决。中国航油各生产单位主要能源消耗为电能和加油车消耗的汽油，能源管理主要实现以上两种能源消耗的监测和管理。

1）能耗在线监控：实时、全面、准确地采集电、油能耗数据，在线计量，并自动将耗能情况转换成碳排放。

2）实现能源计划：对实际能耗进行比较和分析，辅助公司建立能源模型及其供求平衡关系计划，为建立科学合理的节能降耗目标提供参考，实现能效基准管理和能源绩效管理。

3）能源预测与调度优化管理：在实时监控能耗和趋势变化的基础上，预测企业的能耗负荷，完善节能减排的评价指标与体系，辅助企业提前制定对策、不断优化节能方案和协调计划，以确保企业安全稳定地使用能源。对于异常能耗或设备故障，及时报警并进行远程处理和操作维护，不断提高节能效益，全面实现节能目标。

4）接口：能耗管理系统需要和自控系统、加油车自动化系统等对接，实现设备运行状态和能耗数据的融合。并和设施设备管理系统对接，实现设施设备全生命周期用能量的统计，监测设施设备全生命周期费用情况。

7.4.14 安健环管理

安健环管理是企业高质量发展的重要保障，围绕企业生产安全、职业健康、环保节能三项重要业务场景，以安全生产责任制为核心，通过对企业内部安全管理信息的全面收录，辅助企业建立安全生产标准化管理体系，实现隐患可视化、排查精细化、管理闭环化，提升企业安全生产管理水平和安全生产绩效，预防和减少事故的发生，赋能生产经营活动有序进行。

1）风险辨识分级管控：指导企业进行设备设施、作业活动的风险辨识与评价，进行风险分级。通过对危险因素的积累，逐步建立起企业安全风险辨识分级管控数据库，为企业提供数据支持。

2）隐患排查治理：能够自动生成和下发检查表，将任务与责任人自动绑定，自动推送、提醒，分工清楚，责任明确。隐患拍照可以直接绑定人员位置方便识别，并实现标准化整改流程，实时跟踪整改情况。

3）巡查轨迹：实现检查表和 BIM 的数据融合，通过在检查位设立 NFC 智能芯片或者张贴检查表二维码，自动在企业平面图中显示。

4）对接：安健环管理重点在一线生产单位生产过程的管理，应当和库站管理融合，实现档案、安全管理资料的统一管理，培训和考试的统一实现。并将人员定位、视频监控、巡更和安全管理进行全面融合，助力企业安全生产。

7.4.15 财务共享服务

对于业务高度标准、统一，总部财务能力较强，而各分子公司主要以生产、销售为主要业务，无复杂财务核算需求。为了降低人工成本、规范财务业务标准、提升工作效率，可以在企业总部设立财务共享服务中心。

1）财务流程标准化：财务共享服务是一种新型的管理模式，共享服务的本质是由信息网络技术推动的运营管理模式的变革与创新。在财务领域，它是基于统一的系统平台来实现的。建立一个好的平台需要统一的财务业务流程标准。

2）集中统一管理：通过财务共享服务，承载全部报账单，实现各类业务活动数据采集的起点。集中进行会计核算费用报销、集中管理资金结算、集中账户管理、集中资金支付等。

3）灵活服务：通过集中管理后，总部能力进一步加强，可以对各公司提供服务能力，可以实现采集原始单据影像，并进行归档管理；实现绩效管理，形成各类个性化报表。

4）对接：财务共享服务场景应当和采购与库存、加注与结算、智慧建造等进行融合，实现业财一体化。

7.4.16 供应链金融

民航业是一个脆弱的行业，近年来受到新冠肺炎疫情的冲击，行业整体亏损严重；民航业是一个重资产行业，机场、客机都需要投入大量资金去建设和运营；民航业是一个高运营成本的行业，一次航班如果上座率不高，就会面临严重亏损；民航业也是一个重视服务的行业，在一个封闭的空间，进行一次行动受限且并不短暂的旅程，当然需要用优质服务来弥补相对不舒适的过程。

建设和运营都需要巨大投入的情况下，民航从业企业都面临巨大的资金压力。尤其是对于中小航空公司，更加需要资金支持。所以，供应链金融是助力民航企业发展的重要抓手。油料是航班的一项主要成本，同时也是航空公司运行情况的重要因素。因此，围绕油料的供应链金融是中小航空公司的一项迫切需求。

1）银企直连：平台结算账户和银行系统直接打通，实现了资金流的高速流通，并利用银行自身的清算功能满足合规需求。同时，银行可以直接嵌入整个供应链的业务流程，直接获得交易数据。通过银企直联方式，摆脱第三方的参与，简化支付过程，精准赋能供应链金融。

2）信用评价：中国航油作为民航油料供应链的链主，可以从企业的视角对供应链上的各个参与方进行信用评价。

3）交易记录：企业的实际业务是供应链金融的重要参考依据，对于银行侧可以依靠交易记录对航空公司进行必要的金融工具支持，助力民航业的发展。

4）对接：供应链金融场景需要同加注与结算、采购与库存、物流管理、财务共享服务场景进行深度融合。

7.5 核心能力

能力层面向的是工程师等技术人员，是企业实现核心业务场景所需具备的能力。

在工业互联网架构 2.0 中能力层归属业务视图，并总结提出了五类工业互联网需求的核心能力，用于引导企业搭建赋能平台。这五类核心能力是泛在感知、智能决策、敏捷响应、全局协同、动态优化。其中智能决策强调了数据模型的建立；敏捷响应强调的是企业对于需求的响应速度和交付速度；动态优化则着重通过建立数字孪生精确描述物理系统的过程。

在业务视图的下一层是功能架构，通过网络、平台、安全三大功能体系构建，打通设备资产、生产系统、管理系统和供应链条，基于数据整合与分析实现物理系统与信息系统的融合。

核心能力的构建以实现业务场景为目的，支撑企业战略战术目标的实现。工业互联网架构 2.0 的功能架构概括而言是构建四大功能体系，即数据、网络、平台、安全。数据功能体系由感知控制、数字模型和决策优化组成。网络功能体系由网络互联、数据互通和标识解析组成。平台功能体系由边缘层、PaaS 层和应用层组成。安全功能体系由可靠性、保密性、完整性、可用性、隐私和数据保护组成。

中国航油业务一致性强，生产管理模式统一，在此基础上数字化能力正在以总部大集中为转型模式。以此为架构原则，核心能力建设旨在为企业数字化转型发展提供数字化支撑。依据此原则，并参考数据、网络、平台、安全四大功能体系，进行总部大集中的企业可以考虑依托总部的强大力量，全面规划、整体统筹、集中建设、重点突破，形成完善的功能架构。

7.5.1 数据功能体系

数据功能体系的三个层次，体现的是自下而上的信息流和自上而下的决策流，实现的是企业数据优化的闭环。数据功能体系下接物理资产、上接业务应用。

1. 感知控制层

感知控制层直接与物理资产对接，可以理解为"输入和输出"接口层。按业务场景分析，加油车自动化、管控一体化、物流管理三个场景都需要感知和控制。

（1）加油车

加油车的感知包括四部分主要数据：

车辆本身的综合工况。这类数据通过车辆本身设计和出厂时所带的感知系统为基础，经车辆 CAN 总线传输至行车电脑，此类数据可以通过车载 OBD 接口读取。管理所需的重要数据包括：车速、转速、水温、行驶里程、余油量、电瓶电量、维保间隔时间、平均油耗、车辆累计使用时长等。

加油设备数据。这类数据体现的是加油过程的设备工况，主要包含流量计、紧急关断、加油压力等。

信息化相关设备。这是在车辆本身和加油设备以外，为提升加油安全性、操作智能和便利性而部署的设备。主要包括避碰、全景监控摄像头、定位、电子油单等。

油品检验数据。加油员在给每次航班加油的过程中，都会提取油样，油样会到检测中心进行检测。

目前加油车作为场内重要保障机动设备，还没有完全无人化。在智能化水平不断提升的时代，可以对加油车进行循序渐进的智能化升级，如车道保持、自动变速、自动刹车等辅助人工智能功能。这类控制都在本车内完成，作为在机坪内行驶的车辆，为了保证生产安全和网络安全，暂不进行远程控制。

（2）油库

油库感知主要来自各仪表和安防系统采集的数据，这些数据包括四类：

工艺生产相关的数据，各类工艺系统仪表，如油罐液位、温度计，阀门状态，泵的转速、温度、震动，综合气象仪，变频器采集的数据，可燃气体监测器采集的数据，等等。

安全防卫相关的数据，包括视频监控图像数据，围界报警信号，车牌识别，巡更数据，门禁数据。

油品检验数据，油库在收油和日常检测中都会提取油样，油样会到检测中心进行检测。

油库控制类数据，主要包括各类执行机构的控制，包括电控阀门、变频器、电机、泵，摄像机角度的调整，门禁的开闭，等等。

（3）物流过程

油料远程运输有 4 类，汽车、铁路、轮船、管道。对于汽车、铁路和轮船最重要感知数据是位置信息，汽车和轮船可以和相关单位的系统对接获得，铁路运行数据只能从铁路总公司获取。上述设备不需要进行控制。轮船会在港口靠岸进行油料接卸，港口接卸设备的感知和控制可以采取与油库类似的感知和控制方式。

管道会设首站和末站，首末站采取仪表和自动控制系统进行感知和控制。感知最重要的数据是流量计，控制方面采取类似油库的控制方式。

2. 数据模型层

数据模型层强化数据、知识、资产等的虚拟映射与管理组织，提供支撑数字化应用的基础资源与关键工具。

"数据孤岛"是在信息化建设时代出现的主要问题，在这一时期信息系统随需而建没有统一规划，每个系统都在生产数据，数据也独立存储于各个分割的系统中，形成了一个个山头林立的"烟囱"。为了解决数出多源、标准不一的现象，出现了数据总线、企业集成架构等解决办法。

在数据应用发展到较高层次后，各个企业对数据的应用、分析等产生了新的需求。在这一时期，出现了数据资源规划、数据仓库等系列解决方案和工具。从业务出发，梳理数据的输入、处理和输出，助力数据统一规划、统一标准、统一目录，为数据集成实现整体设计和协同。数据仓库则更多地体现在数据高级应用上，是一套方法和工具的集成，最终通过数据集市对收录的各个系统的数据进行重新组织，并分类使用。

以上各种理论、方法、工具和产品都是对数据从各个维度和层次进行的研究、创新，推动数据使用向更深层次发展。但是，所有的办法都是从某一方面去探讨数据使用，并没有完整的解决数据输入、存储、输出、管理的全流程、全要素的问题组合。

以阿里巴巴为首的企业推出了数据中台这一概念，它是位于底层存储计算平台与上层的业务应用之间的一整套体系。它将数据作为一个个数据 API 服务，屏蔽底层存储和计算技术复杂性，降低对技术人才的需求，以更高效的方式提供给业务，有实力的企业可以采取数据中台作为数据模型层的主要能力。

3. 决策优化层

决策优化层聚焦数据挖掘分析与价值转化，是数字化转型的主要目的。主要包括分析、描述、诊断、预测、指导及应用开发。其中应用开发功能将基于数据分析的决策优化能力与企业业务需求进行结合，支撑构建各类智能化应用服务。

决策优化层的目标是建设智能化应用服务。应用服务可以分为前台、中台、后台三个层次，这个层次划分体现了企业组织架构和对外服务的方式。

前台：是最直接和客户接触的人员、团队、部门。他们需要应对层出不穷、快速变化、无法预测的客户需求。

中台：是对前台可复用的业务能力进行的沉淀，承载的是企业的核心业务，实现企业级业务能力复用和各业务板块之间的联通和协同，是企业数字化转型的重点。

后台：是按照企业职能部门的业务范围进行划分的企业管理应用，是企业生产控制系统，是企业内部的业务能力体现。

以往前台、后台的两层架构已经不能适应用户快速诞生的需求和市场竞争的需要。传统上，后台的建设往往是按照企业组织架构进行的信息系统搭建，对一线业务的支持不够灵活。而快速建设的前台系统，又因为大量重复的应用需求，导致企业的应用规模越来越臃肿。

企业所有能力建设都是服务于前台一线业务的。从这个角度来讲，中台可以称为业务中台。

业务中台的主要目标是实现业务能力的复用。通过重构业务模型，将重复建设的业务能力，沉淀到业务模型。在业务建模上，可以采用领域驱动设计方法，构建中台领域模型。

7.5.2　网络功能视图

在网络方面，为了实现全面彻底的数字化转型，必须建设纵向到底、横向到边，有线无线全面覆盖的网络体系。

在中国航油的业务场景中存在多种网络体系。

1. 从功能划分

（1）工业控制网络

工业控制网络是油库内实现物联网的基础网络，主要是实现传感器、电控阀门等感知和执行机构同 PLC 通信的功能。这一类网络主要包括以下多种类型：硬线接入、现场总线、工业以太网等。

（2）生产网

生产网用于传输生产数据，生产数据包括需要远程传输的工控数据、加油数据等。生产网基于 IP 通信网络，用于传输 TCP/IP 协议下的通信数据。

（3）办公网

用于传输 OA、支付、合同、视频会议等办公系统数据的网络。

（4）互联网

企业员工需要访问互联网，用于查阅资料以及和外单位人员沟通。

2. 从覆盖范围划分

按照网络的覆盖范围，可以分为三类：

（1）楼宇网络

在楼宇内的网络一般是纳入综合布线范围内的，这一类网络涉及楼宇内各层之间的垂直布线，同一层的水平布线，以及连接到终端的工作区终端布线子系统。

（2）区域内网络

在一个区域内将多栋建筑连接在一起的网络。由于园区内属于企业的可用地，所以企业仍然可以自行建设网络。

（3）远程网络

连接企业总部和各分子公司的网络。这一类网络会穿越社会公众用地，有些甚至跨越省市。这些远程网络企业已经无法单独建设，必须依赖租用运营商的线路完成。

3. 按照是否有线线路划分

这一类线路共分为四类：

（1）有线线路

有线线路可以提供最稳定的连接、较高的带宽和较强的抗干扰能力。一般连接固定点都应当采用有线线路。

（2）4G/5G 网络

4G/5G 网络可以提供较高的带宽，能够满足大范围的移动应用场景的使用。例如加油车都使用 4G/5G 网络，实现车载信息系统和总部系统之间的数据交换。

（3）Wi-Fi

Wi-Fi 一般用于楼宇或者有线范围内的无线通信，主要的功能体现在用户可以在楼内使用 Wi-Fi 登录企业内网，进而访问各个应用系统。

（4）卫星通信

卫星通信的深入使用是在近几年才开始的。是在 5G 网络之后的一种新的通信方式。为用户提供了覆盖天空、海洋、沙漠等不便于建设基站的环境。

7.5.3 平台功能视图

工业互联网体系架构 2.0 中平台功能视图包含边缘层、PaaS 层和应用层。其中应用层主要指工业创新应用、开发者社区、应用商店、应用二次开发集成等功能。由于这些功能并不是中国航油数字化转型所需的主要能力，因此本书仅讨论边缘层和 PaaS 层相应功能。

1. 边缘层

工业控制数据是海量的，边缘层提供海量工业数据接入、转换、数据预处理和边缘分析应用等功能。

对于数据接入，主要体现在自控系统和车辆信息的接入。边缘分析主要面向高实时的应用场景。边缘分析的部署，要考虑到软件功能的升级，否则将给未来的运行维护带来较大困难。

2. PaaS 层

这一层是提供服务的重要一层，所有的信息化资源都在本层体现。为了支撑数据功能体系，本层将提供以下能力：

（1）云

企业上云是数字化转型的重要过程。云计算、云存储都是数字化基础设施。有实力的企业应当依托节能环保的数据中心建设企业自有云平台。

在建设数据中心的时候应当考虑等效机制，也就是经常提到的"两地三中心"，实现数据中心级的互备，当然这种互备的最高水平是双活，甚至多活。这种具备高可用机制的数据中心和云基础环境，将是助力企业数字化发展的底座，是基本保障力量。

（2）微服务

建立企业自有微服务体系，这是企业对数据中台和业务中台的技术支持。开源的微服务架构也为国有企业使用自主研发的产品，支撑企业数字化转型，提供了强有力的支撑。

7.5.4 安全功能视图

现在不但要重视网络安全，而且也要重视数据安全。做好两个安全应当首先依托国家发布的《中华人民共和国网络安全法》和《中华人民共和国数据安全法》。

1. 网络安全

网络安全应当做好以下几个方面：

（1）重点防御和纵深防御结合

企业应当做好重要应用系统的重点防御，这一类重要系统包括工艺控制系统、核心生产系统，他们应当独立部署网络安全设备。纵深防御指多层次多区域的防御，对于终端应当部署终端安全系统软件，在网络边界应当部署边界防护设备，对于数据中心应当部署完善的网络安全设备。

（2）态势感知

态势感知是重要的网络安全监测技术手段。是一种基于环境的，动态、整体地洞悉安全风险的能力，从全局视角提升对安全威胁的发现识别、理解分析、响应处置，实现对安全的全局掌控，并在出现安全威胁时及时进行抑制，阻止安全威胁的继续蔓延。

（3）等保测评

对于重要的应用系统，应进行等保测评，以实现从管理和技术两个方面对系统进行安全评估和水平提升。

2. 数据安全

数据安全是一个新的课题。一般而言应当加强对数据共享机制的界定，不同权限的人员对数据有不同权限的操作。其次，对于数据的流向，以及数据是否被篡改，都应当进行全面监控。

7.6　实施框架

工业互联网实施框架是整个体系架构 2.0 中的操作方案，它采取的是"横向分层、纵向打通"的实施方法。"实施框架"横向的将企业实施工业互联网划分为四个层级，按"设备、边缘、企业、产业"开展系统建设；纵向按"网络、标识、平台、安全"四大实施系统，指导企业实现工业互联网的应用部署。

横纵结合是工业互联网体系架构 2.0 的实施方法论，企业在实施数字化转型的过程中可以参考这种实施方法，将业务场景和功能视图进行结合，既考虑企业业务应用的横向部署，又考虑纵向的融合统一，助力企业全面数字化转型的实施。

7.6.1　平台实施框架

四大实施系统中的"平台"系统是具体应用功能的实现系统。通过平台部署实施打造贯穿设备、边缘、企业和产业四个层级，助力企业数字化、网络化、智能化发展。

需要实现的核心业务场景已经明确地呈现在企业面前，通过平台功能视图建立的基本技术支撑能力，按照数据功能体系的信息流规划，将各个业务场景所提出的需求进行分解和重组，形成平台实施框架。

1. 设备层系统部署

设备层系统部署实施的核心目标是为企业数字化建设提供底层的数据基础支撑。本层部署需要考虑加油车自动化、管控一体化、物流管理、库站管理、能耗管理 5 个应用场景的需求。

加油车：摄像头、硬盘录像机、微波雷达、碰撞传感器、北斗定位系统、通信模块、数据采集与集成主机。

自控系统：油罐各类仪表、电控阀门、变频器、PLC 等。

安防系统：视频监控系统、围界报警系统、车牌识别、门禁、巡更系统等。

能耗管理：远传电表等。

以上设备构成数据生产、采集的全部基础底层部署实现环节。以上各类感知设备和执行机构必须形成统一标准，以实现数据的无缝融合。对于未按标准实施的存量的设施设备，要进行叠加改造；对于新建设施设备，采用按照标准实施的新型数字化装备，快速便捷地实现现场数据采集集成。

2. 边缘层系统部署

边缘层系统贴近现场，又比设备层的位置更高、视野更广，可以满足高实时要求的智能应用和反馈控制应用需求，负责一片区域的协同，也是对企业层的有效补充，防止企业层的应用由于网络、硬件、系统等原因失效，而使现场彻底失去智能化水平。在边缘层系统部署实施中除了需要思考如何在本层实现高效精准的实时智能分析决策，同时更要解决如何部署和后期的升级运维的相关问题。

加油车智能化调度是一项需要在边缘层考虑如何部署场面协调应用的业务场景。智能调度的总系统采用公司集中统一部署，但是由于该场景涉及机场场面协同，为确保航班保障及时、安全，防止一旦由于网络等原因，集中部署的总系统不可用时，各个现场可以有紧急替代的系统，因此应在边缘层系统部署智能化调度子系统，提升可用性。当该系统需要升级的时候，由于其本身是替代系统，所以可以进行统一升级。

3. 企业层系统部署

企业层系统部署实施是体现企业经营管理的重要环节，也是驱动企业数字化转型的关键一层。企业层平台部署实施聚焦企业内部业务场景下的应用服务，需要定制化解决方案。

中国航油在加强总部数字化力量的基础上，从管理、投资、成本和水平提升等多角度做出决策：数字化发展以总部集中统一管理为主。因此，大量业务场景应在总部部署实施。各业务场景实现的是公司某一方面的紧迫需求，具有高内聚、低耦合的特性。在部署实施的过程中还应当综合分析各场景的衔接，对业务场景进行拆分和组合，形成更加符合企业应用风格的数字化系统。

管控一体化和库站管理系统可以进行融合，并采取统一部署的形式，实现库站的感知控制和生产管理的一体化，提升一线的智能化水平。

采购与库存和物流管理可以融合统一部署，形成采购、物流、库存管理的一体化协同，此种部署方式也有利于在途库存的管理。

智能建造、设施设备管理、能耗管理可以进行融合统一部署，实现对设施设备从规划开始的精细化管理，实现资源的精益使用。

4. 产业层系统部署

产业层系统部署实施的核心目标是通过构建产业互联平台，广泛汇聚产业资源，支撑开展生态构建。产业层的部署实施是企业层应用向更高形态发展的体现，随着产业层系统的实现，企业也完成了数字化转型的关键一步。当企业完成前三个层次的部署时，也就具备了向产业层进军的能力。

供应链生态圈的建设是中国航油在产业层系统部署实施时的主要驱动力。作为供应链中游的企业，中国航油通过销售联动航空公司，通过采购联动炼油厂，通过供应链的资金流动联动银行，通过油料的流动联动物流公司和机场。在这条供应链上整合了五大类企业，这些企业的核心诉求会在供应链平台上以数据的形式进行快速流动和交换。新的商业模式、融资模式也将通过供应链平台形成创新思路，并快速落地实现。

作为链主企业，在部署产业层系统时可以考虑依托公有云进行建设。如果企业实力较强，也可以采用私有云部署。这时，私有云就需要能够为全供应链上的相关企业提供服务，企业私有云也就实现了部分公有化的作用，自然而然地进阶形成了产业云。

7.6.2 网络实施框架

网络建设目标是构建全要素、全系统、全产业链互联互通的新型基础设施。网络系统实施中，应同时研究企业数据中心的建设。

根据四层次架构，网络实施分为三大类：

1. 控制网络

这是物联网层次的网络建设，体现在车辆本体的控制网络，自控控制系统的控制网络。这一层次的网络协议以专有控制协议为主。控制网络完成物联网的基础上，需要和外部系统通信的情况下，需要部署协议转换网关。

2. 企业内网

企业内网是企业内部通信的重要网络系统，在这个系统内会有各类信息流动，如控制信息、生产信息、办公信息、互联网信息，信息种类多样，实时性和安全性要求区别较大。所以，企业内网应当具有极强的包容性、通用性、稳定性和可管理性。

3. 产业互联网

企业和产业上下游其他企业交换信息的网络。企业可以依托互联网或者专线网络实现和其他企业的互联互通。

4. 数据中心

数据中心是承载企业各类系统的基础设施，对于有能力的企业应以建设私有云为目标部署数据中心。同时，为了确保系统的高可用性，数据中心应考虑异地多活建设，并为各类系统提供各种等级的备份策略。

7.6.3 标识实施框架

标识形成了系统间的沟通语言，其贯穿设备、边缘、企业和产业四个层次。实施标识系统可以分成两个部分具体考虑。

1. 企业内部

企业内部应该形成标准的标识系统，实现各层次和各系统的无缝对接。企业应自顶向下设计和实现标识系统，在确定好企业内部规范后，应要求各系统和各公司严格遵守该系统的要求。

2. 产业层

企业进行数字化转型，其最终目的是深度融入产业链，构建生态圈。因此和其他企业采用相同的标识系统是极其必要的，各企业间可以按照国家标准或形成产业链内部的规范体系，以实现各企业间平顺交流。

尤其是实施产业层标识系统时，一定会存在各企业难以匹配统一的情况。这个时候作为链主或者是生态圈的发起者，就要承担在各企业间的翻译作用。这也是生态圈的发起者的核心价值，生态圈内的其他企业都需要它来做中介和其他企业进行沟通。

安全实施框架体现了安全功能在"设备、边缘、企业、产业"的层层递进和纵深防御，"安全"助力企业行稳致远。

1. 网络纵深防御

在四个实施层次，实现分区分层的纵深防御策略，确保入侵行为、病毒等被有效控制在有限区域内。

2. 访问控制

加强访问控制管理，大部分不安全行为都是由于访问控制策略没能有效实施。

3. 漏洞检测

随着各类设备和系统的增多，每个设备或系统自身的漏洞已经成为企业安全的绊脚石。通过部署漏洞检测设备和系统，对企业内的重要系统和设备进行定期检测，及时做好漏洞补丁。

4. 态势感知

态势感知是企业实施网络安全的重要监测手段。通过部署态势感知平台，全面收集各类设备和系统的日志，全面监测全网关键节点的流量。对异常流量、异常行为做到快速感知、在线分析、优化决策。

7.7　中国航油数字化发展方向

当前，信息革命时代潮流深入推进，数字化在现代化建设全局中的战略性、全局性作用日益突出。中国航油准确把握这一历史契机，以高度的责任感、使命感、紧迫感，发挥数字化建设在企业发展中的引领作用，以智慧航油作为数字化发展的核心体系，推动公司数字化建设的新发展，将智慧航油这个品牌在行业打响打亮！

中国航油于 2018 年 8 月启动智慧航油系统建设，自此开启了供油保障的数字化转型之路。在智慧航油 1.0 时代，以构建基础平台，结算和客户服务业务上云为主要目标；现在已向智慧航油 2.0 时代迈进，以全面实现智慧航油高质量发展为核心标志，向着全面建成智慧航油生态圈阔步前进。从夯基垒台到厚积成势，从发展起步到不断壮大，数字化工作发展势头强劲。数字基础设施建设步伐持续加快，信息领域应用创新取得突破，保障体系和能力建设全面加强，交流合作深化拓展。智慧航油已成为业内共同向高质量发展迈进的强大助推器。

总体而言，未来的发展将主要有 4 个方向：

（一）由快速发展向高质量发展

中国航油数字化经过 5 年的快速发展，既创造了成绩，同时也发现了自身差距。逆水行舟、不进则退，未来中国航油数字化建设将继续保持较高的发展速度，并在此基础上实现高质量发展，向着全面建成数字化航油阔步迈进。

（二）由满足自身使用向对外提供服务的转变

中国航油信息与数字化建设可以向前追溯到 EFP 时代，近二十年的数字化建设中，无论是 ERP、智慧加油系统，甚至是智慧航油云平台，都是以服务自身需要为主要目的的。但是在智慧航油 2.0 时代，中国航油数字化能力开始向外输出，服务于航司、机场，并向全产业链蔓延。对外提供更加便捷、丰富、准确的数据，将成为航油公司又一项核心竞争力。

（三）由业务引领向业务与技术共同驱动

中国航油数字化建设始创于业务引领，是业务需求推动了数字技术在公司的应用与发展。但是在经历最初的快速而相对粗放的发展阶段后，更丰富的应用场景、更精细的业务需求和变化更快速的外部环境，都对数字技术的应用提出更高要求。公司的数字化发展将由早期的业务引领，转变为业务与技术"双轮"驱动。

（四）由完全依赖外援向自主与外援协作共生

数字化建设过程中，合作单位扮演了举足轻重的作用。中国航油截至目前，系统建设与运维完全依靠外部力量。受制于人的境况，在数字化建设过程中严重制约公司的发展。本着以我为主、自主可控的奋斗精神，未来公司将逐步加强自身数字化力量的建设，形成一支与合作单位有效互补，融汇共生的内部专业团队。

当前中国航油数字化发展已进入全新阶段，要结合数字技术迭代升级特点，深入建设数字化融合体系，提高生产效率、降低运营成本、优化客户服务，真正做到数字化推动企业高质量发展，为"智慧民航"建设贡献具有航油特色的智慧动能。

以数字化创新全面助力中国航油高质量发展，用数字化力量再创中国航油"金色三十年"，铸造砥砺奋进新时代的靓丽名片。

参 考 文 献

[1] 刘红芹，汤志伟，崔茜，等. 中国建设智慧社会的国外经验借鉴[J]. 电子政务，2019(4)：9.

[2] 丁波涛，王世伟. 信息学理论前沿：信息社会引论[M]. 上海：上海社会科学院出版社，2016.

[3] 梁洪亮. 科技史与方法论[M]. 北京：北京邮电大学出版社，2015.

[4] 廉师友. 人工智能技术导论[M]. 西安：西安电子科技大学出版社，2002.

[5] 简·梵·迪克，迪克，蔡静. 网络社会：新媒体的社会层面[M]. 北京：清华大学出版社，2014.

[6] 潘慧琳. 智慧城市：以人为本，实现城市的无限"智慧"[J]. 决策探索，2017(8)：6.

[7] 陶强. 中国民航运输业发展战略与对策研究[D]. 西安：西安电子科技大学，2010.

[8] 中国民航局. 2019 年民航行业发展统计公报[R]. 中国民航局，2020.

[9] 中国民航局. 2020 年民航行业发展统计公报[R]. 中国民航局，2021.

[10] 中国民航局. 2021 年民航行业发展统计公报[R]. 中国民航局，2022.

[11] 康文生. 整合机场资源实现功能互补民航华北局积极推进京津冀地区民航运输协同发展[J]. 空运商务，2012(23)：2.

[12] 交通运输部. 2020 年交通运输行业发展统计公报[J]. 交通财会，2021(06)：92-97.

[13] 中国航空器拥有者及驾驶员协会. 已发布机场[EB/OL]. [2022-06-17]. https：//ga. aopa. org. cn/web_airport/html/airport_publish/search_main. html.

[14] 中国民用航空局. 中国民航四型机场建设行动纲要（2020—2035 年）[EB/OL]. 2020-01-09[2022-06-17]. http：//www. caac. gov. cn/XXGK/XXGK/ZCJD/202001/t20200109_200254. html.

[15] 中国民用航空局. 民航局发布智慧民航数据治理系列规范[EB/OL]. 2020-01-09[2022-06-17]. http：//www. caac. gov. cn/XXGK/XXGK/ZCFB/202201/t20220106_210771. html.

[16] 中国民用航空局. 首批智慧民航数据治理系列规范[EB/OL]. 2020-01-09[2022-06-17]. http：//www. caac. gov. cn/XXGK/XXGK/ZCJD/202201/t20220106_210772. html.

[17] 中国民用航空局. 推动民航智能建造与建筑工业化协同发展的行动方案[EB/OL]. 2021-12-01[2022-06-17]. http：//www. caac. gov. cn/XXGK/XXGK/ZCJD/202112/t20211201_210366. html.

[18] 交通运输部. 2019 年交通运输行业发展统计公报[J]. 交通财会，2020(06)：86-91.

[19] 杨伊静. 打造包容性数字经济模式推动中国经济高质量发展：中国信通院发布《中国数字经济发展白皮书（2020 年）》[J]. 中国科技产业，2020(8)：3.

[20] 余晓晖. 《全球数字经济白皮书：疫情冲击下的复苏新曙光》解读[J]. 互联网天地，2021(08)：17-21.

[21] 中国航油. 中国航油 2020 企业社会责任报告（中文版）[R]. 中国航油，2020.

[22] 中国信息通信研究院. 开源生态发展现状. 2021.

[23] 信息系统稳定性实验室、中国信息通信研究院云计算与大数据研究所. 信息系统稳定性保障能力建设指南，2022.

[24] 张进财. 5G+：九大垂直领域的 5G 智慧赋能[M]. 北京：化学工业出版社，2021.

[25] 赵坤猛. 航油成本对航空公司经营效益的重大影响：2003 年航油成本剖析[J]. 民航管理，2004(2)：2.

[26] 高志民. 解密智慧航油生态图[N]. 人民政协报，2021-10-21(007).

[27] 周强. 以智慧赋能中国航油高质量发展[N]. 中国民航报，2022-3-9.

[28] 杨笑. 唤醒沉睡的数据：航油大数据深度价值挖掘[J]. 中国民用航空，2016(12)：2.

[29] 曾豪能. 探索"新能源"战略背景下的智慧型安全油库建设研究[J]. 中国石油和化工标准与质量，2022(05)：60-62.

[30] 工业互联网产业联盟（AII）. 工业互联网体系构架（版本 2.0）. 2020 年 4 月.

[31] 刘明亮，高章舜. 信息系统项目管理师教程[M]. 北京：清华大学出版社，2021.

[32] GB/T 23001—2017，《信息化和工业化融合管理体系—要求》[S]. 2017.